對本書的讚譽

本書對於下一代機器學習開發確實很有啟發的作用。對於各產業的軟體工程師來說，*ML Kit* 確實讓機器學習變得更容易理解，而本書正是相關方法與演算法的絕佳介紹。

——*Dominic Monn*，*Doist* 機器學習工程師

如果你是行動裝置開發者，想要學習如何在裝置端實作出 *ML* 模型，本書就是必讀之作。本書有很多清楚說明的程式碼範例，可協助你在眾多選項中做出正確的選擇。

——*Margaret Maynard-Reid*，*ML Google* 開發專家

如果你正打算用 *ML & AI* 來打造 *App*，我強烈推薦本書。本書簡化了 *ML & AI* 世界的複雜度，並針對一些常見的 *AI* 應用場景，提供了一些很實用的做法。

——*Su Fu*，*Tableau* 首席軟體工程師

本書開啟了一段 *TensorFlow* 世界的奇幻學習之旅。*Laurence Moroney* 用一些實際的使用情境與詳細的範例，針對如何在裝置端開發 *TensorFlow* 應用，做了非常出色的介紹。

——*Jialin Huang* 博士，*Facebook* 計量使用者體驗資深研究員

裝置端開發可說是人工智慧與機器學習技術的最後一哩路。本書會教你該怎樣做。

——*Pin-Yu Chen, IBM* 研究院研究員

Laurence 再次針對 *Tensorflow* 整個生態體系，分享他個人充滿魅力且深入的知識與見解，並針對如何在行動裝置開發 *ML* 模型，提出了他個人的觀點。我幾乎沒遇到什麼困難，很快就掌握了本書主要的概念與技術。如果你對 *ML* 應用有一些想法，希望可以把想法付諸實踐，這本書就很適合你。

——*Laura Uzcategui*，微軟軟體工程師

強烈推薦本書給所有從事端到端（*end-to-end*）流程與專案的 *AI/ML* 工程師。*Laurence* 非常仔細介紹了所有必要的概念，並提供足夠的實戰專案，讓你從頭到尾都能參與其中。

——*Vishwesh Ravi Shrimali*

這是一本瞭解如何在「行動裝置」運用「機器學習」的好書，因為它同時涵蓋了 *Android* 與 *iOS*，清楚展示如何在兩種系統下，用 *ML Kit* 實作出同類型的應用程式。書中的程式碼範例既清楚又好理解，就算你過去從未做過行動裝置開發也沒問題。後面的章節更深入探討 *TensorFlow lite*，而且還有一章向我們介紹，在運用機器學習時，也應該肩負起什麼樣的責任。

——*Martin Kemka*，*Northraine* 分析師

從機器學習到人工智慧

寫給 Android/iOS 程式師的 ML/AI 開發指南

AI and Machine Learning for On-Device Development

A Programmer's Guide

Laurence Moroney 著
藍子軒 譯

O'REILLY®

目錄

前言

感謝您閱讀本書。成功的作家總是說，你所能寫出最棒的書，就是你自己也想讀的書。所以我寫了這本書；因為我覺得所有的行動裝置開發者，都應該把「機器學習」（ML；Machine Learning）納入自己的工具箱。我真心希望各位在學習過程中，確實發現本書很有幫助。

什麼人應該閱讀本書？

如果你是一個行動裝置開發者，很喜歡寫一些 Android 或 iOS 的程式碼，也很喜歡透過 App 或網站來取悅使用者，但你總是感到很好奇，不知道該如何把 ML 機器學習融入到你的工作流程中，那本書就很適合你！本書的目標就是向你展示各種不同的軟體框架，幫助你快速進入狀況，邁出有用的第一步。如果你想更進一步（比如探索自定義模型、深入研究機器學習），本書也可以為你指引方向。

我為什麼寫這本書？

我在 Google 的工作目標，就是讓所有開發者都能夠輕鬆運用 AI 人工智慧，揭開那看似神秘的數學面紗，讓大家都能掌握 AI 強大的力量。為了實現此一目標，其中一個重點就是針對行動裝置開發者（無論 Android 還是 iOS），在運用機器學習方面樹立起一些新的行動典範。

有個古老的笑話說，在網際網路發展初期，一般建議都是叫我們別和陌生人交談，而且絕不要搭陌生人的車。但如今由於典範轉移，我們隨時隨地都可以在網路上，與陌生人愉快地打招呼，甚至搭上陌生人的車也沒問題了！這些行為之所以成為可能，就是因為有了各種可移動、隨時可連網的運算裝置。大家做事的方式，也因而徹底改變了。

我們運用運算裝置所發展出來的下一波新事物，一定是由「機器學習」所推動的。但是接下來會出現什麼樣的發展，連我自己也只能用猜的！我寫這本書主要是想要幫助你，親愛的讀者，希望你可以在眾多的選擇中找出方向。也許你所寫的 App，就有可能改變世界。我已經迫不及待，想看你用它來做些什麼了！

如何瀏覽本書？

你想怎麼閱讀本書，完全由你決定。如果你是一個想瞭解機器學習的行動裝置開發者，只要從頭開始逐章閱讀即可。如果你想針對特定的一些「入門」技術（例如 ML Kit 或 Create ML）做重點式閱讀，也可以直接跳到專門介紹該主題的章節。如果你想在學習過程中更進一步，本書後半段也會討論到一些更進階的技術與做法，例如運用 Firebase 架設多個模型，或是探討 AI 公平性的一些相關考量。

需要瞭解的技術

深入探索行動裝置如何運用各種模型之前，本書會先針對「機器學習」，提供一些簡單明瞭的介紹。如果你想更深入研究 ML 機器學習，也可以參考我的另一本書《從程式員到 AI 專家｜寫給程式員的人工智慧與機器學習指南》，同樣是由 O'Reilly 所出版。

本書會帶領你瞭解行動裝置開發的一些範例應用場景，不過本書並不打算教你如何使用 Kotlin 進行 Android 開發，或是如何使用 Swift 進行 iOS 開發。我們會在適當的時候，引導你取得相應的學習資源。

本書編排慣例

本書使用以下的排版體例：

斜體字（*Italic*）

　代表新術語、網址、email 地址、檔案名稱與檔案副檔名。

定寬字（`Constant width`）

　用於程式列表，還有內文段落中參照到程式元素（例如變數或函式的名稱、資料庫、資料型別、環境變數、語句與關鍵字）也會用到。

定寬粗體字（**`Constant width bold`**）

用於顯示那些應該由使用者逐字輸入的指令或其他文字。

定寬斜體字（*`Constant width italic`*）

用於顯示那些應該由使用者所提供的值，或是可透過前後文判斷相應值以進行替換的文字。

此圖案代表提示或建議。

此圖案代表一般的注意事項。

此圖案代表警告或特別注意事項。

使用範例程式碼

補充材料（程式碼範例、練習等等）可從 *https://github.com/lmoroney/odmlbook* 下載。

如果你在使用程式碼範例時，遇到技術上的問題或困難，請發送 email 至 *bookquestions@oreilly.com*。

本書旨在協助你完成工作。一般來說，如果是本書所提供的範例程式碼，都可以在你的程式與文件中直接使用。除非需要複製大部分的程式碼，否則並不需要聯繫我們以取得許可。舉例來說，你所寫的程式如果使用到本書裡的幾段程式碼，並不需要取得許可。出售或散發 O'Reilly 書籍中的範例，就需要先取得許可。如果你引用本書與範例程式碼來回答問題，並不需要事先取得許可。如果要把本書大量的範例程式碼合併到你的產品文件中，就必須先取得許可。

雖然我們會很感謝、但各位通常並不需要標註出處。如果要標註出處，內容通常包括書名、作者、出版社與 ISBN。例如：「*AI and Machine Learning for On-Device Development* by Laurence Moroney (O'Reilly). Copyright 2021 Laurence Moroney, 978-1-098-10174-9.」。

如果你覺得自己對程式碼範例的使用不屬於合理使用或上述許可，請隨時透過 *permissions@oreilly.com* 與我們聯繫。

致謝

很多人參與了本書的創作，我要感謝他們每一個人。

我要謝謝 O'Reilly 的團隊，就從 Rebecca Novack 開始好了，她對我的信任程度足以讓我寫出兩本書，我真的很感謝！

Jill Leonard 針對原稿的每一處細節給了我許多指導，而且他持續不斷的鼓勵，不只讓我的工作更輕鬆，也讓過程變得更加有趣！

Kristen Brown 掌管整個製作團隊；製作編輯 Danny Elfanbaum 打磨我原本粗糙的文詞，引導我製作出各位現在手中的最後定稿；還有 Charles Roumeliotis，你真是個能力非凡的文字編輯！

感謝優秀的技術審閱團隊，不斷挑戰我寫出更好的書、更好的程式碼、更好的 App：Martin Kemka、Laura Uzcátegui、Vishwesh Ravi Shrimali、Jialin Huang、Margaret Maynard-Reid、Su Fu、Darren Richardson、Dominic Monn 和 Pin - Yu Chen，非常感謝各位所做的一切！

我有幸能與人工智慧領域的一些大咖們一起工作，包括（但不限於）Deeplearning.AI 的 Andrew Ng、Eddy Shu、Ryan Keenan 與 Ortal Arel；Google 的 Jeff Dean、Kemal El Moujahid、Magnus Hyttsten、Francois Chollet、Sarah Sirajuddin 與 Wolff Dobson；還有其他太多人實在無法逐一列出，但我在此同表感謝！

最重要的是，我要感謝我的家人，讓這一切變得很值得。我的老婆 Rebecca Moroney 是一個擁有無限耐心的女人；而我的女兒 Claudia 透過她充滿愛心的醫療工作，正在改變這個世界；還有我的兒子 Christopher，他本人就是人工智慧領域的未來之星！

第一章

人工智慧 & 機器學習簡介

你之所以選擇本書，很可能是因為你對人工智慧（AI；Artificial Intelligence）、機器學習（ML；Machine Learning）、深度學習（DL；Deep Learning）這些有希望帶來最新最大突破的新技術感到好奇。歡迎光臨！本書的目標就是稍微解釋一下 AI 與 ML 的原理，並運用 TensorFlow Lite、ML Kit、Core ML 等工具，把相關的技術運用到行動 App 中。本章一開始打算輕鬆一點，先說明一下當我們提到人工智慧、機器學習、深度學習時，真正想要表達的是什麼意思。

什麼是人工智慧？

以我的經驗來說，人工智慧已成為史上最容易被誤解的技術之一。這或許是因為「人工智慧」這個名稱，會讓人聯想到人類所創造出來的智慧；也有可能是因為在科幻小說與流行文化中，這個術語經常被廣泛使用，其中「人工智慧」經常被用來描述那種看起來聽起來很像人類的機器人。我記得《銀河飛龍》（*Star Trek: The Next Generation*）有個叫做 Data 的角色（中文角色名叫「百科」），他可說是人工智慧的縮影，在故事中他想要成為真正的人類，因為他很聰明，具有自我意識，唯獨欠缺人類的情感。像這樣的故事與角色，很有可能已成為人們在討論人工智慧時的背景架構。其他像是出現在各種電影與書籍裡的那些邪惡 AI，也導致人們對於 AI 可能會如何演變，難免感到心生恐懼。

由於 AI 經常以那樣的方式呈現在人們眼前，因此很容易就可以推論出一般人對於 AI 的定義。然而，這些其實都不是人工智慧真正的定義或範例（至少目前來看確實如此）。它並不是人類所創造出來的智慧——而是智慧以人工的表象所呈現出來的樣子。如果你是一個 AI 開發者，你肯定知道自己並不是在建構一種全新的生命形式——你所編寫的程式碼，只是與傳統程式碼的行為方式有所不同而已，它可以用一種非常鬆散的方式，模擬所謂的智慧在面對某些東西時做出反應的方式。在這方面常見的一個例子，就是把深度學習運用到「電腦視覺」的做法；這種做法並不是去編寫傳統的程式碼，用一大堆 if...then（如果怎樣就怎樣）的規則來解析圖片的像素資料，進而嘗試理解圖片的內容；深度學習的做法是讓電腦「觀看」大量的圖片樣本，進而「學習」判斷圖片的內容。

舉例來說，假設你想寫出一些程式碼，區分 T 恤與鞋子（圖 1-1）。

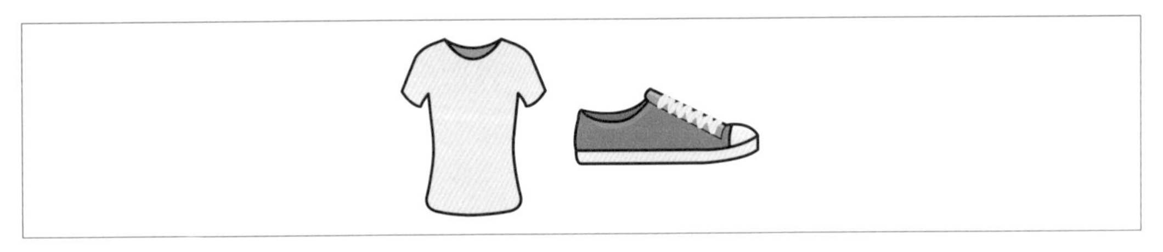

圖 1-1　一件 T 恤與一隻鞋子

你會怎麼做呢？好吧，你很可能會想找出特定的形狀。T 恤明顯的縱向平行線條，以及身體的輪廓，就是一種很好的訊號，足以表明它是一件 T 卹。鞋子底部的水平線條，也很適合用來表明它是一隻鞋子。但是，你必須編寫出很多程式碼，才能正確偵測出這些線條。而且這只是一般的情況——如果是非傳統的設計（比如鏤空的 T 卹），當然就會有很多的例外。

如果你想讓一個有智慧的生物分辨鞋子與 T 卹，你會怎麼做呢？假設它過去從來沒見過這些東西，你應該會先給它展示很多鞋子與 T 恤的範例，然後它自己就會弄清楚什麼是鞋子、什麼是 T 卹。你並不需要給它很多規則，告訴它如何進行判斷。「人工智慧」的運作方式也是一樣的。實際上你並不是先搞清楚所有的判斷規則，再把規則輸入電腦以進行區分，而是直接提供 T 恤與鞋子的大量範例，再讓它自己搞清楚如何進行區分。

不過，電腦本身並不知道該怎麼做。它還是必須靠你所寫的程式碼，來做到這樣的事。這種程式碼看起來與一般典型的程式碼很不一樣，電腦其實是靠著某種框架，學習如何進行區分，而不是靠你先去搞懂如何進行區分，再用程式碼教電腦怎麼做。針對這樣的做法，目前已經有好幾種不同的軟體框架（framework）可供採用。你在本書就會學習到其中的一種——TensorFlow——以建構出我們剛剛所提到的應用！

TensorFlow 是一個端到端（end-to-end）的機器學習開放原始碼平台。你會在本書學習到它各種廣泛的運用方式，其中包括建立一些可運用到機器學習與深度學習的模型，並透過 TensorFlow Lite 把這些模型轉換成更適合行動裝置的形式，讓這些模型可以在行動裝置中順利執行，或是利用 TensorFlow-Serving 的做法，讓這些模型可對外提供服務。本書也會介紹 ML Kit 這類的技術，運用一些專為行動應用設計的高階 API，善用許多可通用的模型，以做為現成的解決方案。

你只要閱讀本書就會發現，人工智慧技術並不是一個特別新穎或特別令人興奮的領域。相對來說比較新穎、真正讓目前人工智慧技術呈現爆炸性成長的關鍵，其實是更低成本的計算能力，以及更大量可用的資料。現在如果想打造一個機器學習系統，計算能力與大量的資料才是真正的關鍵。不過為了示範相關概念，我們會先從比較小的規模開始，這樣應該比較容易領會其中的奧妙。

什麼是機器學習？

你或許有注意到，在前面所提的例子中，一個有智慧的生物可透過觀察大量 T 恤與鞋子的例子，找出其中的區別，學會如何進行區分。由於之前從未接觸過這兩種東西，所以我們必須「明確告訴它」哪些是 T 卹、哪些是鞋子，這樣它才能從中獲得相關的知識。只要根據我們所提供的資訊，它就能逐漸學習到某種新的概念。

如果我們用同樣的方式為電腦編寫程式，就會用到「機器學習」這個術語。與人工智慧這個術語很類似的是，機器學習這個術語經常造成錯誤的印象，把電腦想成一個有智慧的實體，可透過學習、評估、理論化、測試與記憶等方式，模仿人類的學習方式。表面上來看，似乎確實是如此，但實際上它的運作方式，遠比人腦的運作方式平凡多了。

我們可以把機器學習簡單描述成，讓程式碼函式找出自己的參數，而不是由人類程式設計師提供這些參數的值。電腦會透過反覆嘗試錯誤的方式找出相應的參數，並透過一些很聰明的最佳化程序來降低整體誤差，以推動模型往更高的準確度與更好的表現前進。

我們就不再囉嗦，直接來探索一下機器學習在實務中是怎麼做的。

從傳統的程式設計方式轉向機器學習

為了更清楚理解機器學習與傳統程式設計方式最主要的區別，我們來看個例子。

假設有一個可用來描述直線的函數。高中的幾何學你應該還記得吧：

```
y = Wx + B
```

這個函數可用來描述一條直線，直線上的每個點都可以用 x 值乘以 W（權重值）再加上 B（偏差值），得出相應的 y 值。

（請注意：人工智慧的相關文獻，往往會用到很多數學。如果你只是剛入門，倒也不必什麼都用數學來闡述。這個例子是我在本書中極少數會用到數學的其中一個範例！）

現在假設這條直線上有兩個點，分別是 x = 2, y = 3 和 x = 3, y = 5。程式碼應該怎麼寫，才能計算出連接這兩點的直線相應的 W 值與 B 值呢？

先從 W 開始好了；這個值我們稱之為權重，但它在幾何學中也被稱之為斜率（有時也稱為梯度）。參見圖 1-2。

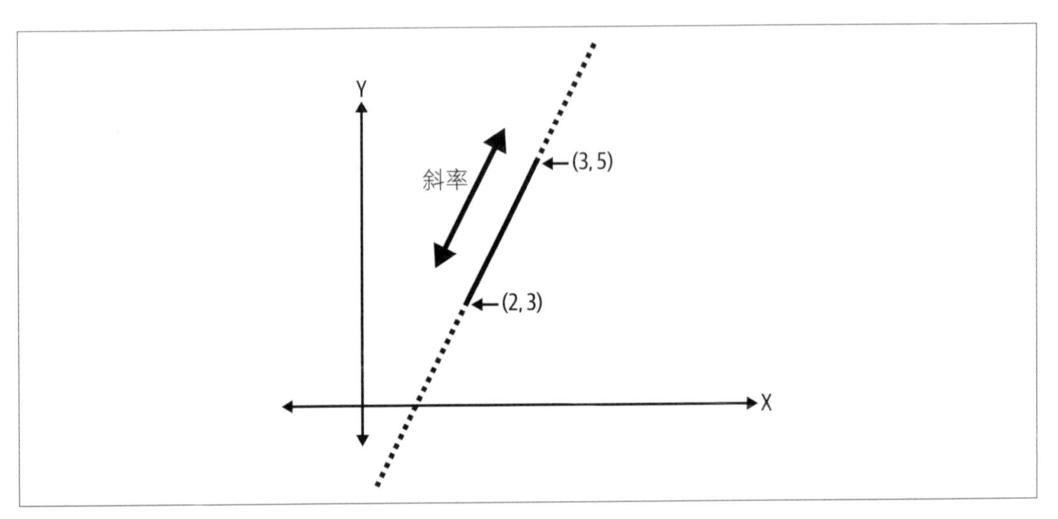

圖 1-2　以視覺化方式呈現一條具有特定斜率的線段

計算過程很簡單：

```
W = (y2-y1)/(x2-x1)
```

只要套入公式，就可以計算出斜率為：

```
W = (5-3)/(3-2) = (2)/(1) = 2
```

也可以寫成 Python 程式碼如下：

```
def get_slope(p1, p2):
  W = (p2.y - p1.y) / (p2.x - p1.x)
  return W
```

這個函式大體上可計算出斜率的值。這段程式碼並不算很成熟，因為如果遇到兩個 x 值相同的情況，就會出現除以零的問題，不過這裡姑且先這樣繼續往下看。

好的，現在我們已經計算出 W 值。如果想求出直線相應的函數，還必須計算出 B 值。我們暫且回到高中代數，把其中一個點套入方程式。

也就是說，假設我們的方程式如下：

```
y = Wx + B
```

經過移項之後：

```
B = y - Wx
```

接著可以把 x = 2、y = 3 和 W = 2 套入這個式子：

```
B = 3 - (2*2)
```

這樣就可以推導出 B 等於 -1。

我們同樣可以把這個計算過程，寫成程式碼如下：

```
def get_bias(p1, W):
    B = p1.y - (W * p1.x)
    return B
```

這樣一來，如果想求出直線上的任何一個點，只要給定 x 的值，就可以輕易求出相應的 y 值如下：

```
def get_y(x, W, B):
  y = (W*x) + B
  return y
```

完整的程式碼如下：

```
def get_slope(p1, p2):
    W = (p2.y - p1.y) / (p2.x - p1.x)
    return W

def get_bias(p1, W):
    B = p1.y - (W * p1.x)
    return B

def get_y(x, W, B):
    y = W*x + B

p1 = Point(2, 3)
p2 = Point(3, 5)

W = get_slope(p1, p2)
B = get_bias(p1, W)

# 現在可透過以下方式，得出任意 x 相應的 y 值：
x = 10
y = get_y(x, W, B)
```

根據這些程式碼，如果 x 為 10，就可以計算出 y 值為 19。

我們剛剛已完成一個典型的程式設計任務。每當我們遇到一個需要解決的問題時，只要弄清楚規則，就可以用程式碼的表達方式來解決問題。只要給定兩個點，就可以有一個計算出 W 值的規則，我們也可以根據該規則，建立相應的程式碼。一旦計算出 W 值，就可以推導出另一個規則，用 W 與其中一個點的 x 和 y 值計算出 B 值。接下來只要有 W 與 B 的值，就可以寫下另一個規則，藉由 W 和 B 計算出任何給定 x 值相應的 y 值。

這就是傳統的程式設計方式，現在經常被稱之為規則型（rules-based）程式設計方式。我個人喜歡用圖 1-3 的圖來總結這樣的做法。

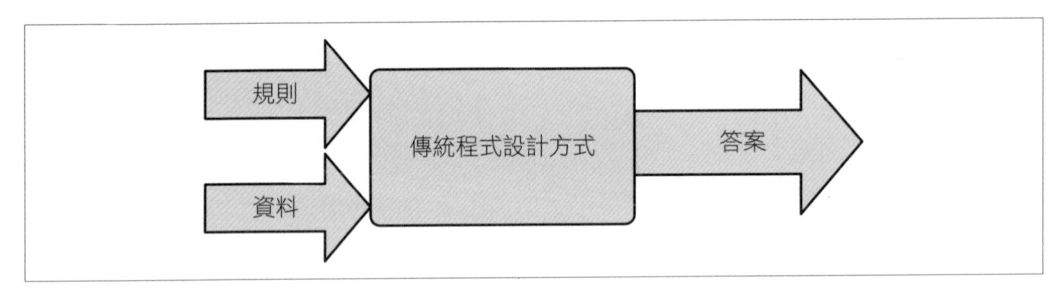

圖 1-3　傳統程式設計方式

從最高的層面來看，傳統程式設計方式就是針對「資料」建立一些「規則」，然後得出我們所要的「答案」。前面的例子中，我們的資料就是直線上的兩個點。然後我們找出這些資料相應的規則，計算出這條直線的方程式。接著根據這些規則，就可以求出其他新資料的答案（例如我們可以畫出整條直線）。

在這樣的做法下，程式設計師的核心工作就是「把規則搞清楚」。這就是你可以為任何問題所帶來的價值——先把它分解成幾個可定義的規則，再用電腦可理解的程式語言來表達這些規則。

問題是，我們並不一定總是能夠輕易表達出其中的規則。你可以回想一下，之前我們想區分 T 恤與鞋子的例子。一般人實在很難說清楚區分的規則，更別說用程式碼寫下這些規則了。這就是機器學習可派上用場之處；不過那種運用到電腦視覺的機器學習任務，說明起來比較花時間，不如我們先考慮一下如何運用機器學習，計算出之前的那個直線方程式。

機器是如何學習的？

在之前的做法中，你身為一個程式設計師，任務就是找出直線的規則，然後再利用電腦進行實作；現在我們就來看看，機器學習的做法有什麼不同。

我們先來瞭解一下機器學習程式碼的結構。這個例子很大程度上可以算是一個「Hello World」的問題，因為程式碼的整體結構，其實與其他更複雜的程式碼非常類似。

我個人喜歡先畫出一個高階架構，大略描述一下解決此類問題所採用的機器學習做法。請記住，在這個例子中，我們有好幾組 x 與 y 值，而我們想要找出的是 W 與 B 的值，以得出直線方程式；只要有了方程式，我們就可以求出任何給定 x 相應的 y 值了。

第 1 步：猜答案

是的，你沒看錯。一開始，我們並不知道答案是什麼，所以猜什麼答案都一樣。這也就表示，我們一開始會先用隨機值來做為 W 與 B 的值。稍後我們還會再回到這個步驟，做出比較好的猜測，所以接下來的值就不是隨機的了，不過一開始我們確實是採用完全隨機的猜測值。舉例來說，假設我們第一次的「猜測值」是 W = 10 和 B = 5。

第 2 步：衡量我們猜測的準確度

現在我們有了 W 與 B 的值，就可以把這些值用到我們已知的資料上，看看這組猜測值的表現如何。也就是說，我們會用 y = 10x + 5 來計算出每個 x 值相應的 y 值，然後再與「正確」的 y 值進行比較，以判斷我們的猜測值究竟差了多遠。一開始，我們的猜測值顯然表現得很糟糕，因為我們的數字實在差很遠。隨後很快就會討論更多的細節，不過現在我們只需要知道目前的猜測值很糟糕，而且我們有一種衡量方式，可用來衡量情況有多麼糟糕。這個衡量的方式，通常稱之為「損失」（loss）或「誤差」（error）。

第 3 步：對猜測進行最佳化調整

現在我們已做出一次猜測，而且也對猜測的結果（損失或誤差）有了一定的認識，這樣的資訊就可以幫助我們做出更好的新猜測。這個程序就叫做「最佳化」（optimization；也叫做「優化」）。如果你過去曾看過任何 AI 程式碼或進行過任何相關的訓練，其中牽涉到大量的數學，那很可能就是在進行最佳化。這裡就是那些看起來很厲害的微積分可派上用場之處；微積分可以透過一個叫做「梯度遞減」（gradient descent）的程序，協助我們做出更好的猜測。像這樣的最佳化技術，可找出對參數進行小幅調整的方法，讓誤差朝向最小化的方向前進。我並不會在這裡進行詳細的介紹；雖然瞭解最佳化原理是一個很有用的技能，但其實像 TensorFlow 這樣的軟體框架，它本身就會幫你進行實作，你只要懂得如何運用，就可以繼續往下走了。經過一段時間後，你也許就會覺得這東西很值得深入研究，因為這樣你才能運用更複雜的模型，才有能力調整模型的學習行為。不過就目前而言，你只需要使用預設的最佳化函式即可。這個步驟完成後，只要再回到第 1 步就行了。根據定義，只要重複這個程序，經過一段時間執行好幾次迴圈之後，就可以找出參數 W 與 B 的值了。

這也就是為什麼這個程序被稱為「機器學習」的理由。我們可透過不斷的猜測、並衡量猜測值的好壞，再根據這些資訊，優化下一次的猜測值，整個程序重複一段時間之後，電腦就能「學習」得出 W 與 B（或其他任何東西）的參數值，進而找出構成這條直線的規則。如果用視覺化的方式來表現，或許就如圖 1-4 所示。

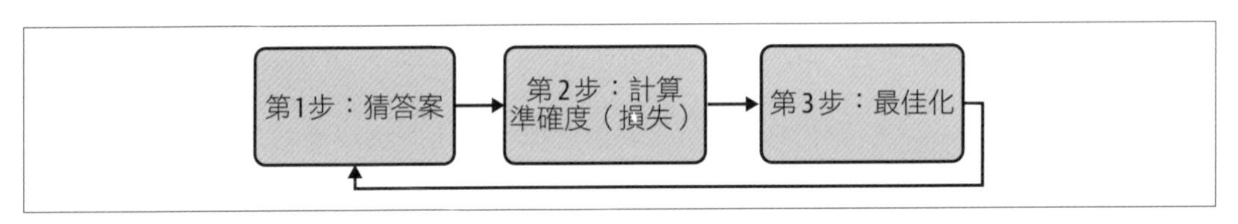

圖 1-4　機器學習演算法

用程式碼實作機器學習

各種說明和理論已經談得夠多了。現在我們就來看看相應的程式碼，這樣你就可以自己看看它是怎麼執行的。一開始很多這類的程式碼，對你來說或許很陌生，但隨著時間的推移，你一定可以逐漸掌握其中的訣竅。我很喜歡把這個例子稱為機器學習的「Hello World」，因為這裡會用到一個非常基本的神經網路（稍後就會解釋）來「學習」一條直線的參數 W 與 B 的值。

程式碼如下（你可以在本書的 GitHub 找到此程式碼範例的完整 notebook 檔案）：

```
model = Sequential(Dense(units=1, input_shape=[1]))
model.compile(optimizer='sgd', loss='mean_squared_error')

xs = np.array([-1.0, 0.0, 1.0, 2.0, 3.0, 4.0], dtype=float)
ys = np.array([-3.0, -1.0, 1.0, 3.0, 5.0, 7.0], dtype=float)

model.fit(xs, ys, epochs=500)

print(model.predict([10.0]))
```

這是運用 TensorFlow Keras 的 API 所編寫的程式碼。Keras 是一個開放原始碼軟體框架，其設計目的就是透過高階的 API 來簡化模型的定義與訓練。TensorFlow 2.0 在 2019 年發佈時，Keras 就已經緊密整合到 TensorFlow 了。

我們就來一行一行仔細探索這段程式碼吧。

首先是「模型」(model) 的概念。我們在建立一段可根據資料進行學習的程式碼時，經常會用 model (模型) 這個術語，來定義一個「可做為結果」的物件。這個例子中的 model，大致上就類似之前程式碼範例中的 get_y() 函式。不同之處在於，這裡的 model 並不需要給它 W 與 B 的值。它會根據我們所給的資料，自行找出相應的參數值，然後只要給它一個 x 再問它 y 是多少，它就會給你答案。

第一行程式碼如下——這就是模型的定義：

```
model = Sequential(Dense(units=1, input_shape=[1]))
```

這段程式碼的其他部分，究竟是什麼作用呢？好的，我們先來看 Dense 這個詞，它就位於第一組括號內。像圖 1-5 這樣的神經網路圖，你或許在別的地方已經看過了。

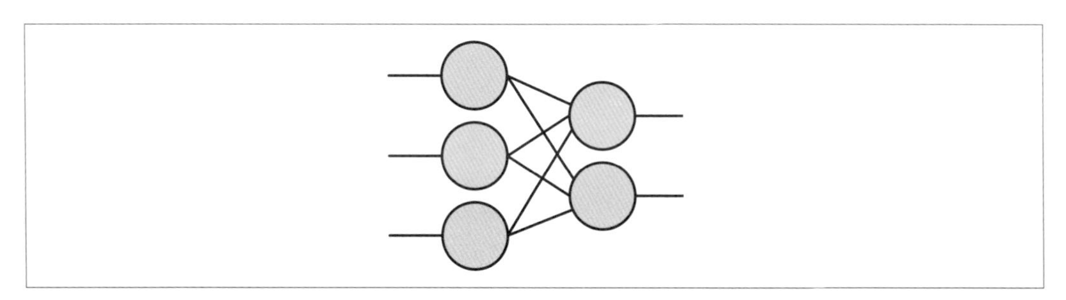

圖 1-5　基本的神經網路

你也許有注意到，圖 1-5 左側的每個圓圈 (或神經元) 與右側每一個神經元都有相連。每個神經元 (neuron) 都是以稠密 (dense) 的方式，與其他每一個神經元相連。這就是 `Dense` (稠密) 這個名稱的由來。此外，左側有三個上下相疊的神經元，右側則有兩個上下相疊的神經元，它們各自形成不同「層」(layer) 的神經元，其中的第一「層」有三個神經元，第二「層」則有兩個神經元。

我們先回到程式碼：

```
model = Sequential(Dense(units=1, input_shape=[1]))
```

這段程式碼的意思是說，我們想要一個按照順序排列的神經層（`Sequential`），而在括號內則是這一系列神經層的定義。第一層定義為 `Dense`，就表示所採用的是如圖 1-5 所示的神經網路。由於並未定義其他層，所以我們的 `Sequential` 神經網路只有一層。這一層只有一個單元（用參數 `units=1` 來指定），而且這個單元的輸入形狀（input shape）就只有一個單一的值。

所以，我們的神經網路就如圖 1-6 所示。

圖 1-6　最簡單的神經網路

這就是我為什麼喜歡把它稱之為神經網路的「Hello World」的理由。它只有一層，而且這一層只有一個神經元。這樣就足夠了。現在我們已經透過這行程式碼，定義好模型的架構。接著再來看下一行：

```
model.compile(optimizer='sgd', loss='mean_squared_error')
```

這裡指定的是用來計算損失的預設函式（還記得第 2 步驟嗎？我們會用損失函式來判斷猜測值的好壞），以及所採用的最佳化函式（第 3 步驟會用它來生成新的猜測值），這樣我們就可以逐步修正神經元裡參數 W 與 B 的值。

在這個例子中，`'sgd'` 代表的是「隨機梯度遞減」（stochastic gradient descent），這個部分已超出本書的範圍；總結來說，它就是利用微積分與均方差損失，判斷如何讓損失最小化的一種做法；只要能把損失最小化，我們就能取得準確的參數值了。

接著就來定義我們的資料。兩個點或許不大夠，所以我在這個範例中，把資料擴充為六個點：

```
xs = np.array([-1.0, 0.0, 1.0, 2.0, 3.0, 4.0], dtype=float)
ys = np.array([-3.0, -1.0, 1.0, 3.0, 5.0, 7.0], dtype=float)
```

`np` 代表的是「NumPy」，它是在資料科學與機器學習領域經常用到的 Python 函式庫，可以讓資料處理變得非常簡單。你也可以到 *https://numpy.org* 瞭解更多 NumPy 的資訊。

我們分別針對不同的 x 值與相應的 y 值，建立相應的陣列（array），其中 $x = -1$ 對應 $y = -3$，$x = 0$ 對應 $y = -1$，其餘依此類推。只要快速檢查一下就知道，所有這些值全都能滿足 $y = 2x - 1$ 這個關係式。

接著就來執行之前所提過的迴圈程序——猜答案、衡量猜測值的準確度、對猜測值進行最佳化調整，然後再不斷重複這整個程序。以 TensorFlow 的專門用語來說，這通常稱之為「套入」（fitting）——也就是說，我們有很多的 x 值與 y 值，希望可以套入 x 以得出相應的 y 值；換句話說，就是希望利用一些範例來找出規則，以針對給定的 x 值，計算出正確的 y 值。其中 epochs=500 這個參數，就是指定我們要循環 500 個回合：

```
model.fit(xs, ys, epochs=500)
```

執行這樣的程式碼之後（如果你並不是很熟悉，本章隨後就可以看到執行的做法），就可以看到以下的輸出結果：

```
Epoch 1/500
1/1 [==============================] - 0s 1ms/step - loss: 32.4543
Epoch 2/500
1/1 [==============================] - 0s 1ms/step - loss: 25.8570
Epoch 3/500
1/1 [==============================] - 0s 1ms/step - loss: 20.6599
Epoch 4/500
1/1 [==============================] - 0s 2ms/step - loss: 16.5646
Epoch 5/500
1/1 [==============================] - 0s 1ms/step - loss: 13.3362
```

請注意 loss 的值。數值的單位並不重要，重要的是這個值變得越來越小。還記得嗎？損失的值越低，就表示模型的表現越好，答案也越接近你的期待。我們可以看到第一次猜測的損失值為 32.4543，不過到了第五次猜測時，損失值已經降到 13.3362 了。

如果我們再查看 500 次循環的最後 5 個回合，就可以看到很小的損失值如下：

```
Epoch 496/500
1/1 [==============================] - 0s 916us/step - loss: 5.7985e-05
Epoch 497/500
1/1 [==============================] - 0s 1ms/step - loss: 5.6793e-05
Epoch 498/500
1/1 [==============================] - 0s 2ms/step - loss: 5.5626e-05
Epoch 499/500
1/1 [==============================] - 0s 1ms/step - loss: 5.4484e-05
Epoch 500/500
1/1 [==============================] - 0s 4ms/step - loss: 5.3364e-05
```

這些值全都非常非常小，大約只有 5.3×10^{-5}。

這也就表示神經元計算出來的 W 與 B 值，只有很小很小的誤差。但誤差畢竟不是零，所以我們也不應該期望能得到完全正確的答案。舉例來說，假設我們把 x = 10 丟進去：

```
print(model.predict([10.0]))
```

答案並不會是 19，而是一個非常接近 19 的值（大概是 18.98 左右）。為什麼呢？嗯，主要有兩個理由。第一是像這樣的神經網路，處理的是機率而非確定的結果，因此它所計算出來的 W 與 B，只能說「極有可能」是正確的，但或許並不是 100% 準確。第二個理由是，我們只給了神經網路六個點。雖然這六個點確實都落在直線上，但這樣並不能保證我們想預測的所有其他點，一定全都落在這條直線上。資料也有可能會偏離直線…縱使這種情況出現的機率非常低，但仍舊不為零。我們並沒有告訴電腦這是一條直線，我們只要求它找出能把 x 與 y 對應起來的規則，而它所得出的結果雖然看起來很像一條直線，但還是無法保證一定是一條直線。

這就是在處理神經網路與機器學習時，特別要注意的一個概念——我們所處理的其實都是像這樣的機率！

其實模型所使用的方法名稱，也帶有一定的提示——你可以注意到，我們並沒有要求它「計算」（calculate）x = 10.0 所對應的 y 值，而是請它「預測」（predict）所對應的 y 值。在這樣的情況下，預測（我們也經常稱之為推測——inference）所反映的其實是這樣的一個事實——模型會嘗試根據它所知道的東西，來判斷輸出值應該是多少，但結果並不一定是絕對正確的。

機器學習與傳統程式設計方式的比較

回頭參考圖 1-3 的傳統程式設計方式，我們現在可以稍微做點修改，以呈現出機器學習與傳統的程式設計方式兩者之間的區別。之前我們針對傳統程式設計方式的描述如下：針對給定的場景，找出相應的規則，然後再用程式碼來表達，讓程式碼直接處理資料，以得出相應的答案。機器學習其實也非常類似，只是其中一些程序被調換位置了。參見圖 1-7。

正如你所見，這裡主要的區別在於，如果採用機器學習的做法，其實我們並沒有搞清楚規則！相反的，我們只負責提供答案與資料，機器自會幫我們找出規則。在前面的範例中，我們針對某些給定的 x 值（也就是資料）提供了正確的 y 值（也就是答案），然後電腦負責計算出讓 x 與 y 值能夠相對應的規則。我們並沒有進行任何的幾何計算（例如斜率、截距或其他類似的計算）。機器自己就幫我們找出了能夠讓 x 與 y 相對應的某種特定模式（pattern）。

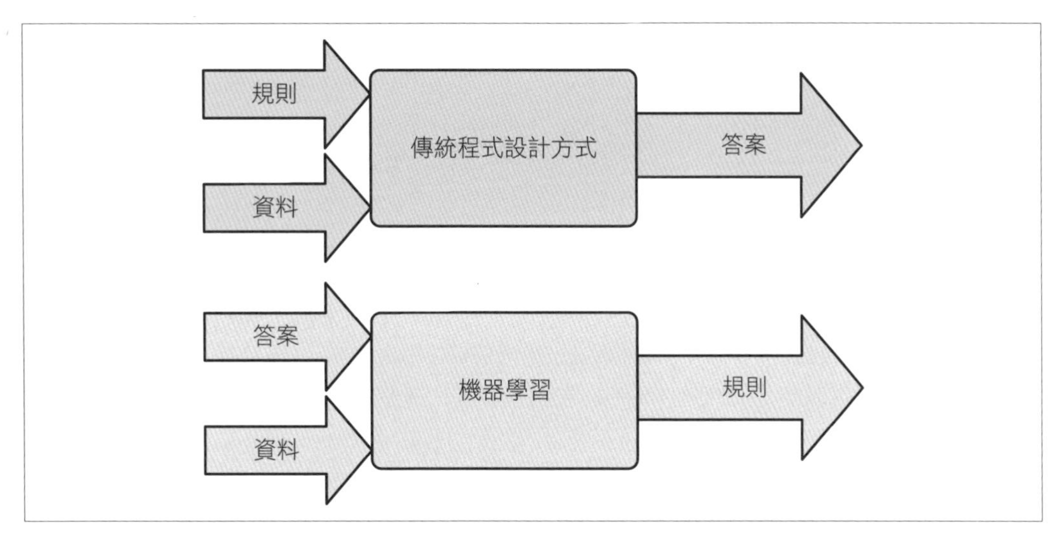

圖 1-7　傳統程式設計方式 vs. 機器學習

這就是機器學習與傳統程式設計方式之間最為核心、最重要的區別，同時也是機器學習最讓人感到興奮的理由，因為它開啟了全新的應用可能性。其中一個例子就是電腦視覺——正如我們之前的討論，想寫出某種「規則」來分辨 T 恤與鞋子之間的區別，其實非常困難。但如果是讓電腦找出某個東西應該對應到另外哪一個東西，這樣的應用方式或許就有可行性了；如果可以從這裡出發，再應用到其他更重要的場景（例如解讀 X 光片或其他醫學掃描結果、偵測大氣污染等等），也就不再是不可能的任務了。事實上已經有研究表明，在許多情況下，運用這類演算法加上足夠的資料，已經可以讓電腦在特定任務上表現得與人類一樣好，有時甚至比人類更好。你可以先查看一篇還蠻有趣的文章，是關於糖尿病視網膜病變的一篇部落格文章（*https://oreil.ly/D2Ssu*）——Google 的研究人員在這篇文章中，針對視網膜圖片的預先診斷，訓練了一個神經網路，試圖讓電腦找出能夠判別不同診斷結果的因素。隨著時間的推移，電腦已逐漸能夠診斷出不同類型的糖尿病視網膜病變，而且在這方面甚至已達到最好的程度了！

在行動裝置上構建與使用模型

這裡介紹了一個很簡單的範例，說明如何從規則型程式設計的做法，過渡到機器學習的做法來解決問題。但如果你無法把解決方案交到使用者手中，就算解決了問題也沒什麼用處；如果能在 Android 或 iOS 行動裝置上使用 ML 模型，就可以解決這樣的問題了！

這是一個複雜而多變的任務，本書會透過很多種不同的做法，讓你輕鬆完成此任務。

舉例來說，你的問題或許已存在某種現成的解決方案，可以靠現有的模型來解決問題，你只需要學習如何運用這種做法就可以了。我們會針對人臉偵測這類的應用進行介紹，其中的模型可偵測出圖片中的人臉，而你也可以把這個功能整合到你的 App 之中。

此外，在許多應用場景中，並不需要從頭開始打造模型、建立架構，並進行漫長而費力的訓練。有一種叫做「轉移學習」（transfer learning）的做法，可以讓我們善用一些之前就存在的現有模型，重新把模型運用到其他的用途。舉例來說，有些大型科技公司與頂尖大學的研究人員，有能力取得一些你或許無法取得的資料，或是使用到一些你沒有權限使用的電腦運算能力，而他們確實運用這些資源建構了一些模型。由於他們把這些模型分享給全世界，因此這些模型可被重複使用，或是重新運用到其他的用途。從本書第 2 章開始，你就可以看到大量這類的應用。

當然，有時你可能也需要從頭開始打造自己的模型。這樣的工作可以透過 TensorFlow 來完成，不過我們在此只會進行簡單的介紹，而不打算聚焦於它在行動裝置上的應用。針對這方面的主題，另外有一本叫做《從程式員到 AI 專家｜寫給程式員的人工智慧與機器學習指南》的書籍，主要就是聚焦於這樣的應用場景，那本書會從第一原則（first pronciples）出發，教你如何從頭開始針對各種應用場景打造出相應的模型。

總結

本章簡單介紹了 AI 人工智慧與 ML 機器學習。希望本章有助於消除各種炒作的說法，讓你可以從程式設計師的角度看清楚它究竟是什麼，進而有能力分辨 AI 與 ML 在哪些應用場景下特別好用、特別強大。我們也看到機器學習運作的細節，瞭解電腦如何運用一套反覆循環的學習做法，找出值與值之間的關係與對應模式，「學習」其中的規則。在這樣的做法下，電腦的行動看起來就好像有了智慧似的，促使我們採用「人工智慧」這樣的說法。我們還學會了許多機器學習或人工智慧程式設計師常用的相關術語，包括模型（model）、預測（prediction）、損失（loss）、最佳化（optimization）、推測（inference）等等。

到了第 3 章，我們就會透過一些範例，把機器學習模型實作到行動 App 中。不過我們打算先探索一下如何打造出更多的模型，並研究其中的運作原理。第 2 章我們就來研究一下「電腦視覺」，進一步打造出更複雜的一些模型吧！

第二章

電腦視覺簡介

雖然本書並不打算教你如何打造與訓練各種機器學習模型的所有基礎知識，但我確實想涵蓋一些基本的應用場景，讓本書可以自成一體獨立運作。如果你想更加瞭解如何運用 TensorFlow 打造模型，容我推薦我的另一本書《*從程式員到 AI 專家｜寫給程式員的人工智慧與機器學習指南*》，O'Reilly 出版）；要是你想更深入研究，Aurelien Geron 的《*精通機器學習｜使用 Scikit-Learn, Keras 與 TensorFlow*》，O'Reilly 出版）更是必讀之作！

本章會超越第 1 章的基本模型，進一步探討兩個更複雜的模型，並用這兩個模型來處理「電腦視覺」（computer vision）——也就是教電腦如何「看見」物體。「電腦視覺」與「看見」這兩個詞，其實與「人工智慧」、「機器學習」這兩個用語的處境很類似，很容易就會讓人對模型的基本原理產生誤解。

電腦視覺是個非常龐大的領域，但我們只會針對本書與本章的目的，關注其中幾個核心應用場景，運用一些技術來解析圖片、標記出圖片中的主要內容，或在圖片中找出某些東西。

其實這並不算是真正的「視覺」，也沒有真正的「看見」，而比較像是運用一種結構化演算法，讓電腦有能力對圖片的眾多像素進行解析。模型並不會去「理解」圖片，就像它針對一堆單詞進行解析時，也不能算是真正理解句子的含義一樣！

如果想用傳統的規則型做法達成此任務，即使是最簡單的圖片，最後還是會寫出很多行程式碼。但這個領域可說是機器學習的主場；稍後在本章你就會看到，只要運用第 1 章相同的程式碼模式，稍微再深入一點，就可以打造出有能力解析圖片內容的模型——而且只要幾行程式碼就足夠了。廢話不多說，我們就開始動手吧！

用神經元實現電腦視覺

在第 1 章的範例中可以看到，只要給幾個直線方程式的點做為範例，神經網路就會自行「套入」求出直線方程式相應的參數。如果畫成圖形，其神經網路就如圖 2-1 所示。

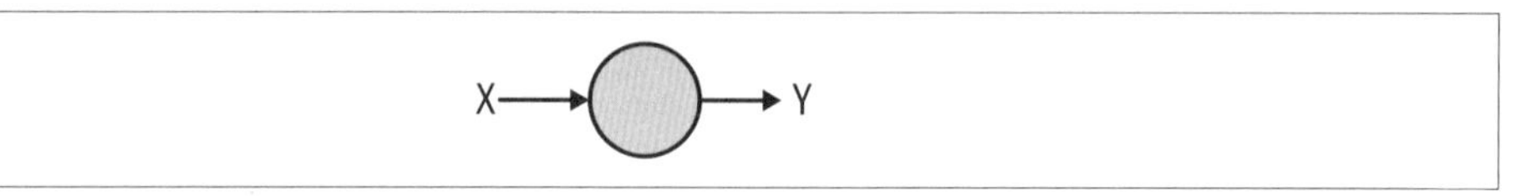

圖 2-1　把 X 套入神經網路以得出 Y 的結果

這就是最簡單的神經網路，其中只有一層結構，而且這層結構只有一個神經元。

其實我舉這個例子有點取巧的嫌疑，因為在學習權重值與偏差值時，Dense 稠密層的神經元天生就具有線性的本質，因此只用一個神經元來處理直線方程式就綽綽有餘了！

不過在寫程式時，我們其實是建立了一個 Sequential，而且 Sequential 裡頭還包含了一個 Dense 如下：

```
model = Sequential(Dense(units=1))
```

如果想要更多層，程式碼還是可以採用相同的模式；舉例來說，如果想呈現如圖 2-2 的神經網路，很容易就可以做到。

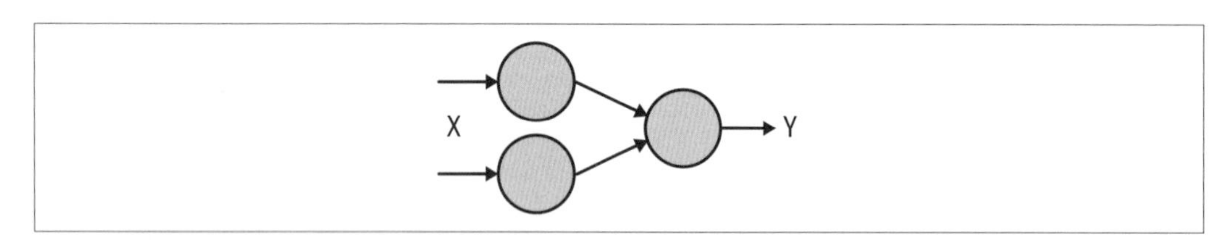

圖 2-2　稍微進階一點的另一個神經網路

我們先來考慮圖 2-2 裡的幾個元素。首先垂直排列的每個神經元，都應該視為同一層。圖 2-3 顯示的就是這個模型中各層的結構。

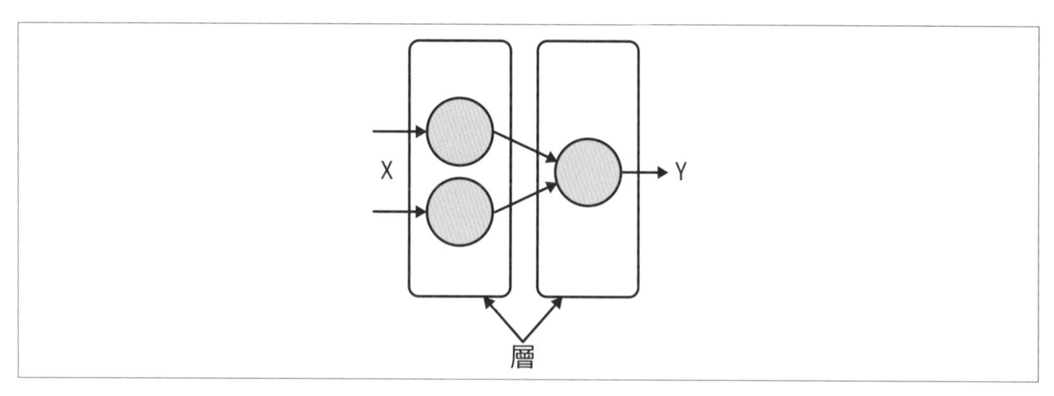

圖 2-3　神經網路中各層的結構

如果寫成程式碼，只要在定義 Sequential 時列出各層的結構即可，程式碼如下：

```
model = Sequential([
            Dense(units=2),
            Dense(units=1)
        ])
```

這裡用了一個 list 列表，以逗號把各層隔開，藉此方式定義各層的結構，然後再把這個列表放入 Sequential 中，因此你可以看到其中一個 Dense 層有兩個神經元，另一個 Dense 層只有一個神經元，這樣就可以得到如圖 2-3 所示的結構了。

雖然採用不同的結構，但我們的「輸出層」還是只有一個值。輸出層只有一個神經元，也就只能學習一組權重值與偏差值，這樣對於理解圖片的內容來說並不是很夠用，因為就算是最簡單的圖片，其內容也無法只用單一值來表示。

如果我們的輸出層有好幾個神經元呢？請考慮一下圖 2-4 的模型。

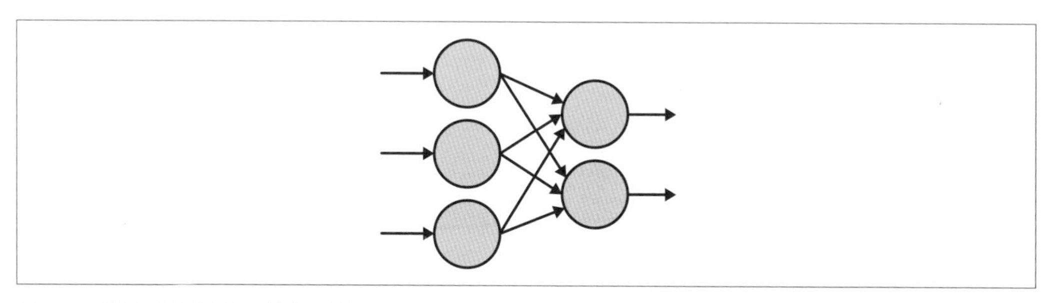

圖 2-4　擁有多個輸出的神經網路

這樣，我們就有多個輸入與多個輸出了。為了設計出有能力識別、解析圖片內容的模型（還記得嗎？這就是我們對「電腦視覺」的定義），我們能不能把不同的輸出神經元，分別指定給想要識別出來的不同類別呢？

這是什麼意思呢？是這樣的，就像在學習一門語言，我們一開始總要一個字一個字學，所以在學習如何解析圖片時，一開始也要先對電腦想看懂、理解的事物數量做出限制。舉例來說，如果想先從簡單的開始，讓電腦能夠分辨貓狗之間的區別，我們可以先建立一個「詞彙表」（vocabulary），其中只包含兩種（貓或狗）圖片類別，再針對各類別指定一個相應的輸出神經元。這裡雖然使用了「**類別**」（*class*）這個字眼，但請不要與物件導向程式設計的「物件類別」搞混了。

由於模型能分辨的「類別」數量是固定的，因此通常會使用「**分類**」（*classification*）或「**圖片分類**」這樣的術語，而這種模型也可稱之為「**分類器**」（*classifier*）。

如此一來，為了要分辨貓或狗，我們就把圖 2-4 修改成如圖 2-5 所示。

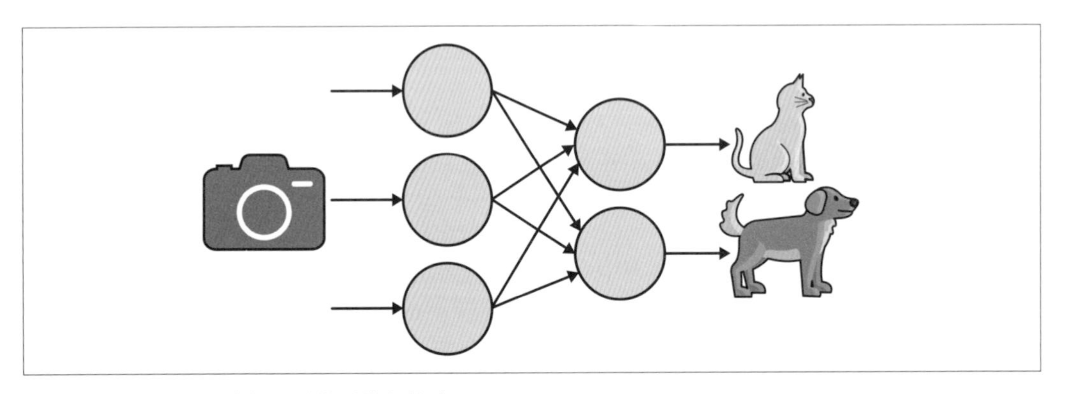

圖 2-5　為了分辨貓或狗，對模型進行修改

這樣一來我們就可以把一張圖片送入神經網路，最後取得兩個神經元的輸出結果。每個神經元都會輸出一個數字，而我們希望這個數字可以呈現神經網路的想法，代表它認為所「看到」的是一隻狗還是一隻貓。其實這樣的方法也可以擴展到其他類別；如果你想分辨不同的動物，只要再使用額外的輸出神經元來代表相應的類別即可。不過我們暫且維持兩個類別，盡量先保持簡單就好。

接下來我們的問題就變成，該如何呈現輸出的結果，讓電腦可以在比對輸入圖片之後，用輸出神經元給出我們想要的結果？

其中一種做法，就是採用一種叫做「*one-hot 編碼*」（*one-hot encoding*）的東西。這種做法一開始看起來好像有點繁瑣又浪費力氣，但如果你搞懂其中的概念，知道它與神經網路架構有多速配，就知道我們為何採用這種做法了。這種編碼方式背後的想法，就是根據類別的數量，用同樣大小的一個數值陣列來代表各個類別。在這個陣列中，除了代表正確類別的那個項之外，其他項全都是 0，正確類別那個項的值，則設定為 1。

舉例來說，圖 2-5 就有兩個輸出神經元——其中一個對應「貓」，一個對應「狗」。如果模型想表示「看到的是貓」，可以用 [1,0] 來表示；如果想表示「看到的是狗」，則可用 [0,1] 這樣的編碼來表示。這個時候你可能會想，如果要識別更多的類別，這種做法實在太浪費了——比如 1,000 個類別的話，陣列中就會有 999 個 0 和一個 1。

這樣的做法確實很沒有效率，但我們只會在訓練模型時針對每張圖片保存相應的資料，訓練完成後就可以把那些資料丟掉了。模型輸出層相應的神經元，正好與這種編碼方式相對應，所以只要取得輸出結果，就很清楚哪個項代表哪個類別。

因此，我們可以用這種編碼方式更新一下圖 2-5；如果輸入的是一張貓的圖片，就希望能輸出如圖 2-6 所示的編碼結果。

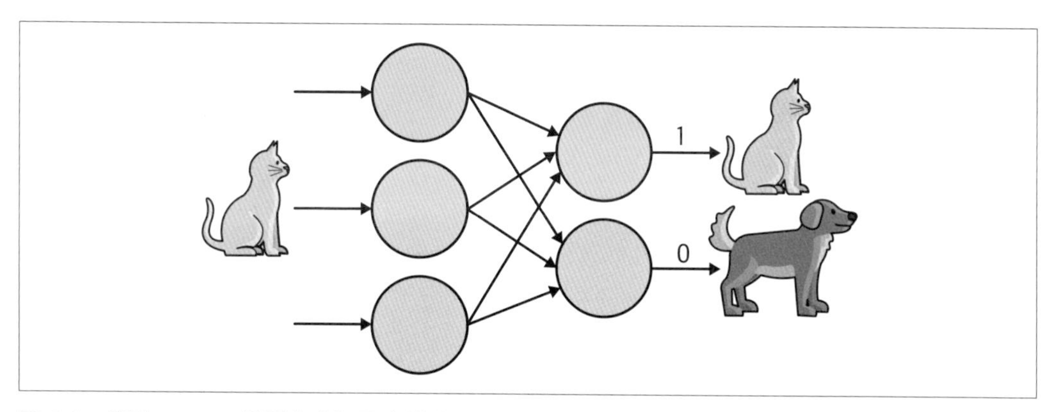

圖 2-6 使用 one-hot 編碼方式標記出貓的圖片

現在這個神經網路的行為，就是我們想要的樣子。我們只要輸入貓的圖片，輸出神經元就以 [1,0] 的編碼方式做出回應，表明它「看到」了一隻貓。這種資料的表達方式，可用來做為訓練神經網路的基礎。這樣一來，如果有一大堆貓與狗的圖片，而且這些圖片都做了相應的標記，隨著時間的推移，神經網路就可以「套入」（fit）這些輸入圖片與相應的標籤，未來遇到新的圖片時，也可以給出相應的輸出。

事實上，輸出神經元的值並不會只是單純的 0 或 1，而是一個介於 0 到 1 之間的數值。這個值恰好就是一個機率值。因此，如果每個類別對應一個輸出神經元，並用 one-hot 編碼方式來標記圖片，再用它來訓練神經網路，最後就會得到一個可解析圖片的模型，會送出它所看到的各類別機率列表，例如圖 2-7 所示。

圖 2-7 解析圖片的內容

在這張圖中可以看到，模型判斷它看到「香蕉」的機率為 98.82%，而看到「蘋果」或「無花果」的機率就相對小多了。雖然這張圖片很明顯是一根香蕉，不過這個 App 在查看圖片時，會從圖片中提取出一些特徵，而蘋果或許也同樣具備其中某些特徵（例如果皮的紋理或顏色）。

因此，你可以想像一下，如果想要訓練一個模型來看東西，就會需要大量的圖片樣本，而且這些樣本都需要標記出相應的類別。幸運的是，目前已經存在一些基本的資料集，而且特別針對類別範圍做出了限制，讓這些資料更容易用來進行學習，因此接下來我們打算從零開始打造出一個分類器。

你的第一個分類器：識別服裝品項

我們的第一個範例，打算識別的是圖片中的服裝品項。舉例來說，考慮一下圖 2-8 裡的幾種服裝品項。

圖 2-8　各種服裝品項的幾個範例

這裡有許多不同的服裝品項，你一定可以輕易分辨出其中的不同。你知道什麼是襯衫、什麼是外套、什麼是洋裝。但如果遇到從來沒見過各種服裝的人，我們該怎麼向他說明如何進行區分呢？鞋子該如何分辨呢？這張圖中有兩種鞋，我們要如何向別人說明呢？如果採用的是第 1 章所提過的規則型程式設計方式，這顯然又是一個很難做到的領域。有時候想用規則來說明事物，根本就不可行。

當然，電腦視覺也不例外。不過你還是可以想一下，你是如何學會分辨所有這些東西的——很可能是看過許多不同的例子，而且還使用過這些東西，因此擁有了一些經驗。我們可以讓電腦採用同樣的做法嗎？答案是肯定的，只不過還是有一定的局限性。接著我們就來看第一個範例，運用一個名為 Fashion MNIST 的著名資料集，教電腦學會分辨各式各樣不同的服裝。

資料：Fashion MNIST

美國國家標準暨技術研究院（MNIST）的資料庫提供了一些基礎資料集，其中由 Yann LeCun、Corinna Cortes 與 Christopher Burges 所建立的基礎資料集，既可用於模型訓練與學習，也可以做為不同演算法之間的比較基準。這個資料集是由 70,000 張 0 到 9 的手寫數字圖片所組成。所有圖片全都是 28 × 28 的灰階圖片。

Fashion MNIST（*https://oreil.ly/GmmUB*）在設計上則是做為 MNIST 的直接替代選項，它具有相同的圖片數量、相同的圖片尺寸，以及相同的類別數量——只不過 Fashion MNIST 所包含的圖片並不是數字 0 到 9，而是 10 種不同類別的服裝。

圖 2-9 就是這個資料集的一些範例。其中每三行的圖片，全都屬於相同的服裝類別。

圖 2-9　Fashion MNIST 資料集裡的一些範例

這個資料集內有各式各樣的服裝，包括襯衫、褲子、洋裝，以及許多不同類型的鞋子！你或許有注意到，這些圖片全都是灰階的，而且每張圖片都是固定數量的像素所組成，每個像素值全都介於 0 到 255 之間。這樣可以讓資料集更容易管理。

圖 2-10 就是資料集內某張圖片的特寫。

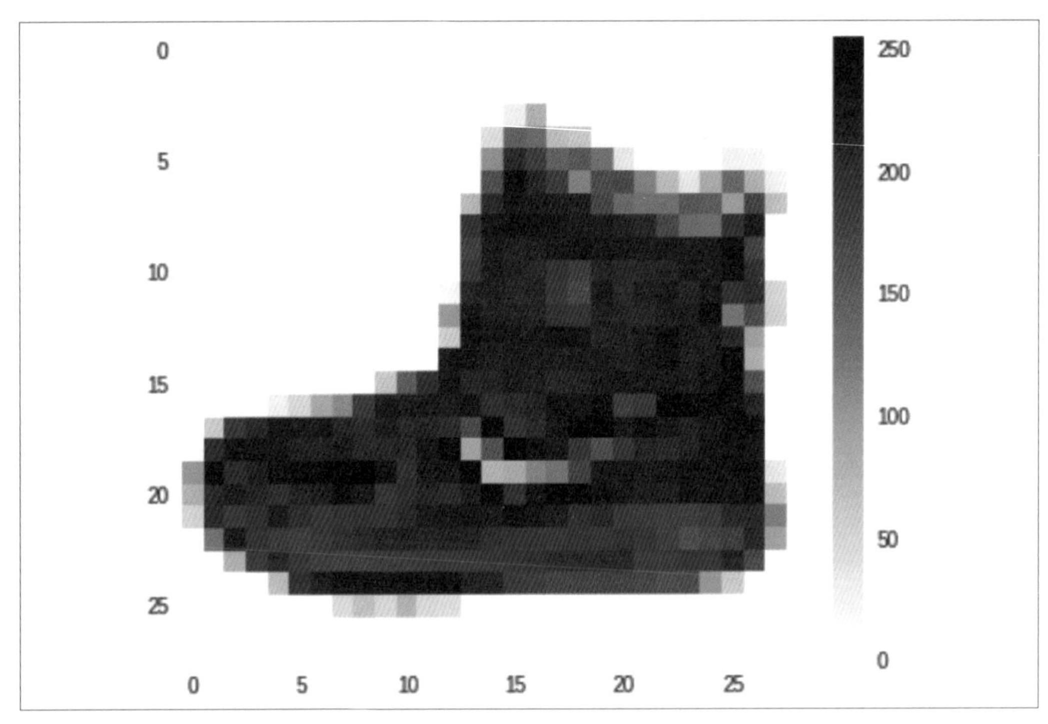

圖 2-10　Fashion MNIST 資料集內某張圖片的特寫

就像其他的圖片一樣，這些圖片全都是由許多格狀排列的矩形像素所組成。如前所述，這裡的每張圖大小都是 28 × 28，而且每個像素都是 0 到 255 之間的某個值。

可用來解析 Fashion MNIST 的模型架構

現在我們就來看看，這些像素值如何搭配之前的電腦視覺架構一起使用。

圖 2-11 就是其中一種表達方式。請注意，Fashion MNIST 裡的圖片有 10 種類別，因此我們的輸出層需要 10 個神經元。提醒一下，為了讓頁面更容易展現其結構，我把整個架構轉了九十度，讓 10 個神經元的輸出層放在圖的底部，而不是最右側。

「最上面」的神經元數量目前設定為 20，主要是為了讓這裡的頁面排版可以放得下，之後這個數字有可能會隨著你所編寫的程式碼而改變。譬如我們的構想是，要把圖片的所有像素送入這些輸入神經元。

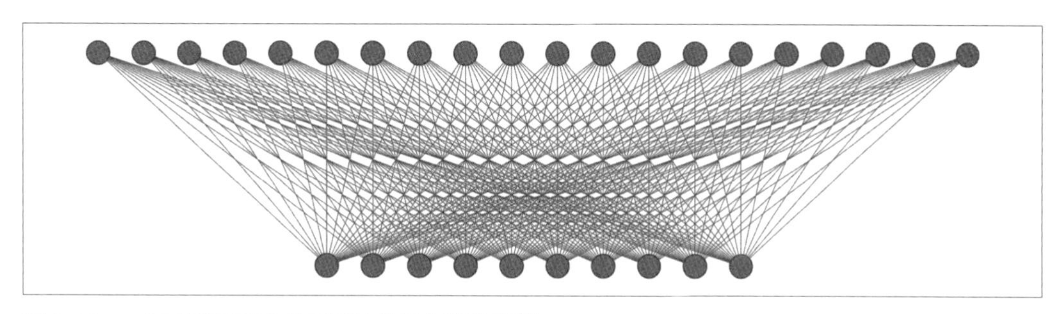

圖 2-11　一個可識別服裝品項圖片的神經網路架構

由於圖片都是 28 × 28 像素，因此輸入層的神經元也要有相同的數量；我們可以把圖片從 28 × 28 的二維形式，先「展平」成 784 × 1 的一維陣列。這樣一來，它與輸入神經元就具有相似的「形狀」（shape），因此圖片就可以送進神經網路了。參見圖 2-12。請注意，由於圖 2-10 裡的短筒靴圖片在 Fashion MNIST 中屬於「9」這個類別，因此我們會用 one-hot 編碼的形式，設定相應神經元的值以進行訓練。我們會從 0 開始編號，因此第 9 類對應的就是第 10 個（也就是最右邊的那個）神經元，如圖 2-12 所示。這樣的層結構之所以採用「稠密」（Dense）這樣的字眼，現在從視覺上看起來應該就很明顯了吧！

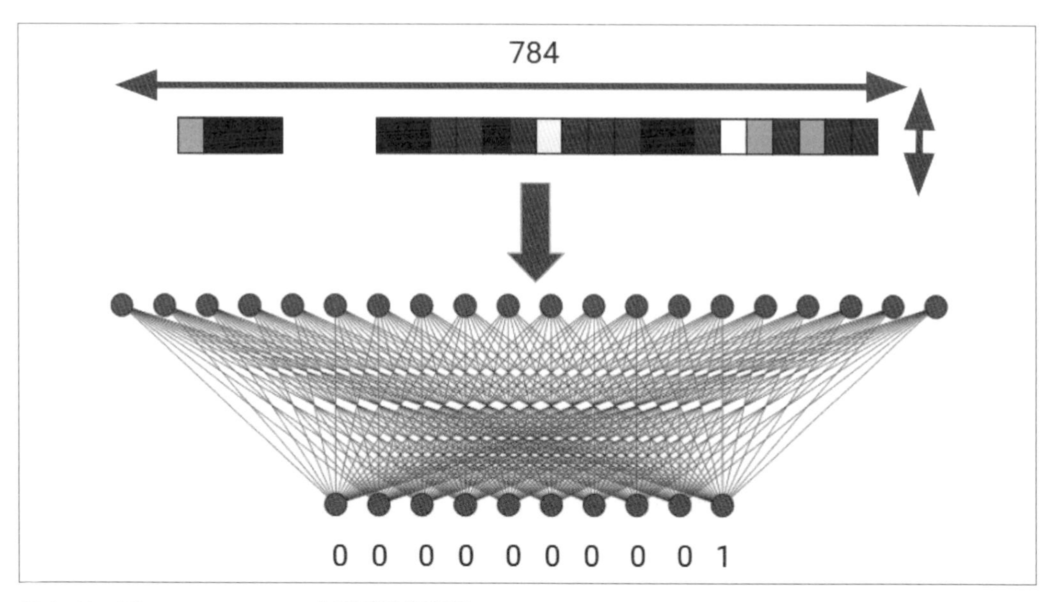

圖 2-12　用 Fashion MNIST 來訓練神經網路

由於訓練組資料共有 60,000 張圖片，因此接下來就會進入第 1 章所提過的訓練迴圈。首先，網路中的每個神經元都會以隨機的方式進行初始化。接著模型會針對這 60,000 張已標記圖片，每一張都進行分類。分類的準確度與誤差損失，可用來協助最佳化函式調整神經元的值，然後我們會持續不斷重來一次。隨著時間推移，神經元內部的權重值與偏差值就會逐漸被調整，越來越符合訓練資料的情況。接著就來看看相應程式碼。

Fashion MNIST 模型的相應程式碼

前面所描述的模型架構如下：

```
model = Sequential(
    [Flatten(input_shape=(28,28)),
     Dense(20, activation=tf.nn.relu),
     Dense(10, activation=tf.nn.softmax)])
```

真的就是這麼簡單！不過這裡有一些新的概念，我們就來探索一下。

首先，我們可以看到這裡還是使用 Sequential。還記得嗎？這樣就可以用列表來定義神經網路中的各層結構。列表中的每個元素可定義每一層的類型（這個例子中的第一層是 Flatten，後面兩層都是 Dense），及各層相應的設定（例如神經元的數量與相應的 activation 激活函式）。

第一層是：

```
Flatten(input_shape=(28,28))
```

這裡示範了分層結構其中的一個優勢——我們不但可以用這種方式來定義模型架構，還可以把相應的設定封裝在各層之中。原本 28 × 28 的輸入形狀，在這裡就會自動展平成隨後要送入神經網路的 784 × 1。

在圖 2-12 可以看到，後面還有兩個 Dense 層，其中一層有 20 個神經元，另一層有 10 個神經元。

不過這裡還有一個新東西——activation 參數。我們可以用它來定義一個激活函式（activation function），在該層處理結束時，就會執行此函式。激活函式可以協助網路識別出更複雜的模式，並讓資訊在層與層之間流動時改變其行為，協助網路達到更快又更好的學習效果。

它是一個可有可無的參數，不過真的很好用，所以經常被推薦使用。

具有 20 個神經元的那一層，所採用的激活函式為 **tf.nn.relu**，其中 *relu* 代表的是「整流線性單元」（rectified linear unit）。這是個相當奇特的術語，實際上的效果是——如果值小於零就設為零，否則就保持原來的值。其效果就等同於：

```
if val<0:
    return 0
else:
    return val
```

其作用在於，原本同一層內如果有任何神經元計算出負值，可能就會抵消另一個神經元的正值，進而抵消掉所學到的東西。如果不想要這種抵消的效果，就要在每次迭代時，對每個神經元進行大量的檢查；但其實只要設定一個激活函式，就可以達到效果了。

輸出層也使用了一個名叫 softmax 的激活函式。這裡的想法是，我們的輸出層有 10 個神經元。理想情況下，其中應該有一個值為 1，其他全部都是 0 才對；其中數值為 1 的項目，就是我們所要取得的相應類別。但現實中這種情況很少發生，大部分情況下每個神經元都會有一個值。我們通常會用數值最大的那個項目，來做為輸入圖片的最佳候選類別。不過為了表現出各個項目相應的機率，我們希望所有神經元的值加起來為 1，而每個相應值也要做適當的縮放調整。其實我們並不需要另外編寫程式碼來處理這件事，只要簡單使用 softmax 做為該層的激活函式，就可以達到這樣的效果了！

以上只是模型的架構而已。接著我們就來探索完整的程式碼，其中包括取得資料、編譯模型，然後再執行訓練程序：

```
import tensorflow as tf

data = tf.keras.datasets.mnist
(training_images, training_labels), (val_images, val_labels) = data.load_data()

training_images  = training_images / 255.0
val_images = val_images / 255.0

model = tf.keras.models.Sequential(
            [tf.keras.layers.Flatten(input_shape=(28,28)),
            tf.keras.layers.Dense(20, activation=tf.nn.relu),
            tf.keras.layers.Dense(10, activation=tf.nn.softmax)])

model.compile(optimizer='adam',
              loss='sparse_categorical_crossentropy',
              metrics=['accuracy'])

model.fit(training_images, training_labels, epochs=20)
```

還記得嗎？之前我曾提過，如果用傳統程式碼來解析圖片內容，即使面對像 Fashion MNIST 這樣簡單的任務，可能還是需要好幾千行的程式碼，但機器學習只需要這幾行程式碼，就足以完成任務了。好吧，接著就來拆解說明一下囉！

第一步就是要取得資料。Fashion MNIST 資料集就放在 TensorFlow 裡，所以我們可以像下面這樣輕鬆取得資料：

```
data = tf.keras.datasets.fashion_mnist
(training_images, training_labels), (val_images, val_labels) = data.load_data()
```

執行這行程式碼之後，`training_images` 就是 60,000 張訓練圖片，`training_labels` 則是相應的類別標籤。此外，`val_images` 與 `val_labels` 還會另外保存 10,000 張圖片及其相應的類別標籤。我們會先保留這些資料，在訓練時並不會用到，隨後在探索神經網路的表現時，我們的模型才會使用到這組「沒見過」的資料。

接下來是這兩行程式碼：

```
training_images  = training_images / 255.0
val_images = val_images / 255.0
```

Python 的 NumPy 好用之處在於，如果把整個陣列除以一個值，陣列中的每個項目都會直接除以該值。不過，我們為什麼要除以 255 呢？

這個程序就是所謂的「歸一化」(normalization)，這又是一個相當奇特的用語，意思就是把一個值設定成介於 0 到 1 之間的某個值。因為原本每個像素值全都落在 0 到 255 之間，只要除以 255 就可以達到歸一化的效果。至於為什麼要進行歸一化呢？這是因為如果數值介於 0 到 1 之間，Dense 層中相應的數學運算就能達到最佳的效果，如果遇到比較大的誤差，誤差也不會暴漲。你或許還記得第 1 章 $y = 2x - 1$ 的範例，當時並沒有進行歸一化處理。那只不過是一個很簡單的範例，沒有進行歸一化處理也沒什麼問題，不過在大多數情況下，我們都應該先把資料歸一化，再把資料送入神經網路！

定義好模型架構之後，接著就要編譯模型、指定損失函式與最佳化函式：

```
model.compile(optimizer='adam',
              loss='sparse_categorical_crossentropy',
              metrics=['accuracy'])
```

這裡採用的設定，與第 1 章所使用的 `sgd` 和 `mean_squared_error` 不同。 TensorFlow 有一個包含所有損失函式與最佳化函式的函式庫，我們通常可以從中挑選出一些來進行試驗，看看哪一個最適合我們的模型。不過其實有一些限制，尤其是 `loss` 損失函式。因為這個模型具有多個輸出神經元，而且每個神經元都代表不同的類別，因此必須採用「分類」型的損失函式（這裡選的是 sparse_categorical_crossentropy）。這些函式的工作原理已超出本書的範圍，不過嘗試使用 TensorFlow.org 裡各種不同損失函式與最佳化函式來進行一些實驗，是很好的一件事。我選擇的最佳化函式是 adam，它是 sgd 的強化版，只是在內部做了一些調整，可獲得更好的表現。

另外也可以注意到，我使用了另一個參數 metrics=['accuracy']，要求 TensorFlow 在訓練時也把準確度的值顯示出來。在進行分類模型訓練時，如果希望分類器告訴我們它認為自己看到了什麼，就可以用這個最基本的準確度衡量值（accuracy，也就是模型做出「正確」推測的訓練圖片佔了多少比例），把這個數值連同損失值一起顯示出來。只要在編譯時指定好 metrics 這個參數，TensorFlow 就會把相應的值顯示出來了。

最後，我們可以用以下的方式，把訓練資料套入到模型中：

```
model.fit(training_images, training_labels, epochs=20)
```

我在這裡把 epochs 設定為 20，讓整個訓練迴圈（做出猜測、評估衡量損失誤差、進行最佳化、再重複以上步驟）執行 20 次，要求模型把訓練圖片對應到相應的標籤。

在訓練過程中，可以看到如下的輸出：

```
Epoch 1/20
1875/1875 [=====================] - 2s 1ms/step - loss: 0.4214 - accuracy: 0.8844
Epoch 2/20
1875/1875 [=====================] - 2s 1ms/step - loss: 0.2237 - accuracy: 0.9356
Epoch 3/20
1875/1875 [=====================] - 2s 1ms/step - loss: 0.1897 - accuracy: 0.9450
```

請注意準確度的值：只經過三個迴圈，模型針對訓練組資料的準確度就來到了 94.5%！我是用 Google Colab 來進行訓練，可以看到這裡雖然需要處理 60,000 張圖片，但每個迴圈只花了兩秒鐘的時間。另外，你應該會看到 1875/1875 這樣的值，或許你也想知道它是什麼意思？其實在進行訓練時，並不是一次只處理一張圖片；TensorFlow 可以支援批量處理的做法，以加快訓練的速度。Fashion MNIST 預設每一批都有 32 張的圖片，每個回合都會訓練一整批的圖片。60,000 張的圖片，正好就是 1875 批圖片（60,000 / 32 = 1875）。

當你做完 20 個回合的訓練之後，就會發現準確率已超過 97%：

```
Epoch 19/20
1875/1875 [=====================] - 2s 1ms/step - loss: 0.0922 - accuracy: 0.9717
Epoch 20/20
1875/1875 [=====================] - 2s 1ms/step - loss: 0.0905 - accuracy: 0.9722
```

因此，只需要幾行的程式碼，加上不到一分鐘的訓練，你就可以得到一個模型，能夠以超過 97% 的準確率分辨 Fashion MNIST 的圖片。

還記得之前你保留了 10,000 張圖片，準備做為驗證組資料嗎？現在我們就可以把那些圖片送入模型，看看模型進行解析的結果。請注意，模型之前並沒有見過那些圖片，因此這正是測試你的模型是否真正準確的一個好方法——在面對之前沒見過的圖片時，究竟能不能進行高準確度的分類呢？我們只要調用 `model.evaluate`，再把整組的圖片與標籤送進去就可以了：

```
model.evaluate(val_images, val_labels)
313/313 [======================] - 0s 872us/step - loss: 0.1320 - accuracy: 0.9623
```

你可以看到，模型在面對之前從來沒見過的資料時，準確率可達 96%，這也就表示我們確實擁有了一個非常好的模型，可用來預測服裝圖片資料的所屬類別。機器學習領域有一個概念叫做「**過度套入**」（*overfitting*），那是一種應該要設法避免的情況。如果模型非常擅長理解訓練資料，卻不太擅長理解其他的資料，應該就是出現過度套入的問題。如果訓練準確度與驗證準確度之間存在巨大的差異，就表示模型過度套入了。你可以把它想像成如下的情況——假設你在教一個有智慧的生物認識什麼是鞋子，卻只給他看高跟鞋，這樣他就會「以為」所有鞋子都有很高的鞋跟；之後若給他展示一雙運動鞋，它就會出現過度套入的問題，認為那並不是鞋子。神經網路應該盡量避免這樣的情況，不過我們可以看到這裡的範例表現還不錯，訓練與驗證的準確度只有很小的差異！

這裡向你展示了如何建立一個簡單的模型，學習如何「看懂」圖片的內容，但它只能看一些非常簡單的單色圖片，而且圖片中只有單一的內容，還要放在圖片的正中央位置。真實世界的圖片識別模型，所面對的情況比這個複雜多了，不過我們還是可以使用所謂的「卷積神經網路」（CNN；convolutional neural network）來打造相應的模型。關於其工作原理的詳細介紹，已經超出本書的範圍，不過你可以參閱我在本章一開始所提到的其他幾本書，就可以獲得更深入的認識。

就算暫時不深入研究各種模型架構類型，我們還是有一個東西可以研究，那就是所謂的「**轉移學習**」（*transfer learning*）；接著我們就來探討一下。

電腦視覺的轉移學習

我們再考慮一下之前在圖 2-12 討論過的 Fashion MNIST 架構。雖然它被設計用來進行分類的資料本身相對簡單，但它的結構看起來已經算是相當複雜了。接下來我們還要再擴展一下，以便能夠處理更大的圖片、更多的類別、更多的顏色，進一步提高到更複雜的程度。如果想要處理這樣的資料，最後肯定會弄出一個非常複雜的架構。舉例來說，表 2-1 就是 *MobileNet* 這個神經網路各層架構的說明表；顧名思義，它的設計目的就是希望能更符合行動裝置的使用情境，低耗電同時具有高效能的表現。

表 2-1 MobileNet 神經網路的各層架構說明

輸入	各層的類型	t	c	n	s
$224^2 \times 3$	conv2d	–	32	1	2
$112^2 \times 32$	bottleneck	1	16	1	1
$112^2 \times 16$	bottleneck	6	24	2	2
$56^2 \times 24$	bottleneck	6	32	3	2
$28^2 \times 32$	bottleneck	6	64	4	2
$14^2 \times 64$	bottleneck	6	96	3	1
$14^2 \times 96$	bottleneck	6	160	3	2
$7^2 \times 160$	bottleneck	6	320	1	1
$7^2 \times 320$	conv2d 1x1	–	1280	1	1
$7^2 \times 1280$	avgpool 7x7	–	–	1	–
1 × 1 × 1280	conv2d 1x1	–	k	–	

我們在這裡可以看到很多層的結構，其中最多的就是「bottleneck」類型（使用卷積）；這個模型可接受 224 × 224 × 3 的彩色圖片（圖片為 224 × 224 像素，每個像素的顏色則由 3 個 Byte 來表示），最後分解成 1,280 個值所組成的「特徵向量」。然後這個向量就可以送入專門針對 MobileNet 模型所設計、可分辨 1,000 種圖片的圖片分類器了。這個模型設計的目的，主要是針對某版本的 ImageNet 資料庫（*https://oreil.ly/qnBpY*；這是專為 ImageNet 大規模視覺識別挑戰賽 ILSVRC 所建立的資料庫），其中就包含了 1,000 種類別的圖片。

這樣的模型無論是設計或訓練，都是非常複雜的工作。

不過，如果想「重複使用」這個現成的模型，善用它已學會的東西，確實是做得到的；就算我們想要識別的圖片並不在它原本被訓練可識別的 1000 種類型範圍內，我們還是可以重複使用這個模型。

它的邏輯是這樣的：如果像 MobileNet 這樣的模型，針對成千上萬張圖片進行過訓練，有能力識別出上千種類別，而且運作得很好，那它在看出圖片中有什麼「可通用特徵」這方面應該已經很有效率了。如果我們採用它內部參數所學到的東西，然後應用到不同的另一組圖片，由於它已具有一些可通用化的性質，因此這樣或許也可以運作得很好。

舉例來說，假設回到表 2-1 的架構，然後我們想建立一個模型，只需要識別出三種不同類別的圖片，而不用去識別它原本已經學會分辨的 1,000 種圖片，這樣我們就可以運用 MobileNet 已經學會的能力，先把圖片轉換成具有 1280 個值的特徵向量，再送入我們所設計、只有三個神經元輸出的模型，這樣就可以分辨出我們想要分辨的三種類別了。

幸運的是，要採用這樣的做法其實非常簡單，因為我們可以運用 *TensorFlow Hub*，這個儲存庫裡包含了許多預先訓練過的模型與模型架構。

只要利用 import 匯入的方式，就可以把 TensorFlow Hub 包含到程式碼之中：

```
import tensorflow_hub as hub
```

舉例來說，假設我想使用 MobileNet v2，只要使用下面這樣的程式碼就可以了：

```
model_handle =
  "https://tfhub.dev/google/imagenet/mobilenet_v2_035_224/feature_vector/4"
```

我們可以在此定義想用的 MobileNet，並取其特徵向量。TensorFlow Hub 裡有許多不同類型的 MobileNet 架構，分別以各種不同的方式進行過調整，這就是網址內之所以會有 `035_224` 這些數字的理由。我在這裡並不打算詳細介紹，不過這裡的 224 其實就是我們所使用的圖片尺寸。只要回頭看一下表 2-1，就可以看到 MobileNet 全都是 224 × 224 的圖片。

這裡最重要的是，我們想從 Hub 載入一個已經訓練過的模型。它可以輸出特徵向量，讓我們進一步進行分類，所以模型看起來應該就像下面這樣：

```
feature_vector = hub.KerasLayer(model_handle, trainable=False,
                                input_shape=(224, 224, 3))

model = tf.keras.models.Sequential([
  feature_vector,
  tf.keras.layers.Dense(3, activation = 'softmax'),
])
```

請注意第一行 `trainable=False` 的設定。這就表示我們只想重複使用模型，而不會以任何方式改變該模型——我們只打算使用它已經學會的東西。

所以我的模型實際上只有兩行程式碼。它是一個 Sequential，其中第一層會生成相應的特徵向量，後面再跟著一個內含三個神經元的 Dense 層。這個用 ImageNet 資料訓練過很多小時的 MobileNet，它所學會的東西對我來說已經很夠用了，所以不需要再對它進行訓練了！

Beans 資料集主要是針對豆類植物的三種疾病進行分類；現在我只要利用剛才的模型，透過非常簡單的程式碼建立一個分類器，就可以輕易識別 Beans 資料集裡那些非常複雜的圖片了。圖 2-13 顯示的就是相應的輸出，你也可以透過本書的下載鏈結取得相應的程式碼。

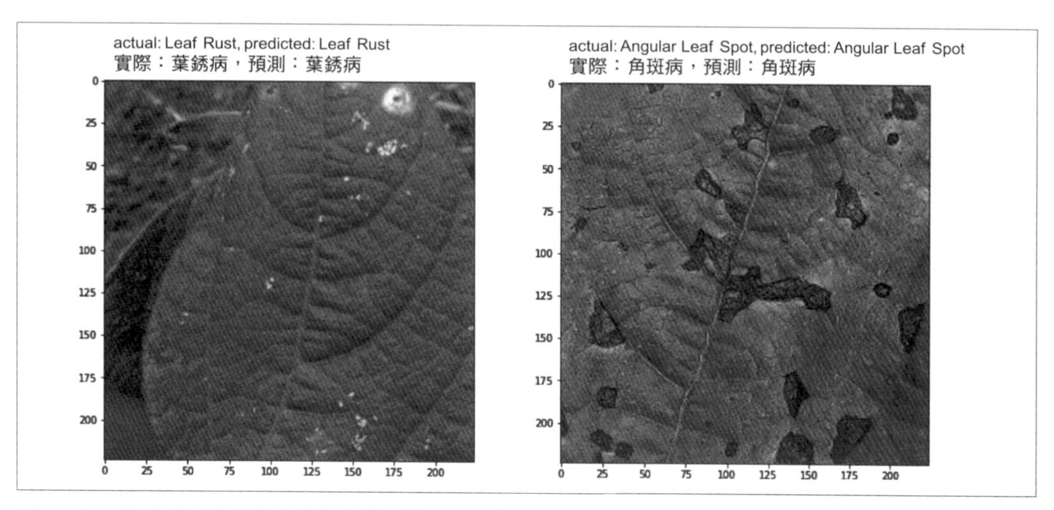

圖 2-13　把轉移學習的技術運用到複雜的圖片中

只要善用轉移學習的做法，就可以快速構建出很複雜的模型，因此本書所使用的模型，主要就是運用轉移學習的做法。希望以上的說明，確實對你有所幫助！

總結

本章主要介紹「電腦視覺」，現在你應該已經瞭解它真正的含義——透過編寫程式碼的方式，協助電腦解析圖片的內容。你已經學會如何建構神經網路，辨別多種不同類別的圖片，接著又從無到有打造出一個可識別 10 種服裝品項的神經網路。然後你也學會「轉移學習」的概念，知道有一些模型已針對好幾百萬張圖片進行過預訓練，只要利用這些現有的模型，就能識別出許多不同類別的圖片，並把這些模型的內部參數，套用到你自己的應用場景中。你也知道可以從 TensorFlow Hub 下載模型並重複使用，只需要很少行的程式碼，就能做出非常複雜的模型。我們的範例是一個可分辨豆類植物疾病的分類器，這個分類器所使用的模型，竟然只需要定義兩層的結構！這就是接下來本書所採用的主要做法，因為接下來我們的重點，就會轉向如何在行動 App 中善用各種不同的模型。第 3 章會開始介紹 ML Kit，這個軟體框架可協助我們在 Android 與 iOS 系統下快速建構出各種原型設計，或是針對一些 ML 應用場景快速提供一些現成的解決方案。

第三章

ML Kit 簡介

本書前兩章介紹了「機器學習」與「深度學習」的基礎知識，也建構了一些基本模型。接下來我們打算換個檔，探索如何把模型實作到行動裝置中。Google 有一個功能很強大的 ML Kit 工具套件，它既可以實作出一些現有已存在的模型（也就是某些應用場景下現成的解決方案），也可以實作出一些自定義模型。本章打算探索如何運用 ML Kit，在 Android 或 iOS 的行動裝置中執行各種模型。這些模型全都是直接放在裝置端，因此使用者可以享受到很快的速度，而且這樣對使用者的隱私也有好處。

我強烈建議（尤其是你如果不太熟悉，如何在 Android 與 iOS 的環境下運用額外的函式庫進行實作）一定要詳細閱讀本章。本章會進行很詳細的介紹，後續章節也會參考本章的內容。

ML Kit 有以下三種主要的應用場景：

- 現成的解決方案（turnkey solution）可利用 ML Kit 裡的「現成模型」，實作出所需的功能
- 針對某些特定的任務，可利用「通用模型」來進行快速原型設計。舉例來說，如果你想打造一個視覺 App，但一時間還沒找到符合所需的模型，這時你或許就可以先採用這種方式，快速判斷一下手上的裝置能否做到所需的功能
- 可利用「自定義模型」（例如第 2 章介紹過的那些模型）打造出想要的 App

我們會在本章探討一些現成的解決方案，瞭解如何在 App 中快速套用現成的 ML 模型。隨後的章節中，我們也會分別針對電腦視覺（Vision）與自然語言處理（NLP）這兩種應用場景，探討如何在打造出自定義模型之前，先利用 ML Kit 完成初始原型設計。

我認為討論一大堆，不如直接從實戰中學習，所以這裡將直接進入實作，探索如何運用 ML Kit 打造 App；接下來就先從 Android 與 iOS 的人臉偵測 App 開始。

打造 Android 的人臉偵測 App

接下來幾頁就是我們打造 App 的做法，我們會用預訓練過的 ML 模型來執行人臉偵測，而且無需進一步訓練馬上就可以使用。圖 3-1 就是人臉偵測的一個範例。

圖 3-1　偵測出圖片中的一張人臉

同一個模型（以及這個簡單的 App）也可以識別出圖片中的多張人臉；圖 3-2 就是其中一個例子。我覺得這個偵測結果特別令人印象深刻，因為你可以看到右邊比較靠近鏡頭的那個人，她的臉其實是背對著相機，我們也只能看到她的側臉，但模型還是把她偵測出來了！

圖 3-2　偵測出圖片中的多張人臉

下面我們就來看看，如何用 Android 建立這樣的 App！

第 1 步：用 Android Studio 建立 App

本教程後續會一直使用到 Android Studio，因此我們假設你對這個工具，以及如何使用 Kotlin 開發 Android App，至少有一定的基本常識。如果你完全不熟悉這些東西，建議先看一下 Google 針對 Kotlin 所提供的 Android 開發免費課程（*https://oreil.ly/bOja4*）。如果你還沒安裝 Android Studio，則可以到 *https://developer.android.com/studio/* 下載。

第一個步驟就是用 Android Studio 建立一個 App。只要點選「File → New」指令，就會看到一個對話框，要求你選取一個專案範本（Project Template，如圖 3-3 所示）。

請選擇 Empty Activity 這個範本，然後點擊 Next（下一步）。

下一個對話框可設定你的專案，它會詢問專案的名稱、保存的位置，以及你打算使用的程式語言。這裡可以自由選擇你覺得合適的設定，但若想採用和我的程式碼相同的名稱空間，就要使用 FD 這個名稱，並把 package 名稱設為 *com.example.fd*，如圖 3-4 所示。

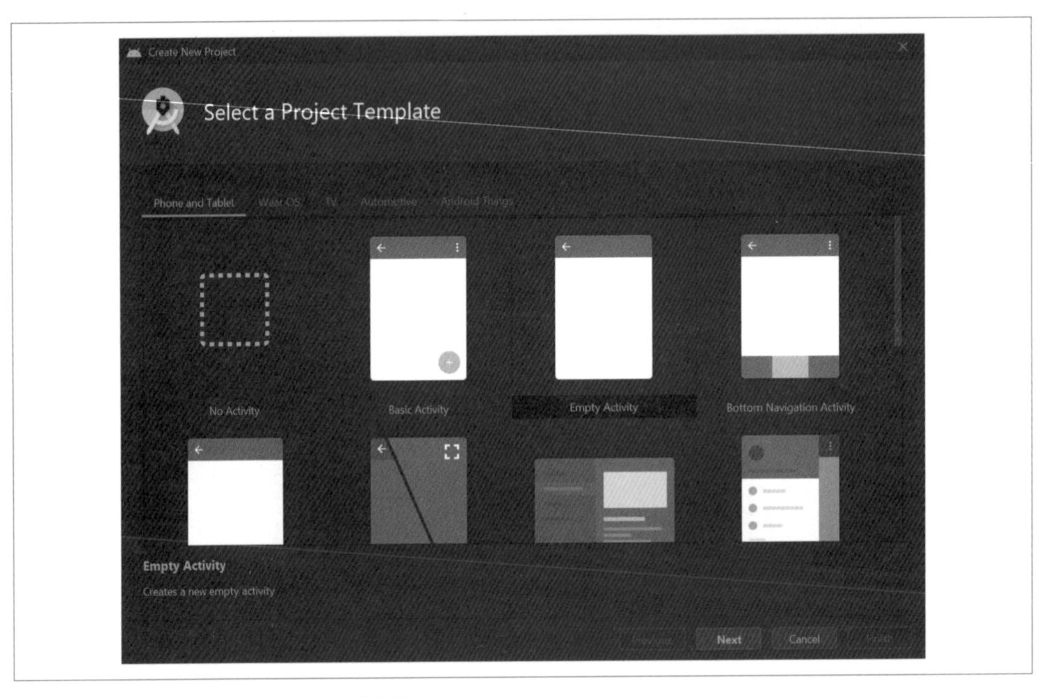

圖 3-3　用 Android Studio 建立一個新的 App

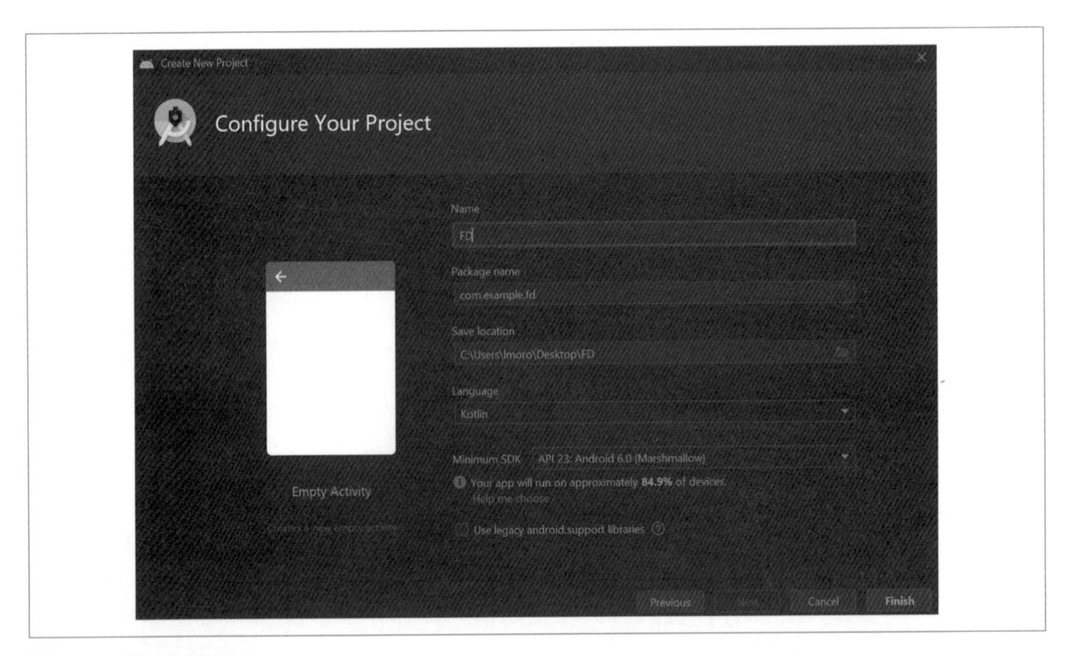

圖 3-4　專案設定畫面

點擊 Finish（完成）之後，Android Studio 就會建立一個樣板應用程式（boilerplate application），裡頭只一個空的 Activity。我們就用它來打造人臉偵測器。

第 2 步：添加 ML Kit 並進行設定

Android Studio 可透過 Gradle build 工具（*https://gradle.org*）來添加外部函式庫。一開始你或許會覺得有點奇怪，因為專案裡有兩個 Gradle 檔案，一個是針對專案（Project），另一個則是針對你的 App。如果這裡想把 ML Kit 添加進來，就必須使用後面那個針對 App 的 build.gradle。在 IDE 內應該可以看到類似圖 3-5 的 Gradle Scripts 腳本資料夾，注意其中第二個就是針對「Module: app」。

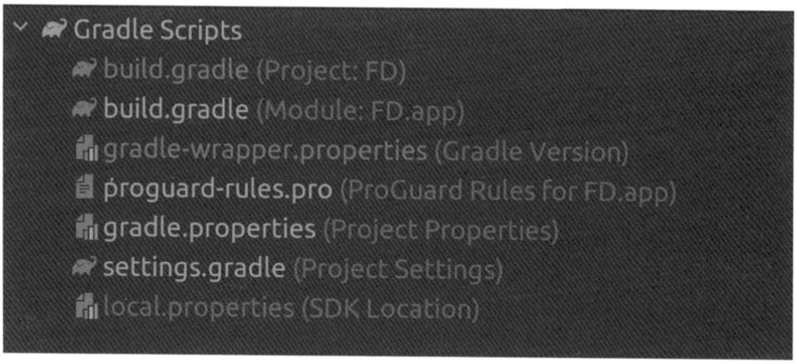

圖 3-5　瀏覽一下你的 Gradle script 腳本

只要打開那個針對 Module: app 的 build.gradle 檔案，就可以看到許多設定項目。最下面有一個叫做 dependencies（依賴項目）的段落，其中包含了許多 `implementation`、`testImplementation` 與 `androidTestImplementation` 的項目。我們可以在此添加其他的依賴項目；以 ML Kit 的人臉偵測來說，所要添加的 implementation 項目如下：

```
dependencies {
    implementation fileTree(dir: 'libs', include: ['*.jar'])
    implementation "org.jetbrains.kotlin:kotlin-stdlib-jdk7:$kotlin_version"
    implementation 'androidx.appcompat:appcompat:1.2.0'
    implementation 'androidx.core:core-ktx:1.3.1'
    implementation 'androidx.constraintlayout:constraintlayout:2.0.1'
    testImplementation 'junit:junit:4.12'
    androidTestImplementation 'androidx.test.ext:junit:1.1.2'
    androidTestImplementation 'androidx.test.espresso:espresso-core:3.3.0'
    // 利用下面的依賴項目，把模型綁定到你的 App
    implementation 'com.google.mlkit:face-detection:16.0.2'
}
```

請注意，在前面的程式碼中，只需要添加最後一行，定義的是 ML Kit 人臉偵測的實作（implementation）。你的版本或許和這裡不同——這裡採用的是撰寫本文當下最新的版本[譯註]。

第 3 步：定義使用者介面

這裡會盡量保持簡單，希望可以盡快完成我們的人臉偵測程式碼！請在 Android Studio 裡找出 res 資料夾，其中的 layout（版面佈局）資料夾裡就可以找到 *activity_main.xml*，如圖 3-6 所示。這個 XML 檔案可用來宣告你的使用者介面外觀！

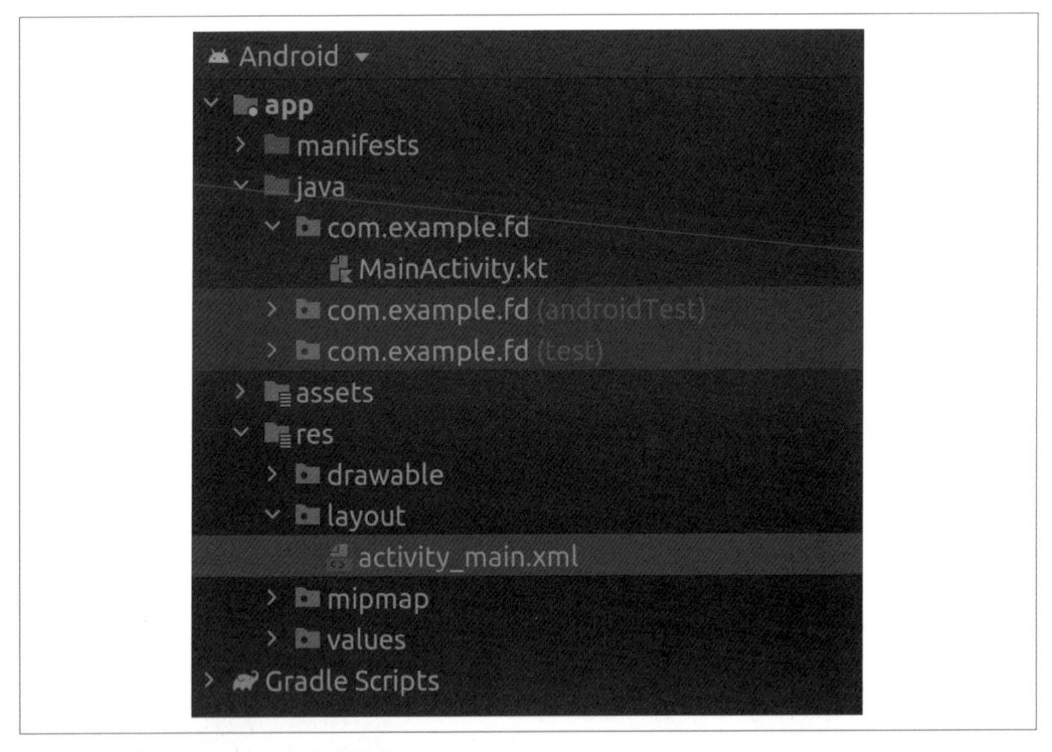

圖 3-6　找出 Activity 的 xml 宣告檔案

只要打開這個檔案，應該就會看到一個 Layout 編輯器，其中有個簡單的 Layout 版面，裡頭應該只有「Hello World」這樣的一段文字。只要選取螢幕右上角的「Code」圖標，就可以把編輯器切換到程式碼畫面。然後應該就可以看到 layout 的 XML 程式碼如下：

[譯註]最新版本可參見：*https://developers.google.com/ml-kit/release-notes*

```xml
<?xml version="1.0" encoding="utf-8"?>
<androidx.constraintlayout.widget.ConstraintLayout
    xmlns:android="http://schemas.android.com/apk/res/android"
    xmlns:app="http://schemas.android.com/apk/res-auto"
    xmlns:tools="http://schemas.android.com/tools"
    android:layout_width="match_parent"
    android:layout_height="match_parent"
    tools:context=".MainActivity">

    <TextView
        android:layout_width="wrap_content"
        android:layout_height="wrap_content"
        android:text="Hello World!"
        app:layout_constraintBottom_toBottomOf="parent"
        app:layout_constraintLeft_toLeftOf="parent"
        app:layout_constraintRight_toRightOf="parent"
        app:layout_constraintTop_toTopOf="parent" />


</androidx.constraintlayout.widget.ConstraintLayout>
```

請刪除中間的 TextView 項目，再像下面這樣換成新的 Button 與 ImageView：

```xml
<?xml version="1.0" encoding="utf-8"?>
<androidx.constraintlayout.widget.ConstraintLayout
    xmlns:android="http://schemas.android.com/apk/res/android"
    xmlns:app="http://schemas.android.com/apk/res-auto"
    xmlns:tools="http://schemas.android.com/tools"
    android:layout_width="match_parent"
    android:layout_height="match_parent"
    tools:context=".MainActivity">

    <Button
        android:id="@+id/btnTest"
        android:layout_width="wrap_content"
        android:layout_height="wrap_content"
        android:text="Button" />

    <ImageView
        android:id="@+id/imageFace"
        android:layout_width="match_parent"
        android:layout_height="match_parent" />

</androidx.constraintlayout.widget.ConstraintLayout>
```

這樣就可以建立一個非常基本的使用者介面，其中包含一張圖片和一個按鈕。我們會把圖片載入到 ImageView，然後只要按下按鈕，就調用 ML Kit 來偵測出 ImageView 圖片裡的人臉，最後再用矩形邊框標示出人臉的位置。

第 4 步：添加圖片以做為 Assets 資源

在預設情況下，Android Studio 並不會自動建立 assets 資料夾，你必須自己以手動方式建立，隨後才能從這個資料夾載入圖片。最簡單的做法，就是把它建立在專案的目錄結構下。請找出你的程式碼所在的資料夾，然後在 *app/src/main* 資料夾內，建立一個名為 *assets* 的目錄。Android Studio 會自動識別出這個 assets 目錄。接下來只要把圖片複製到此處（你也可以把我放在 GitHub 的圖片複製進去）就可以直接使用了。

正確設定完成後，Android Studio 就會自動識別出這個 assets 資料夾，你可以瀏覽一下其中的檔案。參見圖 3-7。

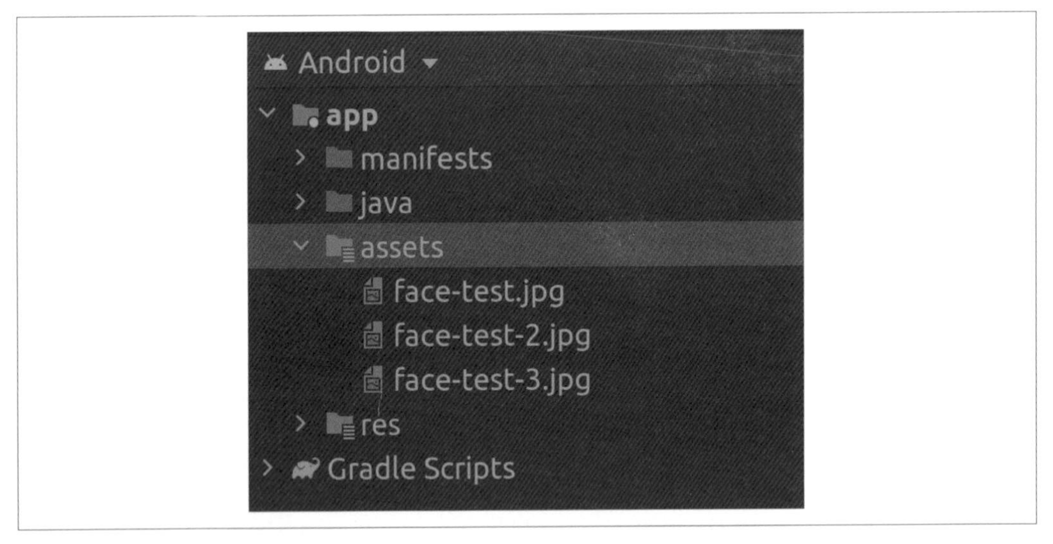

圖 3-7　設定好你的 assets 資料夾

現在總算可以開始寫程式了；首先就用一張預設的圖片，設定一下使用者介面。

第 5 步：把預設圖片載入使用者介面

在你的 *MainActivity.kt* 檔案中，應該會看到一個叫做 `onCreate` 的函式。Activity 一建立起來，就會調用這個函式。請在 `setContentView` 這行的下方，添加以下的程式碼：

```
val img: ImageView = findViewById(R.id.imageFace)
// assets 資料夾裡的圖片檔案名稱（包括副檔名）
val fileName = "face-test.jpg"

// 把 assets 資料夾裡的圖片轉換成相應的 bitmap
val bitmap: Bitmap? = assetsToBitmap(fileName)
bitmap?.apply{
    img.setImageBitmap(this)
}
```

這裡會建立一個名叫 `img` 的變數，指向剛才添加到 Layout 裡的 ImageView 控制元件。然後再用一個叫做 `assetsToBitmap` 的輔助函式（稍後就會介紹），從 assets 資料夾裡載入一個名叫 *face-test.jpg* 的檔案。只要這個 bitmap 圖片一旦載入完成，就會立刻調用 `apply` 執行程式碼，把所載入的這張 bitmap 圖片設定為 `img` 的內容，如此一來圖片就載入到 ImageView 了。

從 assets 資料夾載入 bitmap 的輔助函式如下：

```
// 這個輔助函式可以從 assets 取得 bitmap
fun Context.assetsToBitmap(fileName: String): Bitmap?{
    return try {
        with(assets.open(fileName)){
            BitmapFactory.decodeStream(this)
        }
    } catch (e: IOException) { null }
}
```

在這個範例中，我們直接把輔助函式放在 Activity 裡頭。如果是大型的 App，比較好的程式設計實務做法應該是把一堆輔助函式（比如這裡所用到的輔助函式）全都放到某個輔助物件類別中。

這個輔助函式會開啟 assets 資料夾裡的檔案，並利用 `BitmapFactory` 把圖片的內容以串流（stream）的方式轉換成一個 nullable 的 `Bitmap`。如果你現在馬上執行這個 App，結果應該就如圖 3-8 所示。

圖 3-8　App 目前的執行結果

我們可以看到，這只是一個很基本的 App，只有一張圖片和一個按鈕，但我們至少已經把圖片載入到 ImageView 了！接著我們再幫按鈕寫點程式，去調用 ML Kit 的人臉偵測器！

第 6 步：調用人臉偵測器

face detection（人臉偵測）API（*https://oreil.ly/CPJWS*）有許多選項可調用，而且只要透過 `FaceDetectorOptions` 物件就可以進行設定。我們並不打算在這裡詳細介紹所有可用的選項（你可以自行查看相關的文件），不過在調用這個 API 之前，一定要先設定好選項。實際上只要利用 `FaceDetectorOptions.Builder()` 物件就可以完成設定；下面就是一個範例：

```
val highAccuracyOpts = FaceDetectorOptions.Builder()
    .setPerformanceMode(FaceDetectorOptions.PERFORMANCE_MODE_FAST)
    .build()
```

這裡其實還有很多的設定選項，可針對人臉各種不同的特徵（landmark）或不同的類別（classification，例如睜眼或閉眼）做出不同的設定，但由於我們只需要用來框住人臉的矩形邊框，因此我選了一組特別簡單的選項，只求它越快越好！（如果想讓辨識結果更準確，可以使用 PERFORMANCE_MODE_ACCURATE 這個選項；它通常會花費比較長的時間，但如果圖片中有很多張人臉，這樣或許會有更好的表現。）

接下來我們就用上面的選項，建立一個偵測器（detector）實體，然後把 bitmap 交給它處理。由於 bitmap 是 nullable 型別（也就是 Bitmap?），但 InputImage.fromBitmap 並不接受 nullable 型別，因此我們在 bitmap 的後面加上 !! 以強迫它進行識別。程式碼如下：

```
val detector = FaceDetection.getClient(highAccuracyOpts)
val image = InputImage.fromBitmap(bitmap!!, 0)
```

接下來只要調用 detector.process 並送入圖片，就可以取得相應的結果。如果偵測成功，就可以用一個 callback 回調函式來呼應 onSuccessListener 事件，而 detector 送回來的 faces 就是偵測到的人臉列表。若偵測失敗，則會觸發 onFailureListener 事件，我們可以進一步追蹤異常的狀況：

```
val result = detector.process(image)
    .addOnSuccessListener { faces ->
        // 任務成功完成
        // ...
        bitmap?.apply{
            img.setImageBitmap(drawWithRectangle(faces))
        }
    }
    .addOnFailureListener { e ->
        // 出現例外狀況，任務失敗
        // ...
    }
```

在 onSuccessListener 的 callback 回調函式程式碼中，我們再次使用 bitmap?.apply 來調用函式，不過這次會先把 faces 這個人臉列表送入 drawWithRectangle 函式，再把函式所送回來的結果設為 img 的圖片內容。這個函式送回來的 bitmap，就是已經畫好矩形邊框的圖片了。我們會在下一個步驟，說明這個函式的內容。

不過，這裡還是先把前面所介紹的程式碼添加到 onCreate 裡面，以做為按鈕被按下時 onClickListener 相應的程式碼。以下就是完整的程式碼：

```
val btn: Button = findViewById(R.id.btnTest)
btn.setOnClickListener {
    val highAccuracyOpts = FaceDetectorOptions.Builder()
        .setPerformanceMode(FaceDetectorOptions.PERFORMANCE_MODE_FAST)
        .build()

    val detector = FaceDetection.getClient(highAccuracyOpts)
    val image = InputImage.fromBitmap(bitmap!!, 0)
    val result = detector.process(image)
        .addOnSuccessListener { faces ->
            // 任務成功完成
            // ...
            bitmap?.apply{
                img.setImageBitmap(drawWithRectangle(faces))
            }
        }
        .addOnFailureListener { e ->
            // 出現例外狀況，任務失敗
            // ...
        }
}
```

第 7 步：添加矩形邊框

只要偵測成功，人臉偵測 API 就會送回 faces 人臉列表；我們在上一個步驟取得了這個列表之後，就把它送入 `bitmap?.apply` 裡的 `drawWithRectangle` 函式，然後再把這個函式送回來的結果，設為 img 的圖片內容。下面就來看一下 `drawWithRectangle` 函式的程式碼：

```
fun Bitmap.drawWithRectangle(faces: List< Face>):Bitmap?{
    val bitmap = copy(config, true)
    val canvas = Canvas(bitmap)
    for (face in faces){
        val bounds = face.boundingBox
        Paint().apply {
            color = Color.RED
            style = Paint.Style.STROKE
            strokeWidth = 4.0f
            isAntiAlias = true
            // 在 canvas 畫布中畫入矩形邊框
            canvas.drawRect(
                bounds,
                this
            )
        }
```

```
        }
        return bitmap
    }
```

這個函式會先製作一份 bitmap 的副本，然後再用這個 bitmap 副本來初始化一個 Canvas 畫布。接著它會針對人臉列表裡的每一張人臉，調用相應的 boundingBox 屬性，取得每一張人臉相應的矩形物件。這裡最棒的就是 ML Kit 已針對你的圖片，對矩形邊框的大小進行過縮放調整，我們完全不需要再進行任何解碼轉換的動作。

在這樣的情況下，只要調用一個 Paint() 物件，在它的 apply 方法內定義一個矩形，然後再用 canvas.drawRect 畫出矩形邊框即可。這個 canvas 畫布就是用我們的 bitmap 來進行初始化的，因此矩形邊框會直接畫在圖片中。

程式碼會針對每一張人臉重複進行此操作，完成之後就會送回一個帶有矩形邊框的全新 bitmap。這個修改過的 bitmap 會反過來被設定為 ImageView 的主要 bitmap（參見「第 6 步：調用人臉偵測器」的說明），因此這個新 bitmap 會被寫入 ImageView，使用者介面也會隨之更新。圖 3-9 就是相應的結果。

圖 3-9　App 顯示加了矩形邊框後的結果

如果想用其他圖片做實驗，只要把圖片添加到 assets 資料夾，然後把第 5 步下面這一行改成所要使用的圖片檔案名稱即可：

```
val fileName = "face-test.jpg"
```

現在我們的第一個 Android App 總算完成，可以直接運用 ML Kit 裡的現成模型來偵測人臉了！這個 API 還可以做很多其他的事，例如找出臉上的特徵（比如眼睛與耳朵）、偵測臉的輪廓，分辨眼睛有沒有睜開，是不是在微笑等等。至此所需的一切皆已齊備，接下來你就可以開始自由進行探索；在強化 App 的過程中，請盡情享受其中所帶來的各種樂趣。

本章接下來打算換個檔，看看如何在 iOS 構建出相同的 App！

打造 iOS 的人臉偵測 App

現在我們就來探索如何運用 ML Kit 的人臉偵測，在 iOS 打造出一個功能類似的 App。iOS 一定要用 Mac 電腦來做為開發工具，而且只有在 Xcode 的環境下，才能編寫 iOS 程式、進行除錯與測試。

第 1 步：用 Xcode 建立專案

一開始先啟動 Xcode 並選取 New Project（新專案）。你會看到新專案範本的對話框，如圖 3-10 所示。

請確認畫面最上方選的是 iOS，再選擇「App」這個 app 類型。點擊 Next（下一步），系統就會要求你填寫一些詳細資訊。除了 Product Name（產品名稱）之外，其餘皆保留預設值即可[譯註]；我把這個範例取名為 firstFace，不過你也可以取個自己想用的名稱。請確認 interface（介面）為 Storyboard，Life Cycle（生命週期）為 UIKit App Delegate，所採用的 Language（程式語言）則為 Swift，如圖 3-11 所示。

再次點擊 Next 之後，Xcode 就會建立一個範本專案。此時你應該先關閉 Xcode，因為在真正開始寫程式之前，必須先到 IDE 外面進行一些設定。下一步你就會看到，如何利用 Cocoapods 把 ML Kit 函式庫添加進來。

[譯註] 如果你的預設值與本書隨後的設定值不同，建議還是以隨後的設定值為準。

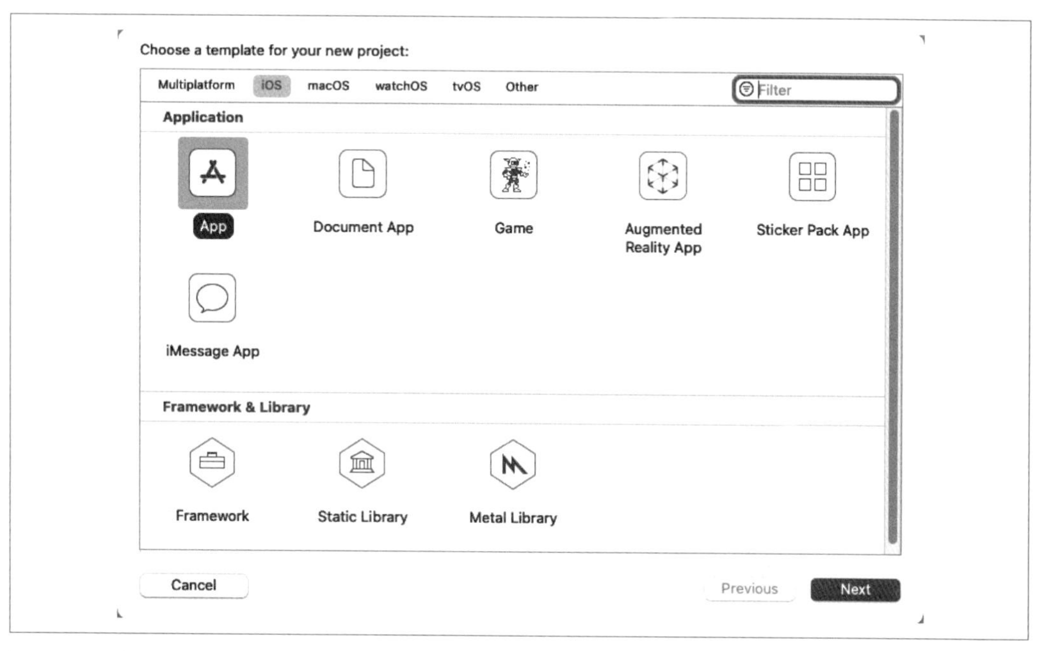

圖 3-10　建立新的 App 範本

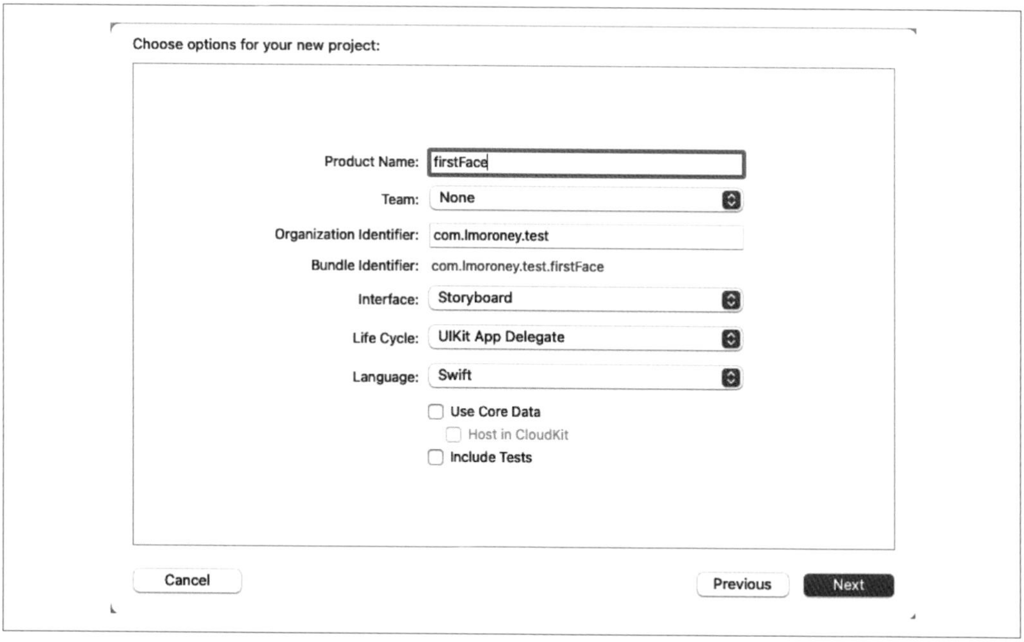

Choose options for your new project:

Product Name: firstFace
Team: None
Organization Identifier: com.lmoroney.test
Bundle Identifier: com.lmoroney.test.firstFace
Interface: Storyboard
Life Cycle: UIKit App Delegate
Language: Swift
Use Core Data
Host in CloudKit
Include Tests

Cancel　Previous　Next

圖 3-11　選取專案的相關選項

第 2 步：使用 CocoaPods 與 Podfile

CocoaPods（*https://cocoapods.org*）是 iOS 開發過程中用來管理依賴項目（dependency）的一種常用技術。它有點類似前面 Android 的 Gradle 檔案，在設計上主要是希望可以讓依賴項目的管理盡量簡單一點。我們會透過一個叫做 Podfile 的檔案來使用 CocoaPods，其中定義了一些打算添加到 App 的依賴項目。

本章並不會詳細介紹 CocoaPods，但請務必確認它確實已正確安裝完成，否則將無法繼續進行本範例後續的操作，因為我們非常依賴 CocoaPods，唯有透過它才能把 ML Kit 整合到你的 iOS App。

之前在建立新專案時，相關的檔案通常都會保存在一個以專案名稱為名的目錄中。以我為例，我把專案取名為 firstFace 並保存在桌面。資料夾裡有一個叫做 *firstFace.xcodeproj* 的 Xcode 專案檔案，還有一個同樣叫做 *firstFace* 的資料夾。

請進入你的專案資料夾，在 *.xcodeproj* 檔案所在目錄下，建立一個名為 Podfile（沒有副檔名）的新文字檔案。接著請編輯此檔案的內容如下（記得把其中的 `firstFace` 換成你的專案名稱）：

```
platform :ios, '10.0'

target 'firstFace' do
        pod 'GoogleMLKit/FaceDetection'
        pod 'GoogleMLKit/TextRecognition'
end
```

然後請使用終端機程式，來到專案資料夾（裡頭應該有一個 *.xcproject* 檔案）然後輸入 **`pod install`**。如果執行一切順利的話，應該就會看到類似圖 3-12 的內容。

在撰寫本書當下，採用 M1 的 Mac 還相對比較少見。有一些測試人員在執行 `pod install` 時曾遇到問題，發現系統會送出 *ffi_c.bundle* 的錯誤。如果想要解決這些問題，請務必確認你所使用的是最新安裝的 CocoaPods，或是改採用其他變通的做法（*https://oreil.ly/BqxCx*[譯註]）。

[譯註] 以 2022 年 2 月的情況來說，採用 homebrew 來安裝 cocoapods 可說是最不會出問題的安裝方式。

這樣就會下載各個依賴項目，並安裝在名為 *firstFace.xcworkspace* 的新工作區檔案內。接下來我們會用它來載入剛才的專案，繼續接下來的操作。現在請在終端機程式內輸入 **`open firstFace.xcworkspace`**。

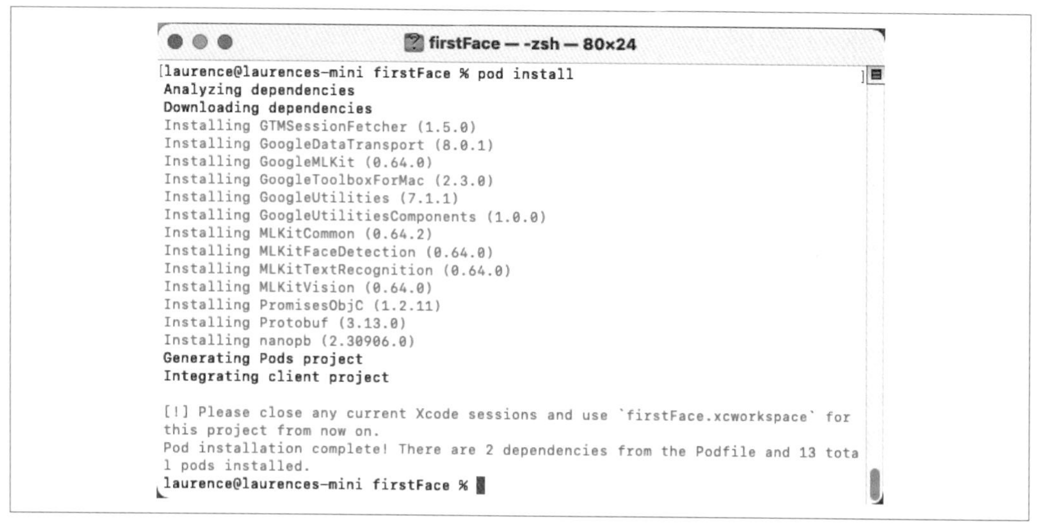

圖 3-12　執行 pod install

第 3 步：建立使用者介面

我們會盡量打造出一個最簡單的 App，但無論再怎麼簡單，還是會用到一些使用者介面 UI 元素。為了盡可能保持簡單，我們只會用到一個 ImageView 和一個 Button 按鈕。在 Xcode 重新開啟了專案之後（使用上一節的 *.xcworkspace* 檔案），請找一下專案裡的 *Main.storyboard* 檔案，然後點選 View → Show Library 開啟工具函式庫。

然後你應該就可以看到一個 UI 元素列表，如圖 3-13 所示。

只要編輯器還開啟著 *Main.storyboard* 的畫面，就可以把 UI 元素列表裡的 ImageView 與 Button，用拖放的方式直接拖到 Storyboard 的設計圖面上。完成之後，你的 IDE 看起來應該就如圖 3-14 所示。

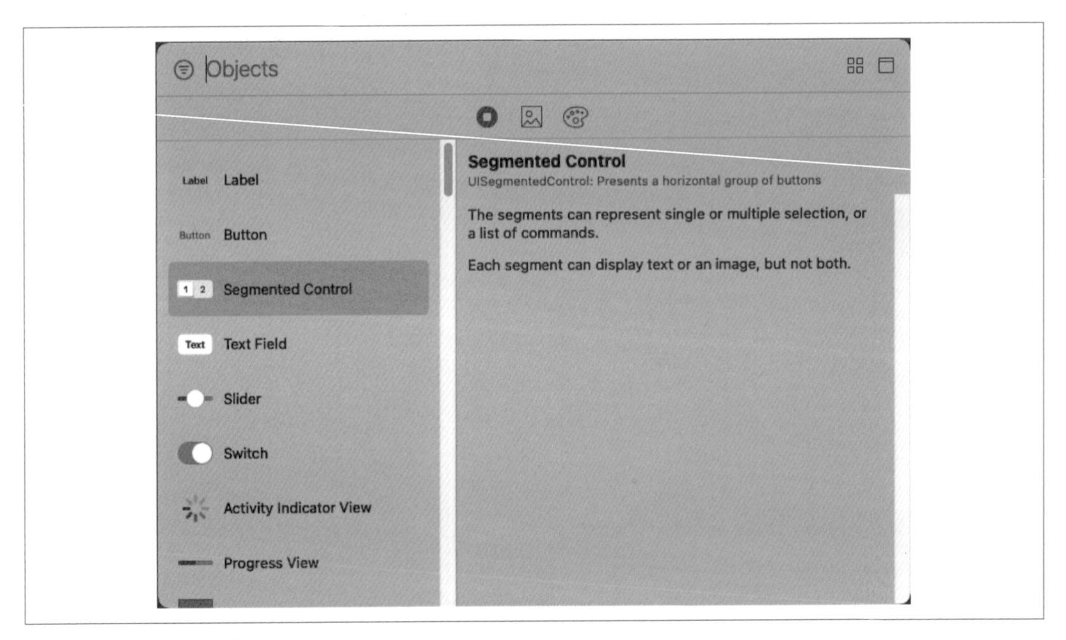

圖 3-13　添加 UI 元素

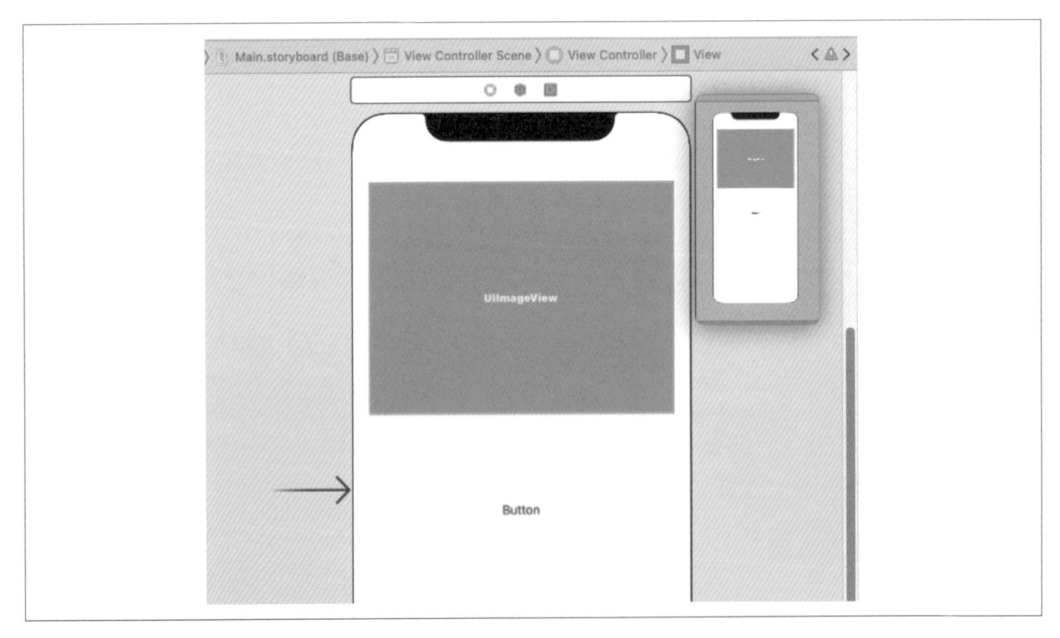

圖 3-14　你的主要 Storyboard

在 Editor 選單內，應該可以看到一個叫做 Assistant 的項目；只要點選這個項目，就會在視覺化編輯器旁邊或下方開啟一個程式碼視窗。

按住 Control 鍵，再用滑鼠把按鈕拖到 `class ViewController` 這行程式碼的下方，就會出現一個彈出視窗。參見圖 3-15。

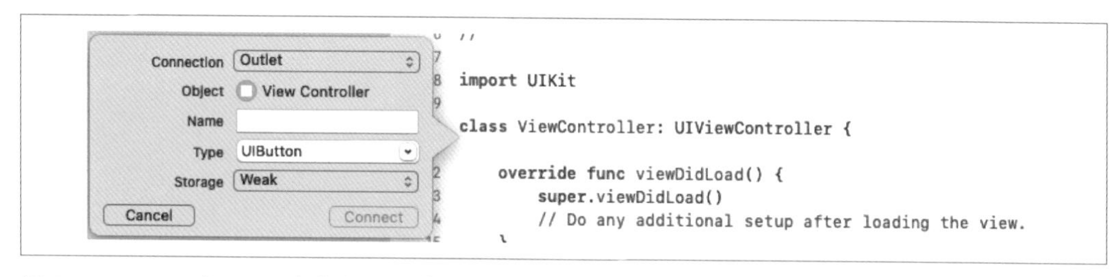

圖 3-15　Xcode 把 UI 元素與程式碼連結起來的做法

在 Connection（連結）的設定選取 Action（動作），然後在 Name（名稱）欄位中輸入 buttonPressed，接著再按下 Connect（連結）按鈕。

這樣就會自動為你生成如下的程式碼：

```
@IBAction func buttonPressed(_ sender: Any) {
}
```

同樣的，請按住 Control 鍵，同時把 UIImageView 這個控制元件拖到你的程式碼視窗；彈出圖 3-15 的視窗時，Connection 設定請維持 Outlet，名稱則設定為 imageView，然後再點擊 Connect。這樣就會生成如下的程式碼：

```
@IBOutlet weak var imageView: UIImageView!
```

請注意這裡的 `IB` 代表的是「介面建構器」（Interface Builder），所以你等於是建立了一個 *action*（動作）介面建構器，只要一按下按鈕就會執行動作；另外還有一個 *outlet* 介面建構器，只要透過 `imageView` 這個變數，即可設定或存取這個 UIImageView 元素的內容。

接著我們再把一張女生臉部的 JPEG 圖片添加到 App，變成一個可使用的 assets 資源。做法非常簡單，只要把它拖進 Xcode 的專案資源瀏覽器（project explorer）就可以了。請先到 Finder 找出所需的圖片，然後把它拖到 Xcode 左邊的窗格中（這個窗格內放著所有的程式碼檔案）。這時會彈出一個對話框，要求你「針對所要添加的檔案，選取相應的選項」（Choose options for adding these files）。此時只要接受預設值並點擊 Finish（完成）即可。

你應該可以看到這個檔案（本例就是 *face1.jpg*），已成為專案的一個 assets 資源。參見圖 3-16。

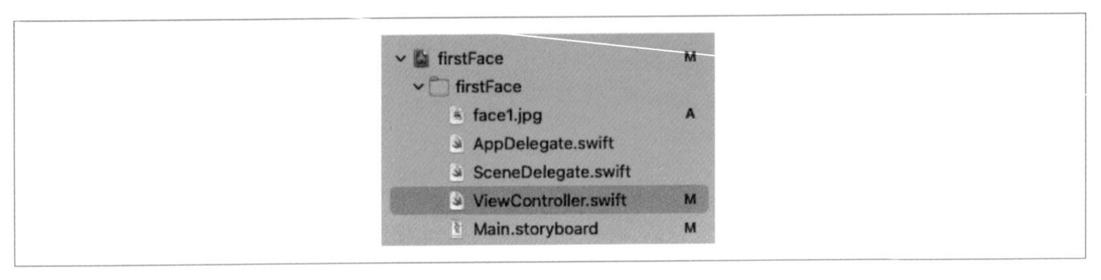

圖 3-16　把檔案添加到你的專案中

現在只要在 `viewDidLoad()` 函式裡添加一行程式碼，就可以把圖片載入 `imageView`：

```
override func viewDidLoad() {
    super.viewDidLoad()
    // 載入 View 之後，可以在這裡做一些額外的設定。
    imageView.image = UIImage(named: "face1.jpg")

}
```

目前這個 App 已經可以執行了；它只有一個很無聊的使用者介面，裡頭只有一張圖片和一個按鈕。不過它確實可以正常運作了！

iOS 模擬器提供了一個可模擬 iOS 裝置的環境。在撰寫本文的當下，M1 mac 的模擬器並不支援某些第三方函式庫。因此，你可以選擇直接使用行動裝置，也可以選擇在「My Mac - Designed for iPad」（我的 Mac——專為 iPad 設計）執行你的 App。本章後續的螢幕截圖，全都是取自這個目標系統，而且都是在 M1 的 Mac Mini 上執行的。

最後還有一個 View，我們會用它來幫圖片添加標註（annotation）——例如標註人臉的矩形邊框。這部分我們就直接使用下面的程式碼，因此，請把下面的程式碼直接添加到 *ViewController.swift*：

```
/// 這個 overlay View 可做為覆蓋層，用來標註偵測的結果。
private lazy var annotationOverlayView: UIView = {
  precondition(isViewLoaded)
  let annotationOverlayView = UIView(frame: .zero)
  annotationOverlayView.translatesAutoresizingMaskIntoConstraints = false
  return annotationOverlayView
}()
```

這樣就可以建立另一個 View，它會在主要的 View（內含所有其他 UI 元素）載入後，才接著進行載入（請注意先後的關係）。

只要在 ViewDidLoad 裡添加如下的修改，就可以載入並啟用（activate）這個 overlay View，讓它覆蓋在你的 imageView 上方：

```
override func viewDidLoad() {
  super.viewDidLoad()
  // 載入 view 之後，可以在這裡做一些額外的設定。
  imageView.image = UIImage(named: "face1.jpg")
  imageView.addSubview(annotationOverlayView)
  NSLayoutConstraint.activate([
    annotationOverlayView.topAnchor.constraint(
      equalTo: imageView.topAnchor),
    annotationOverlayView.leadingAnchor.constraint(
      equalTo: imageView.leadingAnchor),
    annotationOverlayView.trailingAnchor.constraint(
      equalTo: imageView.trailingAnchor),
    annotationOverlayView.bottomAnchor.constraint(
      equalTo: imageView.bottomAnchor),
  ])
}
```

現在我們已經建立好整個使用者介面了（包括顯示圖片用的 UIImageView、讓使用者可點擊的按鈕，以及用來顯示矩形邊框的標註覆蓋層），接下來就可以開始準備編寫程式邏輯，運用 ML Kit 來偵測人臉了。下一步就是相應的做法。

第 4 步：添加應用程式邏輯

使用者只要一按下按鈕，我們就調用 ML Kit，把圖片傳遞給它，再取回可標示出人臉位置的矩形邊框相關資訊，最後在 View 中呈現出來。我們就來看看如何一步步編寫出相應的程式碼。

首先必須匯入 ML Kit 函式庫：

```
import MLKitFaceDetection
import MLKitVision
```

接著要設定 ML Kit 的人臉偵測器。我們會先建立一個 FaceDetectorOptions 物件，用來設定一些屬性。在這個例子中，我們只會設定一些最基本的選項——取得人臉上所有的輪廓（contour[譯註]），並要求它採用快速（fast）執行模式：

[譯註] contourMode 這個設定只會針對圖中最明顯的人臉，因此若想辨識多個人臉，反而應該取消此設定。如果還是保留此設定，由於這裡並沒有設定偵測臉部特徵 landmarkMode，所以此選項只會取得整張臉的輪廓——詳細資訊請參見線上文件。

```
private lazy var faceDetectorOption: FaceDetectorOptions = {
  let option = FaceDetectorOptions()
  option.contourMode = .all  // 譯註：若想偵測多個人臉，請註解掉此行
  option.performanceMode = .fast
  return option
}()
```

一旦設定好選項，我們就可以用它來建立一個 faceDetector 實體：

```
private lazy var faceDetector =
    FaceDetector.faceDetector(options: faceDetectorOption)
```

這時或許會發現程式碼出現錯誤，因為它找不到 FaceDetectorOptions[譯註]。不用緊張。這只是代表你還沒引用相應的函式庫。只要在程式碼最前面做好匯入的動作，就可以解決這個問題。匯入函式庫後，你就可以使用 ML Kit 的人臉偵測函式庫，以及一些可通用的電腦視覺輔助函式庫了：

```
import MLKitFaceDetection
import MLKitVision
```

還記得嗎？之前我們建立了一個 action 介面建構器，它會在使用者按下按鈕時執行某些動作。我們就從這裡開始著手，讓它在使用者點擊按鈕時，執行一個自定義函式（隨後就會建立此函式）：

```
@IBAction func buttonPressed(_ sender: Any) {
    runFaceContourDetection(with: imageView.image!)
}
```

接下來就可以開始編寫這個函式的程式碼——它的工作就是取得圖片，並把圖片送進人臉偵測器。一旦人臉偵測器完成工作，它也會進一步處理那些送回來的結果。我們會讓這個函式盡量保持簡單：

```
func runFaceContourDetection(with image: UIImage) {
  let visionImage = VisionImage(image: image)
  visionImage.orientation = image.imageOrientation
  faceDetector.process(visionImage) { features, error in
    self.processResult(from: features, error: error)
  }
}
```

[譯註] 如果之前做好匯入的動作，這裡就不會報錯了。

目前這裡面的 processResult 函式還沒寫好，所以 Xcode 會發出一個警告。不用擔心——接下來我們就會實作出這個函式。

為了讓 ML Kit 能辨識出許多不同類型的物件，這裡會採用一種固定的做法，就是先把所有圖片轉換成一個 VisionImage 物件。這個物件可支援多種不同格式的結構（例如這裡送入的是一個 UIImage）。我們會先建立一個 VisionImage 實體，然後把圖片的方向（orientation）設定成原始圖片相同的方向，再用之前所建立的人臉偵測器物件來處理圖片。它會送回 features 和 error（如果有的話），我們可以把這些送回來的結果，傳遞給一個叫做 processResult 的函式。

下面就是 processResult 函式的程式碼（這裡省略了錯誤處理的部分——正式上線的 App 可別這樣做！），它的工作就是從 ML Kit 所偵測到的人臉列表中，取得一些詳細的資訊：

```
func processResult(from faces: [Face]?, error: Error?) {
    guard let faces = faces else {
      return
    }
    for feature in faces {
      let transform = self.transformMatrix()
      let transformedRect = feature.frame.applying(transform)
      self.addRectangle(
        transformedRect,
        to: self.annotationOverlayView,
        color: UIColor.green
      )
    }
}
```

請注意，基於各種理由（例如計算時根據的是圖片本身的解析度，而非螢幕的解析度，還有像長寬比之類等等的因素），ML Kit 送回來的矩形邊框座標與 iOS 使用者介面的圖片座標並不相同。所以，我們需要建立一個 transformMatrix 函式，針對 ML Kit 送回來的座標，與螢幕座標兩者之間進行轉換。接著再利用這個函式，建立人臉標示框的螢幕座標——也就是 transformedRect。最後這個標示人臉的矩形，就會被添加到 annotationOverlayView，幫我們框出圖片中的人臉。

「轉換矩形座標」和「把矩形套入覆蓋層」這兩個輔助函式的完整程式碼如下：

```
private func transformMatrix() -> CGAffineTransform {
  guard let image = imageView.image else
    { return CGAffineTransform() }
  let imageViewWidth = imageView.frame.size.width
  let imageViewHeight = imageView.frame.size.height
  let imageWidth = image.size.width
  let imageHeight = image.size.height

  let imageViewAspectRatio = imageViewWidth / imageViewHeight
  let imageAspectRatio = imageWidth / imageHeight
  let scale =
    (imageViewAspectRatio > imageAspectRatio)
    ? imageViewHeight / imageHeight : imageViewWidth / imageWidth

  let scaledImageWidth = imageWidth * scale
  let scaledImageHeight = imageHeight * scale
  let xValue = (imageViewWidth - scaledImageWidth) / CGFloat(2.0)
  let yValue = (imageViewHeight - scaledImageHeight) / CGFloat(2.0)

  var transform = CGAffineTransform.identity.translatedBy(
                                    x: xValue, y: yValue)
  transform = transform.scaledBy(x: scale, y: scale)
  return transform
}

private func addRectangle(_ rectangle: CGRect, to view: UIView, color: UIColor) {
  let rectangleView = UIView(frame: rectangle)
  rectangleView.layer.cornerRadius = 10.0
  rectangleView.alpha = 0.3
  rectangleView.backgroundColor = color
  view.addSubview(rectangleView)
}
```

這就是所需要的全部程式碼。正如你所見，實際上大部分的程式碼都是使用者介面相關的邏輯（轉換座標、繪製矩形等等）。人臉偵測的部分，相對來說其實非常簡單——`runFaceContourDetection` 這個函式內只有區區三行程式碼！

執行 App 並按下按鈕之後，應該就會框出圖片中的人臉，如圖 3-17 所示。

圖 3-17　iOS App 框出圖片裡的人臉

這又是一個超簡單的範例，不過這裡所採用的典型做法，很適合直接套用到一些更複雜的 App。ML Kit 的目標就是希望在開發應用時，可以讓機器學習的部分越簡單越好，希望這裡的人臉偵測 App，確實足以證明它有多麼簡單。

總結

本章簡要介紹如何在 App 中運用 ML Kit，讓行動裝置能夠善用機器學習模型。你已經知道如何運用 ML Kit，分別針對 Android 與 iOS 打造出非常簡單的 App，偵測出圖片中的人臉，並在人臉的位置畫上矩形邊框。更重要的是，你也學會了如何透過 Android 的 Gradle 與 iOS 的 CocoaPods，把 ML Kit 包含到你的程式之中。接下來幾章我們會繼續針對這兩種平台，更深入探討一些常見的應用場景；隨後的第 4 章，我們就來探討一下電腦視覺在 Android 的應用。

第四章

善用 ML Kit 的電腦視覺 Android App

第 3 章介紹了 ML Kit，並說明如何把人臉偵測（face detection）模型運用到行動 App。不過 ML Kit 的功能遠不只如此——它也可以針對一些常見的視覺應用場景，快速構建出原型設計、套用各種自定義的模型，或是直接利用一些現成的解決方案，實作出像是條碼偵測（barcode detection）之類的應用。本章將針對一些電腦視覺的應用場景，探索 ML Kit 裡的一些模型，包括圖片標記與分類（image labeling & classification）以及靜態圖片與動態影片中的物體偵測（object detection）。本章的內容採用 Android 平台，使用 Kotlin 來做為程式語言。第 6 章則會改用 iOS 平台，使用 Swift 開發出同樣的功能。

圖片標記與分類

圖片分類（image classification）可說是機器學習界眾所周知的一個概念，也是各種電腦視覺應用的重要基石。從最簡單的意義上來說，如果你向電腦展示圖片，電腦就告訴你圖片裡有什麼東西，這其實就是在進行圖片分類。舉例來說，如果你向電腦展示圖 4-1 這樣的一張圖片，電腦或許就會把圖片標記為 cat（貓）。

不只如此，ML Kit 的圖片標記（image labeling）功能還會更進一步，列出它在圖片中所看到的東西列表，並給出相應的機率值，因此它在圖 4-1 中看到的不只是一隻貓，或許它還會說自己看到了貓、花、草、雛菊等等。

接著我們就來探索如何建立一個超級簡單的 Android App，對這張圖片進行標記！這裡會使用到 Android Studio 與 Kotlin。如果你還沒準備好這些東西，可以先到 *https://developer.android.com/studio/* 進行下載。

圖 4-1　一張貓的圖片

第 1 步：建立 App、設定 ML Kit

如果你還沒閱讀過第 3 章，或是還不熟悉如何製作 Android App，建議先回頭仔細閱讀第 3 章的內容！App 建立好之後，必須先按照第 3 章的說明，修改一下 build.gradle 檔案。在這個例子中，我們會把之前所添加的 face-detection（人臉偵測）函式庫，替換成 image-labeling（圖片標記）函式庫（參見如下的最後一個項目）：

```
dependencies {
    implementation "org.jetbrains.kotlin:kotlin-stdlib:$kotlin_version"
    implementation 'androidx.core:core-ktx:1.2.0'
    implementation 'androidx.appcompat:appcompat:1.2.0'
    implementation 'com.google.android.material:material:1.1.0'
    implementation 'androidx.constraintlayout:constraintlayout:2.0.4'
    testImplementation 'junit:junit:4.+'
    androidTestImplementation 'androidx.test.ext:junit:1.1.2'
    androidTestImplementation 'androidx.test.espresso:espresso-core:3.2.0'
    implementation 'com.google.mlkit:image-labeling:17.0.1'
}
```

完成這個操作之後，由於我們修改過 Gradle 檔案，因此 Android Studio 可能會要求進行同步（sync）。這樣就可以把新的 ML Kit 依賴項目包含進來，重新觸發新的一次 build 組建程序。

第 2 步：建立使用者介面

我們會幫這個 App 建立一個超級簡單的使用者介面，直接對圖片進行標記。在 Android Studio 的 res/layout 目錄下，可以看到一個名為 *activity_main.xml* 的檔案。如果你還不太熟悉，請回頭參閱第 3 章的說明。

這裡會修改一下使用者介面，在線性版面（LinearLayout）放入一個 ImageView、一個 Button 和一個 TextView（如下所示）：

```
<?xml version="1.0" encoding="utf-8"?>
<androidx.constraintlayout.widget.ConstraintLayout
    xmlns:android="http://schemas.android.com/apk/res/android"
    xmlns:app="http://schemas.android.com/apk/res-auto"
    xmlns:tools="http://schemas.android.com/tools"
    android:layout_width="match_parent"
    android:layout_height="match_parent"
    tools:context=".MainActivity">

    <LinearLayout
        android:layout_width="match_parent"
        android:layout_height="wrap_content"
        android:orientation="vertical"
        app:layout_constraintStart_toStartOf="parent"
        app:layout_constraintTop_toTopOf="parent">

        <ImageView
            android:id="@+id/imageToLabel"
            android:layout_width="match_parent"
            android:layout_height="match_parent"
            android:layout_gravity="center"
            android:adjustViewBounds="true"
        />
        <Button
            android:id="@+id/btnTest"
            android:layout_width="wrap_content"
            android:layout_height="wrap_content"
            android:text="Label Image"
            android:layout_gravity="center"/>
        <TextView
            android:id="@+id/txtOutput"
            android:layout_width="match_parent"
```

```
            android:layout_height="wrap_content"
            android:ems="10"
            android:gravity="start|top" />
    </LinearLayout>
</androidx.constraintlayout.widget.ConstraintLayout>
```

在執行階段，ImageView 會載入一張圖片；當使用者按下按鈕時，App 就會調用 ML Kit 取回圖片的標記資料。取回的結果則會顯示在 TextView。稍後在圖 4-3 中，就可以看到相應的畫面了。

第 3 步：添加圖片以做為 Assets 資源

在這個專案中，需要一個 assets 資料夾。如果你還不太熟悉怎麼做，同樣可以回頭參閱第 3 章，逐步完成整個程序。只要有了 assets 資料夾、並放入一些圖片之後，就可以在 Android Studio 內部看到這些可供運用的 assets 資源了（參見圖 4-2）。

▼ assets
  face-test.jpg
  face-test-2.jpg
  face-test-3.jpg
  figure4-1.jpg

圖 4-2　assets 資料夾裡的圖片

第 4 步：把圖片載入到 ImageView

現在可以來寫一些程式碼了！我們先在 *MainActivity.kt* 檔案裡添加一個輔助函式，以便可以從 assets 資料夾內，用 bitmap 的格式載入圖片：

```
fun Context.assetsToBitmap(fileName: String): Bitmap?{
    return try {
        with(assets.open(fileName)){
            BitmapFactory.decodeStream(this)
        }
    } catch (e: IOException) { null }
}
```

接著修改一下 Android Studio 為你準備好的 onCreate 函式，先根據 ID 找出 ImageView 控制元件，再利用前面那個輔助函式載入 assets 資料夾裡的其中一張圖片：

```
val img: ImageView = findViewById(R.id.imageToLabel)
// assets 資料夾內的圖片檔案名稱（包括副檔名）
val fileName = "figure4-1.jpg"
// 從 assets 資料夾取得 bitmap
val bitmap: Bitmap? = assetsToBitmap(fileName)
bitmap?.apply {
    img.setImageBitmap(this)
}
```

現在可以先執行一下 App，測試看看能否正確載入圖片。如果順利的話，應該就會看到類似圖 4-3 的結果。

圖 4-3　目前這個 App 只能載入圖片

此時按下按鈕並不會有任何作用，因為我們還沒寫好相應的程式碼。這就是我們接下來的工作！

第 5 步：編寫按鈕處理程序的程式碼

程式碼一開始先準備好兩個變數，一個代表 TextView（用來寫出標記文字），另一個則代表 Button：

```
val txtOutput : TextView = findViewById(R.id.txtOutput)
val btn: Button = findViewById(R.id.btnTest)
```

既然有按鈕，我們就要幫它建立按鈕處理程序。這裡會用 btn.setOnClickListener 來實現其功能；程式碼自動補全功能會自動幫我們建立一個空函式（stub function），我們再接手進行修改，在裡面放入圖片標記的完整程式碼。隨後我們就會詳細說明這些程式碼：

```
btn.setOnClickListener {
    val labeler = ImageLabeling.getClient(ImageLabelerOptions.DEFAULT_OPTIONS)
    val image = InputImage.fromBitmap(bitmap!!, 0)
    var outputText = ""
    labeler.process(image).addOnSuccessListener { labels ->
        // 任務成功完成
        for (label in labels) {
            val text = label.text
            val confidence = label.confidence
            outputText += "text : confidence\n"
        }
        txtOutput.text = outputText
    }
    .addOnFailureListener { e ->
        // 出現例外狀況，任務失敗
        // ...
   }
}
```

使用者只要一點擊按鈕，下面這行程式碼就會用預設的選項，建立一個 ML Kit 的圖片標記器（labeler）：

```
val labeler = ImageLabeling.getClient(ImageLabelerOptions.DEFAULT_OPTIONS)
```

接著下面這行程式碼則會根據 bitmap（這是圖片顯示所用的格式）建立一個圖片物件（這是 ML Kit 可理解的格式）：

```
val image = InputImage.fromBitmap(bitmap!!, 0)
```

接著我們就會調用圖片標記器（labeler）來處理這個圖片物件（image）並添加兩個事件監聽器。如果處理的過程很順利，就會觸發「成功事件監聽器」，否則就會觸發「失敗事件監聽器」。如果圖片標記器成功處理好圖片，就會送回一個標籤列表（labels）。列表裡的每個標籤都會有一個 text 屬性，代表該標籤相應的說明文字，另外還有一個值介於 0 到 1 之間的 confidence 屬性，代表該標籤所標記的東西確實存在於圖中的機率。

因此，在成功事件監聽器內，程式碼會完整解析整個標籤列表，然後把每個標籤的 text 與 confidence 的值逐一添加到一個名為 `outputText` 的變數中。全部完成之後，就可以把 TextView（其名稱叫做 `txtOutput`）的 text 屬性設成 `outputText` 這個變數的值：

```
for (label in labels) {
        val text = label.text
        val confidence = label.confidence
        outputText += "$text : $confidence\n"
}
txtOutput.text = outputText
```

就是這麼簡單。如果用之前那張貓的圖片來執行此 App，就會得到如圖 4-4 所示的輸出結果。

圖 4-4 對前面那張圖片進行標記的結果

下一步

ML Kit 內建的圖片標記模型，可標記出圖片中多達 400 多種不同類別的標籤。在撰寫本文的當下，共可辨認 447 種類別，但這個數字隨時都有可能改變。 ML Kit 可辨認的完整標籤列表，全都發佈在 *https://developers.google.com/ml-kit/vision/image-labeling/label-map*。如果你想自己訓練出一個可辨認其他不同類別的模型，可能就要用到 TensorFlow，我們稍後也會在第 9 章探討相應的做法。

物體偵測

前一節展示了圖片分類與標記的做法，讓電腦有能力辨認出圖片裡的物體「是什麼」，不過並不會偵測出圖片裡的物體「在什麼位置」。這裡所說的是另一種「物體偵測」（object detection）的概念。舉例來說，我們只要把圖片傳遞給物體偵測器，就可取得一個物體列表，其中有各物體的邊框（bounding box）資訊，即可用來判斷各個物體出現在圖片裡的什麼位置。ML Kit 預設的物體偵測模型在「偵測出圖片裡的各個物體」這方面表現非常出色，可惜它所能辨認的類別數量只侷限於五種（除非另外使用自定義模型）。不過，只要能先取出圖片裡的各個物體，再搭配（上一節的）圖片標記功能，就可以針對每個物體取得更精準的類別標籤了！圖 4-5 就是這樣的一個例子。

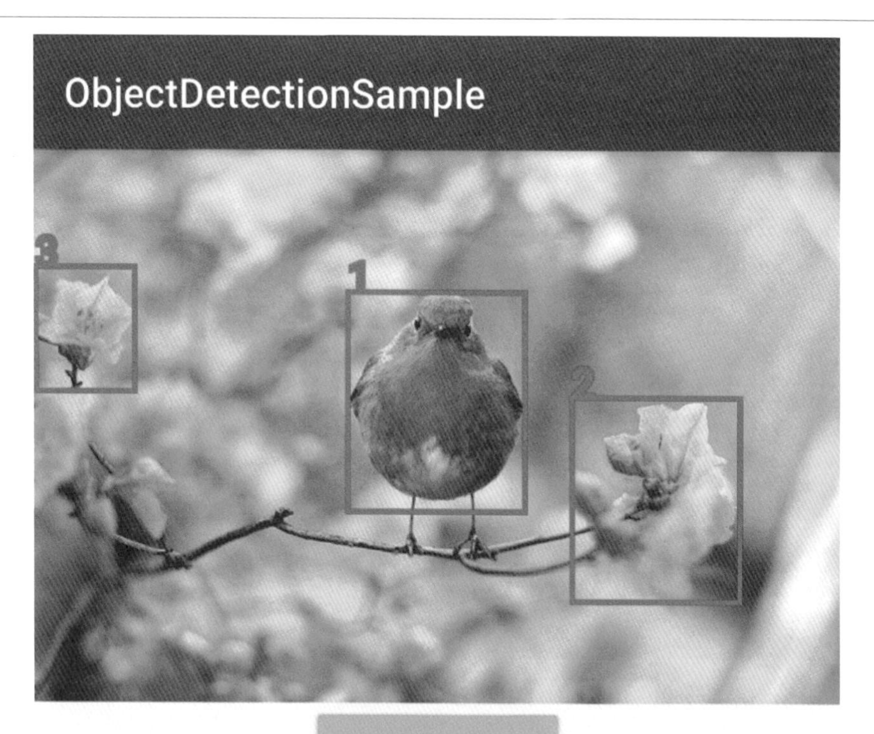

Bird（鳥），Toy（玩具），Stuffed toy（填充玩具），Insect（昆蟲）
Petal（花瓣），Flower（花），Plant（植物），Insect（昆蟲），Flesh（肉）
Petal（花瓣），Flower（花），Insect（昆蟲），Bird（鳥），Flesh（肉），Eyelash（睫毛）

圖 4-5　執行物體偵測

我們就來一步一步看看該怎麼做。

第 1 步：建立 App 並匯入 ML Kit

建立 App 的方式和之前一樣，我們選擇的是單一 View 的 App。這裡會盡可能與之前的圖片標記 App 保持類似的設定，讓大家感覺比較熟悉一點。

完成之後，請在 build.gradle 檔案添加以下兩行，這樣才能同時使用「物體偵測」與「圖片標記」的功能：

```
implementation 'com.google.mlkit:object-detection:16.2.2'
implementation 'com.google.mlkit:image-labeling:17.0.1'
```

你的版本號可能有所不同，請到 https://developers.google.com/ml-kit 查看一下最新的版本。

第 2 步：建立 Activity 的 Layout 版面 XML

這個 Activity 的 Layout 版面檔案非常簡單，和我們之前看過的完全相同。我們採用的是線性版面（LinearLayout），其中包含一個 ImageView、一個 Button 和一個 TextView。ImageView 負責顯示圖片，Button 負責執行物體偵測與標記的程式碼，TextView 則用來呈現標記的結果。這裡就不再重複列出程式碼，只要使用與前一個範例相同的 Layout 程式碼即可。

第 3 步：把圖片載入到 ImageView

和之前一樣，我們會用一個輔助函式把圖片從 assets 資料夾載入到 ImageView 。為方便起見，這裡再次列出相應的程式碼：

```
// 這個輔助函式可以從 assets 取出 bitmap
fun Context.assetsToBitmap(fileName: String): Bitmap?{
    return try {
        with(assets.open(fileName)){
            BitmapFactory.decodeStream(this)
        }
    } catch (e: IOException) { null }
}
```

和之前的做法一樣，先建立一個 assets 資料夾，再放入一些圖片。圖 4-5 這張螢幕截圖取自 Pixabay（*https://oreil.ly/TnCR6*），這裡重新命名為 *bird.jpg*，程式碼會比較清楚。

然後在 onCreate 函式中，可以用之前同樣的那個輔助函式，從 assets 目錄取得圖片並載入到 bitmap 這個變數中，做法如下：

```
val img: ImageView = findViewById(R.id.imageToLabel)
// assets 資料夾內的圖片檔案名稱（包括副檔名）
val fileName = "bird.jpg"
// 從 assets 資料夾取得 bitmap
```

```
val bitmap: Bitmap? = assetsToBitmap(fileName)
bitmap?.apply {
    img.setImageBitmap(this)
}
```

我們也設定好 Button 與 TextView 這兩個控制元件如下：

```
val txtOutput : TextView = findViewById(R.id.txtOutput)
val btn: Button = findViewById(R.id.btnTest)
```

第 4 步：設定物體偵測器的選項

本節會用到好幾個 ML Kit 的物件類別。以下就是要匯入的函式庫：

```
import com.google.mlkit.vision.common.InputImage
import com.google.mlkit.vision.label.ImageLabeling
import com.google.mlkit.vision.label.defaults.ImageLabelerOptions
import com.google.mlkit.vision.objects.DetectedObject
import com.google.mlkit.vision.objects.ObjectDetection
import com.google.mlkit.vision.objects.defaults.ObjectDetectorOptions
```

ML Kit 物體偵測器提供了很多種物體偵測的做法，可以透過 `ObjectDetectorOptions` 這個物件來進行控制。我們會採用其中一種最簡單的模式，也就是只偵測單一圖片，並開啟「偵測圖片中多個物體」的選項：

```
val options =
        ObjectDetectorOptions.Builder()
        .setDetectorMode(ObjectDetectorOptions.SINGLE_IMAGE_MODE)
        .enableMultipleObjects()
        .build()
```

物體偵測器是個很強大的 API，它也可以執行「追蹤串流影片中的物體」之類的工作，不但可以偵測出物體，還可以在每一幀畫面中維持住偵測的結果。這個部分已超出本書的範圍，不過你還是可以在 ML Kit 文件（*https://oreil.ly/kluVJ*）瞭解到更多相關訊息。

MODE（模式）相關的選項，可用來決定所採用的設定與做法——關於本範例所使用的 `SINGLE_IMAGE_MODE`，你也可以到 *https://oreil.ly/WFSZD* 瞭解更多其他的資訊。

此外，物體偵測器可啟用另一個選項，讓我們選擇看是要偵測出場景中最突出的物體，還是要偵測出所有的物體。我們在這裡用 `.enableMultipleObjects()` 把它設定為「偵測出多個物體」，因此在結果中可以看到好幾個物體，如圖 4-5 所示。

另一個常見的選項，就是啟用分類（classification）選項。由於預設情況下物體偵測器只能偵測出五種不同的類別，而且只會給物體標上一個很普通的標籤，因此這裡並沒有啟用該選項，實際上我們會運用之前所討論過的圖片標記 API，「靠我們自己」標記出物體所屬的類別。如果你想偵測的物體類別，超過最基本的五種類別，也可以考慮使用自定義 TensorFlow 模型來實現更多的類別；本書隨後的第 9 章到第 11 章就會探討如何使用自定義模型。

第 5 步：處理按鈕的互動

使用者只要一點擊按鈕，就會調用物體偵測器；程式取得回應之後，就可以進一步取得圖片中各物體的邊框。稍後我們會利用這些矩形邊框，從原始圖片裁剪出一些子圖片，然後再把這些子圖片送進圖片標記器。不過現在先來實作物體偵測的處理程序。程式碼看起來應該是這樣的：

```
btn.setOnClickListener {
    val objectDetector = ObjectDetection.getClient(options)
    var image = InputImage.fromBitmap(bitmap!!, 0)
    objectDetector.process(image)
        .addOnSuccessListener { detectedObjects ->
            // 任務成功完成
        }
        .addOnFailureListener { e ->
            // 出現例外狀況，任務失敗
            // ...
        }
}
```

這樣的做法與之前的圖片標記很類似，也就是根據 options 設定的選項，建立一個物體偵測器實體。然後把 bitmap 轉換成 `InputImage`，再送入物體偵測器進行處理。

如果執行成功，就會送回所偵測到的物體列表；如果處理失敗，就會送回一個異常例外物件。

在 `onSuccessListener` 裡送回來的 `detectedObjects`，就包含了各物體的一些詳細資訊，其中也包括相應邊框的資訊。所以接下來就來建立一個函式，在圖片中畫出相應的邊框。

第 6 步：繪製邊框

最簡單的做法就是對 Bitmap 物件進行擴展，利用一個 Canvas 畫布，在原本的 bitmap 上面畫出矩形邊框。我們會把所偵測到的物體送進去，建立相應的邊框，然後再把這些邊框畫在 bitmap 的上方。

下面就是完整的程式碼：

```
fun Bitmap.drawWithRectangle(objects: List< DetectedObject>):Bitmap?{
    val bitmap = copy(config, true)
    val canvas = Canvas(bitmap)
    var thisLabel = 0
    for (obj in objects){
        thisLabel++
        val bounds = obj.boundingBox
        Paint().apply {
            color = Color.RED
            style = Paint.Style.STROKE
            textSize = 32.0f
            strokeWidth = 4.0f
            isAntiAlias = true
            // 在 canvas 畫布中畫入矩形邊框
            canvas.drawRect(
                    bounds,
                    this
            )
            canvas.drawText(thisLabel.toString(),
                        bounds.left.toFloat(),
                        bounds.top.toFloat(), this )
        }

    }
    return bitmap
}
```

程式碼會先製作一份 bitmap 的副本，再根據這個 bitmap 副本建立一個 Canvas 畫布。然後它會以迭代的方式，處理每一個偵測到的物體。

ML Kit 送回來的物體，相應的矩形邊框全都放在 boundingBox 屬性中，因此我們可以透過以下方式取得詳細的資訊：

```
val bounds = obj.boundingBox
```

然後再利用 Paint 物件，把矩形邊框畫到 canvas 畫布上：

```
canvas.drawRect(
        bounds,
            this
)
```

其餘的程式碼都是在處理一些像是矩形的顏色、文字的大小與顏色之類的事情，其中的文字部分也就只是一個數字，如圖 4-5 所示，矩形邊框上方 1、2、3 這幾個數字，其實就是這些物體被偵測到的順序。

然後我們可以在 onSuccessListener 裡頭，用下面的方式調用此函式：

```
bitmap?.apply{
    img.setImageBitmap(drawWithRectangle(detectedObjects))
}
```

這樣一來，只要 ML Kit 成功送回所偵測到的物體，圖片上就會畫出相應的矩形邊框。由於物體偵測器本身的局限性，因此框框內的物體無法取得非常有用的類別標籤；我們在下一步就可以看到如何使用圖片標記器，針對矩形邊框裡的物體取得更詳細的資訊。

第 7 步：標記物體

為了簡化起見，基本的物體偵測模型在標記圖片中的物體時，只能使用五種非常普通的類別。如果要解決此問題，我們可以改用另一個進行過更多訓練的自定義模型，也可以採用另一種比較簡單的多步驟解決方案。多步驟的處理方式其實很簡單——既然有了各個物體的矩形邊框，就可以利用矩形邊框裡的部分圖片，建立新的臨時圖片，再送入圖片標記器，取回相應的標記結果。只要針對每個矩形邊框（也就是每一個物體）重複此操作，就可以針對每一個偵測到的物體，取得更精準的類別標籤！

以下就是完整的程式碼：

```
fun getLabels(bitmap: Bitmap,
              objects: List< DetectedObject>, txtOutput: TextView){
    val labeler = ImageLabeling.getClient(ImageLabelerOptions.DEFAULT_OPTIONS)
    for(obj in objects) {
        val bounds = obj.boundingBox
        val croppedBitmap = Bitmap.createBitmap(
            bitmap,
            bounds.left,
            bounds.top,
            bounds.width(),
            bounds.height()
        )
```

```
        var image = InputImage.fromBitmap(croppedBitmap!!, 0)

        labeler.process(image)
            .addOnSuccessListener { labels ->
                // 任務成功完成
                var labelText = ""
                if(labels.count()>0) {
                    labelText = txtOutput.text.toString()
                    for (thisLabel in labels){
                        labelText += thisLabel.text + " , "
                    }
                    labelText += "\n"
                } else {
                    labelText = "Not found." + "\n"
                }
                txtOutput.text = labelText.toString()
            }
    }
}
```

這段程式碼會針對每一個偵測到的物體，利用矩形邊框建立一個名叫 `croppedBitmap` 的新 bitmap。然後再用一個叫做 `labeler` 的圖片標記器，以預設的設定選項處理這個新圖片。處理成功之後，就會送回許多類別標籤；只要把這些標籤寫入一串以逗號相隔的字串，最後再透過 `txtOutput` 把這個字串顯示出來即可。我偶然間注意到，有時候即使處理成功，也有可能送回來一個空的標籤列表，因此我添加了一段程式碼，唯有在標籤列表內確實有標籤時，才去製作那個字串。

接著只要在 *object Detector* 的 `onSuccessListener` 裡頭，用下面這行程式碼調用函式就可以了（可以放在我們設定 bitmap 矩形邊框的程式碼後面）：

```
getLabels(bitmap, detectedObjects, txtOutput)
```

在執行這段程式碼時，會進行一些非同步調用，首先是物體偵測器，然後則是圖片標記器。因此，按下按鈕之後可能會看到 App 出現延遲的行為。我們可能會看到邊框先被畫出來，然後過了一會兒標籤列表才被更新。Android 與 Kotlin 提供了許多非同步功能函式，可以讓這裡的使用者體驗更好一點，但這已超出本書的範圍，我在這裡只想讓範例盡量保持簡單，盡可能聚焦於 ML Kit 的各種功能。

影片中的物體偵測與追蹤

ML Kit 的物體偵測功能，也可以用在串流影片上；它不但可以偵測出影片中的物體，還能持續追蹤物體在連續畫面中的變化。舉例來說，參見圖 4-6，雖然我改變了拍攝的角度，但 App 還是能持續偵測到 Android 小人偶（用一個矩形框了起來），而且它還被指定了一個追蹤 ID。接下來只要這個物體還在視野內，後續每一幀畫面都會根據新的位置取得相應的邊框，而且追蹤 ID 也不會改變——換句話說，就算物體的拍攝角度與位置有所變化，物體的外觀變得有點不同，它還是知道那是同一個物體。

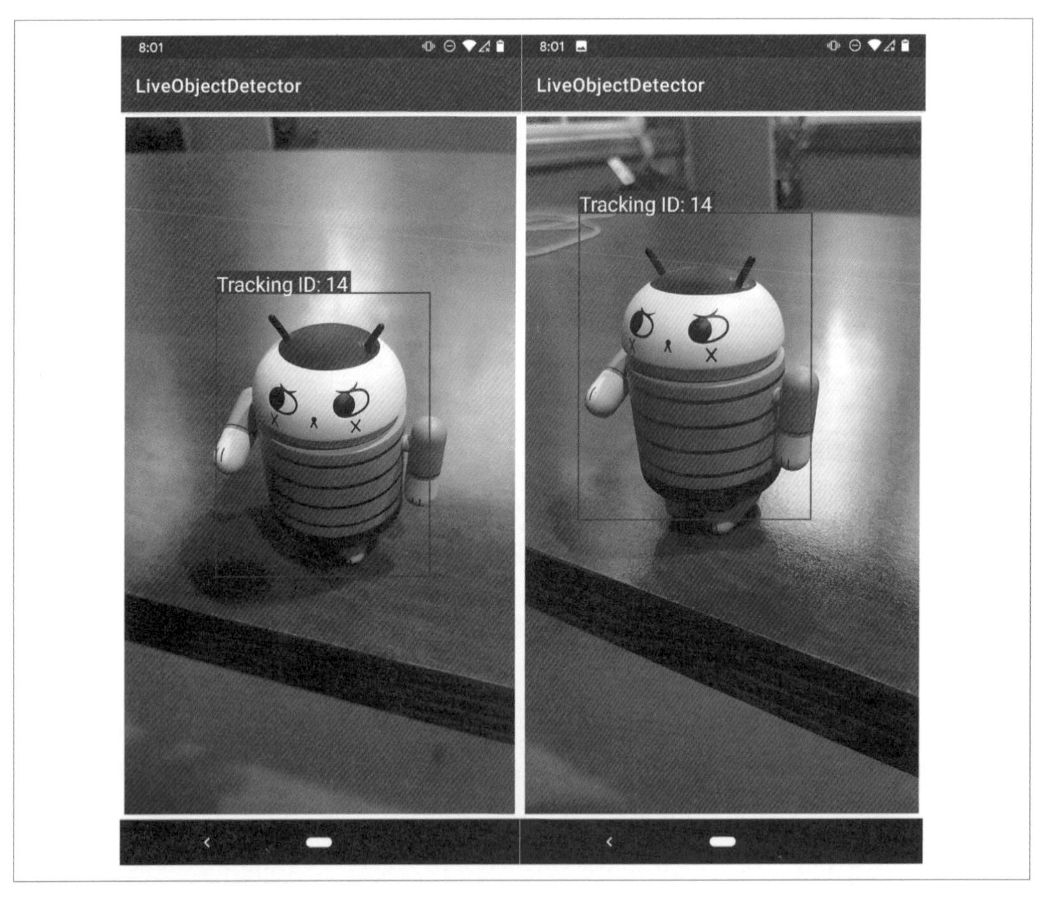

圖 4-6　在影片中使用物體偵測的功能

本節就來探討一下，如何利用 ML Kit 打造出這樣的 App。不過要先提醒一下，如果想測試這個 App，就必須使用到實際的手機，畢竟移動相機、追蹤物體這樣的工作，模擬器實在很難做到。

打造這個 App 的過程，有很多步驟其實與 ML 沒什麼關係（例如 CameraX 相關處理、覆蓋層的使用、每一幀畫面的邊框繪製管理等等），本章並不打算深入介紹那些內容，不過本書的下載點提供了完整程式碼，各位可自行深入研究。

探索 Layout 版面設計

前面所說的這類 App，其 Layout 版面當然比我們所看過的要複雜一些。首先我們必須把相機的預覽畫面呈現出來，然後再把物體邊框畫入預覽畫面；當我們為了追蹤物體而移動相機時，物體邊框也要以接近即時的方式持續更新。我們會使用到 CameraX 這個 Android 支援函式庫，它可以讓相機使用起來輕鬆許多——它真的超好用的！你也可以先到 *https://developer.android.com/training/camerax* 瞭解更多關於 CameraX 的詳細資訊。

一開始先重複之前介紹過的步驟，建立一個全新的 Android App。準備好之後，就可以打開 Layout 檔案進行編輯。針對這類的 App，我們採用的是 FrameLayout 版面；這種 Layout 版面通常是給單一項目使用，用來佔據螢幕上某個特定的區域；不過我們會在 FrameLayout 版面中放兩個項目，而且後面的項目會完全覆蓋在前一個項目的上方：

```
<FrameLayout android:layout_width="fill_parent"
    android:layout_height="fill_parent"
    android:layout_weight="2"
    android:padding="5dip"
    tools:ignore="MissingConstraints">
    <androidx.camera.view.PreviewView
        android:id="@+id/viewFinder"
        android:layout_width="fill_parent"
        android:layout_height="fill_parent"
        android:layout_weight="1"
        android:layout_gravity="center" />
    <com.odmlbook.liveobjectdetector.GraphicOverlay
        android:id="@+id/graphicOverlay"
        android:layout_gravity="center"
        android:layout_width="wrap_content"
        android:layout_height="wrap_content" />
</FrameLayout>
```

FrameLayout 裡的第一個項目就是 androidx.camera.view.PreviewView，這個控制元件可用來呈現相機所送過來的即時影像。第二個項目是一個叫做 GraphicOverlay 的自定義控制元件；顧名思義，它就是覆蓋在 PreviewView 預覽畫面上方的一個覆蓋層，我們可以用它來繪製一些圖形。這個 GraphicOverlay 控制元件是從開放原始碼 ML Kit 範例（*https://oreil.ly/csyn9*）改編而來的。

請注意前面的覆蓋層名為 com.odmlbook.liveobjectdetector.GraphicOverlay；這是因為我們的 GraphicOverlay 直接取自前面所提到的 Google 範例，我在這裡只是把它直接添加到 App 中，然後套用這個 App 的名稱空間而已。如果你使用的是不同的名稱空間，請記得要把你的 GraphicOverlay 修改成正確的名稱。

我已經盡可能讓 Layout 版面保持簡單，希望可以讓你更專注於物體偵測的相關程式碼——簡而言之，這裡用了一個 CameraX 的 PreviewView 做為預覽層，然後在它上面又放了一個 GraphicOverlay 覆蓋層，可用來繪製一些矩形邊框。隨後還可以看到更多相關的說明。

GraphicOverlay 物件類別

前面的 Layout 版面中，有一個自定義的 GraphicOverlay 物件類別。這個物件類別的工作就是管理一堆 Graphic 物件（其中包括相應標籤與邊框），並把這些 Graphic 物件繪製到 Canvas 畫布中。要注意的是，相機預覽畫面的解析度隨相機而異，覆蓋在上面的 Canvas 畫布解析度則隨螢幕而異，這兩者之間經常存在座標上的差異（像我們這個例子就是如此）。因此，這裡還要負責進行座標的轉換，才能把邊框畫到正確的位置。GraphicOverlay 這個物件類別中，可以看到座標轉換與執行繪圖動作的程式碼，它會針對每一幀畫面進行相應的操作。每一個物體邊框都是用 Graphic 物件來表示，只要一出現 onDraw 事件，所有的 Graphic 物件就會被繪製到 Canvas 畫布中：

```
@Override
protected void onDraw(Canvas canvas) {
    super.onDraw(canvas);

    synchronized (lock) {
        updateTransformationIfNeeded();

        for (Graphic graphic : graphics) {
            graphic.draw(canvas);
        }
    }
}
```

相機 CameraX 相關程式碼

我們是透過 CameraX 來處理相機相關的工作。在使用 CameraX 時，我們實際上存取的是 camera provider，這樣我們就可以設定各式各樣的 subprovider，其中包括一個可用來放預覽畫面的 surface provider，以及一個可針對相機每一幀畫面進行操作的 analyzer。這樣的做法非常適合我們的需求 —— surface provider 負責預覽視窗，analyzer 則可調用 ML Kit 的物體偵測器。這些相關的程式碼全都放在 App 的 `MainActivity` 中（就放在 `startCamera()` 這個函式內）。

我們先來設定一下預覽畫面（請注意，在前面的 Layout 版面設計中，相應的控制元件就叫做 `ViewFinder`），它的工作就是呈現相機所送過來的一連串即時畫面：

```
val preview = Preview.Builder()
    .build()
    .also {
        it.setSurfaceProvider(viewFinder.surfaceProvider)
    }
```

接下來是 analyzer 的部分。CameraX 會針對每一幀畫面調用這個 analyzer，讓我們可以進行某些圖片處理的工作。這種做法非常適合我們的需求。在調用 `setAnalyzer` 時，我們會指定一個物件類別來處理分析的工作。這裡指定的是一個叫做 `ObjectAnalyzer` 的物件類別，顧名思義，它會針對每一幀畫面進行物體偵測：

```
val imageAnalyzer = ImageAnalysis.Builder()
    .setBackpressureStrategy(ImageAnalysis.STRATEGY_KEEP_ONLY_LATEST)
    .build()
    .also {
        it.setAnalyzer(cameraExecutor, ObjectAnalyzer(graphicOverlay))
    }
```

一旦設定好這些東西，就可以把它們全部都綁定到相機的生命週期（life cycle），這樣 CameraX 就知道如何呈現預覽畫面，並管理好每一幀畫面的相應處理動作了：

```
cameraProvider.bindToLifecycle(
    this, cameraSelector, preview, imageAnalyzer
)
```

你可以自行參閱 CameraX 的文件，瞭解一下在使用 CameraX 時，相機的生命週期相關的訊息。這裡只會特別強調其中與物體偵測有關、比較重要的部分程式碼。

ObjectAnalyzer 物件類別

本書的程式碼儲存庫（*https://oreil.ly/WIQMR*）就可以找到此物件類別的完整程式碼。我建議你先用 clone 的方式複製一份，再透過程式碼來瞭解一下 ObjectAnalyzer 究竟是如何追蹤影片裡的物體。本節只會展示其中比較重要的部分程式碼，請別忘了只靠這些片段程式碼是無法正常運作的喲！

之前可以看到我們利用 hook 的方式，透過 CameraX 的 analyzer 來執行物體偵測，而且我們指定了一個叫做 `ObjectAnalyzer` 的物件類別，來處理相應的工作。我們同時也把一個指向 GraphicOverlay 覆蓋層的引用參照（reference），傳遞給這個物件類別。

既然是 analyzer 物件類別，就必須直接覆寫（override）`ImageAnalysis.Analyzer`，因此這個物件類別的簽名（signature）應該是這樣的：

```
public class ObjectAnalyzer(graphicOverlay: GraphicOverlay) :
                            ImageAnalysis.Analyzer {}
```

這個物件類別的工作之一，就是進行物體偵測，所以我們必須像之前一樣，建立一個 `ObjectDetector` 物體偵測器實體：

```
val options =
         ObjectDetectorOptions.Builder()
                 .setDetectorMode(ObjectDetectorOptions.STREAM_MODE)
                 .enableMultipleObjects()
                 .enableClassification()
                 .build()
   val objectDetector = ObjectDetection.getClient(options)
```

請注意這裡所設定的物體偵測模式——`ObjectDetectorOptions.STREAM_MODE`——與之前不同，這裡採用的是串流模式（*stream mode*），因為我們會用串流的方式把圖片送入物體偵測器。這樣就會開啟如圖 4-6 所示的「物體追蹤」（object tracking）功能，它會「記住」不同幀畫面裡的同一個物體，就算相機的拍攝角度不同、物體看起來有點不一樣也沒問題。

只要是以這種方式建立 analyzer 物件類別，就必須覆寫 `analyze` 函式；這個函式可接受一個代表圖片的 ImageProxy 物件。只要是透過 `ImageProxy` 來使用 CameraX 圖片，就必須先進行一些處理，以因應旋轉等等之類的情況。這裡並不打算進行詳細的介紹，但有個很重要一定要管理好的東西，就是必須判斷相機究竟是以橫向還是縱向模式提供畫面，因為針對不同的情況，我們必須把圖片相應的高度與寬度通知 overlay 覆蓋層，而且如果有必要的話，可能還要翻轉畫面——這樣 ML Kit API 才能總是以相同的方向接收到正確的圖片：

```
if (rotationDegrees == 0 || rotationDegrees == 180) {
    overlay.setImageSourceInfo(
        imageProxy.width, imageProxy.height, isImageFlipped
    )
} else {
    overlay.setImageSourceInfo(
        imageProxy.height, imageProxy.width, isImageFlipped
    )
}
```

把 imageProxy 物件轉換成一幀畫面（frame）之後，就可以送入物體偵測器；如果偵測成功，callback 回調函式就會像之前一樣，取得所偵測到的物體（detectedObjects）。此時應該先清空覆蓋層，再針對每一個偵測到的物體，建立新的 Graphic 物件，並添加到覆蓋層中。這個 App 裡的每個 Graphic 物件，都是自定義的 ObjectGraphic 物件類別。稍後就會再說明一下這個物件類別。最後，我們會調用覆蓋層的 `postInvalidate()`，以觸發覆蓋層進行重新繪製的動作：

```
objectDetector.process(frame)
    .addOnSuccessListener { detectedObjects ->
    overlay.clear()
          for (detectedObject in detectedObjects){
               val objGraphic = ObjectGraphic(this.overlay, detectedObject)
               this.overlay.add(objGraphic)
          }
          this.overlay.postInvalidate()
}
```

ObjectGraphic 物件類別

每一個物體邊框，都是由三個元素所構成——邊框（box）、標籤的文字、標籤的背景——我們會用 ObjectGraphic 這個物件類別來呈現所有的元素，而不會單獨只繪製其中某個元素。在初始化這個物件類別時，會用到 ML Kit 所送回來的 `detectedObject`，以取得追蹤 ID 與矩形邊框的座標。在前面的程式碼中可以看到，建立 `ObjectGraphic` 這個物件類別的新實體時，除了用到 `detectedObject` 之外，還會用到 overlay 覆蓋層——`ObjectGraphic` 物件類別的工作，就是負責管理好這幾個東西。

全部整合起來

以上就是這類 App 一般的運作方式。只要使用 CameraX，就可指定一個 preview surface 與一個 analyzer。analyzer 可以在啟用串流模式的設定下，調用 ML Kit 的物體偵測器。所偵測到的物體可建立相應的邊框 Graphic 物件，然後再把這些物件添加到覆蓋層中。這裡採用的是 ML Kit 裡的通用模型，因此並沒有很多種類別可供使用——我們只會用它來偵測物體，並為物體指定一個 ID 。如果想進一步針對所偵測到的物體進行分類，就需要用到自定義模型，稍後我們在第 9 章還會再進行相關的討論。

總結

在 Android 運用 ML Kit 打造出具有視覺功能的 App，其實非常簡單。我們在本章採用預設的通用模型，探索了好幾種不同的應用場景，其中「圖片分類與標記」的功能可以讓電腦判斷出某一張圖片的內容；另外我們還運用「物體偵測」的功能，偵測出圖片中多個物體，並用矩形邊框標示出相應的位置。在本章結束之前，我們簡要探討了如何把這些做法擴展到影片——不但可以偵測出影片中的物體，還能即時追蹤物體的變動。所有這些應用場景全都是採用 ML Kit 內建的通用模型，但只要改用自定義的模型，就可以輕鬆進行擴展。我們到第 9 章還會再進行更多的探討。

第五章

善用 ML Kit 的文字處理 Android App

機器學習最大的兩個領域，或許就是「電腦視覺」與「自然語言處理」。我們在第 4 章已經學會如何把 ML Kit 預先定義好的一些模型，運用到常見的電腦視覺應用場景中。本章會再探索自然語言處理模型的一些應用場景，包括如何根據數位墨跡（digital ink）辨識文字、針對某段對話做出智慧型對話回覆，或是從一段文字內提取出像是地址等等之類的實體（entity）。這些全都是針對特定的應用場景，直接運用現成的模型。如果想運用其他的自然語言處理模型（例如文字分類），就必須用 TensorFlow Lite 打造自己的模型，再把這些模型實作到行動裝置中。在後面的章節中，也會探討這樣的做法。

實體提取

想從大量文字內提取出重要的資訊，或許並沒有那麼簡單。有些資訊（例如地址）具有特定的結構，在某個地區或許很容易預測，但到了另一個地區又有可能大不相同，因此若想採用規則型的做法來提取出地址資訊，往往需要大量的程式碼。

以圖 5-1 為例，我向朋友 Nizhoni 發了一則訊息，其中包含一些詳細的資訊。身為人類的我們，當然可以從中提取出比較有價值的資訊（例如 tomorrow at 5 PM——明天下午 5 點），知道它代表什麼意思（一個日期與時間）。但如果想要寫個程式來達到同樣的效果，就真的很困難了。想要寫出程式碼來學會理解、分辨不同國家、不同格式的日期表達方式，就已經夠困難了（例如 5/2 有可能是 5 月 2 日，也有可能是 2 月 5 日，端看你身處哪個國家），而要從一段文字內提取出像是「tomorrow」（明天）這類的實體，那就更加困難了！雖然 ML 機器學習不見得是完美的解決方案，不過它確實有助於減少程式碼的行數，可針對一些常見的應用場景，編寫出有用的程式碼。

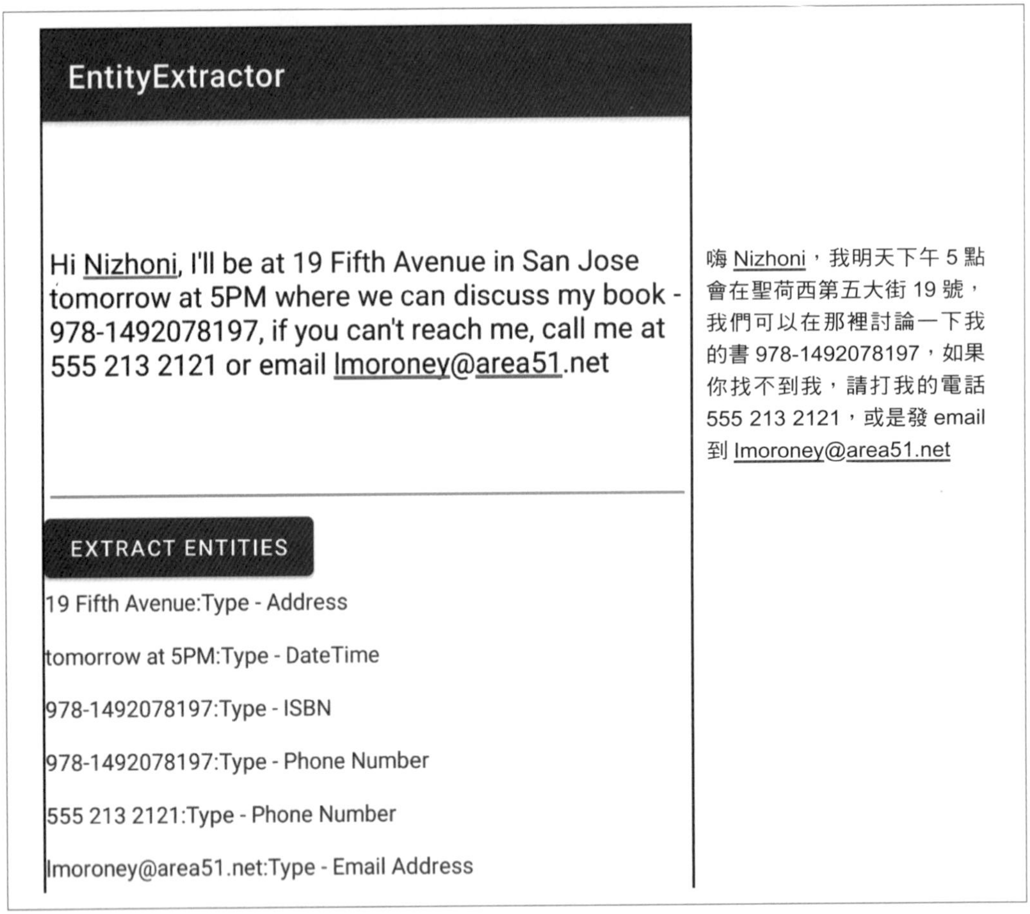

EntityExtractor

Hi Nizhoni, I'll be at 19 Fifth Avenue in San Jose tomorrow at 5PM where we can discuss my book - 978-1492078197, if you can't reach me, call me at 555 213 2121 or email lmoroney@area51.net

EXTRACT ENTITIES

19 Fifth Avenue:Type - Address

tomorrow at 5PM:Type - DateTime

978-1492078197:Type - ISBN

978-1492078197:Type - Phone Number

555 213 2121:Type - Phone Number

lmoroney@area51.net:Type - Email Address

嗨 Nizhoni，我明天下午 5 點會在聖荷西第五大街 19 號，我們可以在那裡討論一下我的書 978-1492078197，如果你找不到我，請打我的電話 555 213 2121，或是發 email 到 lmoroney@area51.net

圖 5-1　從一段文字內提取出一些實體

圖中原始文字下方那幾行，就是程式所找出來的實體列表。舉例來說，「tomorrow at 5PM」就被當成一個日期時間（明天下午 5 點）而被提取了出來。其他像是電話號碼、email 地址之類的實體，也都正確提取了出來。有時某個值或許同時符合好幾種模式，例如書籍的 ISBN 是以三個數字開頭，同時也符合電話號碼的比對模式，因此它就會被偵測為兩個實體！

有了這樣的概念之後，我們就可以用 ML Kit 的 entity extraction（實體提取）API，建立一個以這種方式讀取資料的 App，從一整段文字內提取出地址、電話號碼、email 等等之類的東西。本節就是要探討如何建立這樣的 App。

開始建立 App

這裡假設你已經完成「建立新 App」的步驟（詳見第 3 章）。如果你還不知道怎麼做，建議你先從第 3 章開始讀起。和之前一樣，我們可以在 Android Studio 建立一個單一 View 的全新 App。接下來請找出 app 相應的 build.gradle 檔案，再把 entity-extraction（實體提取）函式庫添加進去：

```
implementation 'com.google.mlkit:entity-extraction:16.0.0-beta1'
```

請注意，在撰寫本文的當下，實體提取功能仍只是個測試版產品，使用起來或許還有點問題。如果你很關注這方面的消息，請務必檢查一下 ML Kit 文件內關於實體提取功能的網頁，並隨時更新至最新的版本（*https://oreil.ly/DP4WI*）。

建立 Activity 的 Layout 版面

我們會讓 App 盡可能保持簡單，讓你可以專注在 entity extraction API 的運用，因此這裡可以看到圖 5-1 的 App 只有三個控制元件——一個可用來輸入文字的 EditText，一個可用來觸發提取動作的 Button 按鈕，還有一個 TextView 可用來顯示 API 的偵測結果。

這個 Layout 版面相應的 XML 內容，可以說非常簡單：

```
<?xml version="1.0" encoding="utf-8"?>
<androidx.constraintlayout.widget.ConstraintLayout
    xmlns:android="http://schemas.android.com/apk/res/android"
    xmlns:app="http://schemas.android.com/apk/res-auto"
    xmlns:tools="http://schemas.android.com/tools"
    android:layout_width="match_parent"
    android:layout_height="match_parent"
    tools:context=".MainActivity">

    <LinearLayout
        android:layout_width="match_parent"
        android:layout_height="match_parent"
        android:orientation="vertical">

    <EditText
        android:id="@+id/txtInput"
        android:inputType="textMultiLine"
        android:singleLine="false"
```

```
        android:layout_width="match_parent"
        android:layout_height="240dp"/>

    <Button
        android:id="@+id/btnExtract"
        android:layout_width="wrap_content"
        android:layout_height="wrap_content"
        android:text="Extract Entities" />

    <TextView
        android:id="@+id/txtOutput"
        android:text=""
        android:layout_width="match_parent"
        android:layout_height="match_parent"/>

    </LinearLayout>
</androidx.constraintlayout.widget.ConstraintLayout>
```

我們把 EditText 欄位設為多行（`singleLine="false"`），這樣就可以用來輸入一些像是推文或簡訊之類的文字。這三個控制元件全都封裝在一個 LinearLayout（線性版面）中，因此我們可以看到，所有元件全都以垂直方向由上而下排列。

編寫實體提取程式碼

在使用 entity extraction API 時，有以下四個階段的工作：

1. 建立 client 客戶端，初始化 extractor 提取器
2. 下載模型，讓 extractor 提取器準備就緒
3. 用 extrator 提取器來標註文字
4. 對所標註的推測結果進行解析

我們就來一個一個仔細看看。

首先我們會建立一個 client 客戶端，初始化 extractor 提取器。由於這個 extractor 提取器已針對世界上許多語言，分別設計了相應的模型，因此在許多語言下它都能正常運作；只要在初始化時指定所要使用的語言，就可以挑選出正確的模型。舉例來說，如果想用英語，可以把程式碼寫成下面這樣：

```
val entityExtractor = EntityExtraction.getClient(
        EntityExtractorOptions.Builder(EntityExtractorOptions.ENGLISH)
                .build())
```

如果想用其他的語言，也可以把 `EntityExtractorOptions` 設成另一種可支援的語言代碼。在撰寫本文當下，已可支援 15 種語言，你只要查看文件（*https://oreil.ly/aS55g*）就可以瞭解各語言的完整支援情況。

請注意，只設定「語言（*language*）」的話，並不會連同「地區」（*domicile*）一起做好設定。這兩個設定是分開的，因為同一種語言在不同的地區，有可能代表不同的意義。舉例來說，美國（US）與英國（UK）這兩個「地區」所使用的「語言」都是 English，但所使用的日期格式就不一樣。還記得之前日期的例子嗎？5/2 在美國代表 5 月 2 日，在英國則代表 2 月 5 日。我們會在下載模型之後，再針對「地區」進行設定。

下載模型時，會調用 `downloadModelIfNeeded()` 方法；它會以非同步的方式執行，再透過一個成功或失敗事件監聽器，回頭調用我們的 callback 回調函式。這裡只會做一個最簡單的動作，就是根據模型下載成功或失敗，把一個布林值設定為 true 或 false。

下面就是我們的範例程式碼：

```
fun prepareExtractor(){
    entityExtractor.downloadModelIfNeeded().addOnSuccessListener {
        extractorAvailable = true
    }
    .addOnFailureListener {
        extractorAvailable = false
    }
}
```

extractor 提取器一旦準備就緒，就可以建立一個 `EntityExtractionParams` 參數物件（可放入所要處理的文字，也可以設定其他選項，例如 locale 語言地區等等），最後把這個參數物件送入 extractor 提取器，就可以提取出文字內的實體了。

下面的範例採用的是預設的參數：

```
val params = EntityExtractionParams.Builder(userText).build()
entityExtractor.annotate(params)
                .addOnSuccessListener { result: List< EntityAnnotation> ->
                ...
```

如果想設定 locale 語言地區，也可以在建立參數物件時進行設定。下面就是一個例子：

```
val locale = Locale("en-uk")
val params = EntityExtractionParams.Builder(userText)
                .setPreferredLocale(locale)
                .build()
```

在 ML Kit 文件網站（*https://oreil.ly/5A3yJ*）可學習到更多關於 `EntityExtractionParams` 物件的資訊，進一步瞭解還有哪些可用的參數。

只要把參數物件送入 annotate 方法，順利的話成功事件監聽器就會送回結果（result），它應該就是由 `EntityAnnotation` 物件所構成的一個列表。每個 EntityAnnotation 物件都包含一些實體，而每個實體都有一個字串（代表該實體在原始文字內相應的文字），以及該實體所屬的類型；舉例來說，圖 5-1 提取出「lmoroney@area51.net」這段文字，並把它歸類為「email」類型。實體有許多種不同的類型——只要前往 ML Kit 網站就可以看到可支援實體的完整列表（*https://oreil.ly/Tzxt7*）。

舉例來說，我們可以用下面的程式碼，對文字的部分進行處理：

```
entityExtractor.annotate(params)
    .addOnSuccessListener { result: List ->
        for (entityAnnotation in result) {
            outputString += entityAnnotation.annotatedText
            for (entity in entityAnnotation.entities) {
                outputString += ":" + getStringFor(entity)
            }
            outputString += "\n\n"
        }
        txtOutput.text = outputString
    }
```

這裡調用了 entityExtractor 的 annotate 方法，對我們放在 params 參數裡的文字進行標註（annotate）；在成功事件監聽器內，每個實體標註結果（entityAnnotation）都會列舉出相應的實體（entity），並針對每一個實體調用 `getStringFor` 輔助方法，以取得相應的字串。

這個輔助方法其實很單純，它只會根據實體的類型，建立一段相應的字串（舉例來說，它會把「lmoroney@area51.net」這段原始文字標示為 Type - Email Address），因此前面的程式碼最後就會生成「lmoroney@area51.net:Type - Email Address」這樣的一段字串。

下面就是 getStringFor 這個輔助方法的程式碼：

```
private fun getStringFor(entity: Entity): String{
        var returnVal = "Type - "
        when (entity.type) {
            Entity.TYPE_ADDRESS -> returnVal += "Address"
            Entity.TYPE_DATE_TIME -> returnVal += "DateTime"
            Entity.TYPE_EMAIL -> returnVal += "Email Address"
            Entity.TYPE_FLIGHT_NUMBER -> returnVal += "Flight Number"
```

```
            Entity.TYPE_IBAN -> returnVal += "IBAN"
            Entity.TYPE_ISBN -> returnVal += "ISBN"
            Entity.TYPE_MONEY -> returnVal += "Money"
            Entity.TYPE_PAYMENT_CARD -> returnVal += "Credit/Debit Card"
            Entity.TYPE_PHONE -> returnVal += "Phone Number"
            Entity.TYPE_TRACKING_NUMBER -> returnVal += "Tracking Number"
            Entity.TYPE_URL -> returnVal += "URL"
            else -> returnVal += "Address"
        }
        return returnVal
    }
```

全部整合起來

剩下的工作，就是一些使用者介面相關的程式碼，包括擷取輸入文字、初始化 extractor 提取器，以及在使用者按下按鈕時，調用實體提取的功能。

因此，我們可以在 MainActivity 裡更新一下模組變數，並覆寫 onCreate 函式的內容如下：

```
val entityExtractor = EntityExtraction.getClient(
        EntityExtractorOptions.Builder(EntityExtractorOptions.ENGLISH)
                .build())
var extractorAvailable:Boolean = false
lateinit var txtInput: EditText
lateinit var txtOutput: TextView
lateinit var btnExtract: Button
override fun onCreate(savedInstanceState: Bundle?) {
    super.onCreate(savedInstanceState)
    setContentView(R.layout.activity_main)
    txtInput = findViewById(R.id.txtInput)
    txtOutput = findViewById(R.id.txtOutput)
    btnExtract = findViewById(R.id.btnExtract)
    prepareExtractor()
    btnExtract.setOnClickListener {
        doExtraction()
    }
}
```

其中 prepareExtractor 這個輔助函式，只是用來確認 extrator 提取器模型是否已準備就緒：

```
fun prepareExtractor(){
    entityExtractor.downloadModelIfNeeded().addOnSuccessListener {
        extractorAvailable = true
    }
```

```
        .addOnFailureListener {
            extractorAvailable = false
        }
    }
```

當使用者按下按鈕時，就會調用 **doExtraction()** 這個函式；此時 extractor 提取器若已準備就緒，就會進行實體提取的程序，並更新輸出的結果：

```
    fun doExtraction(){
            if (extractorAvailable) {
                val userText = txtInput.text.toString()
                val params = EntityExtractionParams.Builder(userText)
                    .build()
                var outputString = ""
                entityExtractor.annotate(params)
                    .addOnSuccessListener { result: List ->
                        for (entityAnnotation in result) {
                            outputString += entityAnnotation.annotatedText
                            for (entity in entityAnnotation.entities) {
                                outputString += ":" + getStringFor(entity)
                            }
                            outputString += "\n\n"
                        }
                        txtOutput.text = outputString
                    }
                    .addOnFailureListener {
                    }
            }
        }
```

這就是整個 App 所需的程式碼了！這個 App 超級單純，因為我們只想讓你快速上手，盡快體驗到實體提取的功能。你自己也可以利用這些提取出來的實體，建立一些有用的功能，例如運用 Android Intent 的做法，啟動手機中其他的 App。使用者只要一點擊所提取的地址，就可以啟動地圖 App，或啟動可撥打電話的 App。這類的實體提取功能，當然也可以進一步支援像是 Google Assistant、Siri 或 Alexa 這類的智慧型助理功能。

手寫文字辨識

在觸控裝置上辨識手寫文字，也是很常見的一種應用場景；我們只要在觸控平面上隨手畫幾筆，裝置就可以把這些筆劃轉換成文字。舉例來說，圖 5-2 是我所建立的一個很簡單的 App，它可以辨識出我那醜得要命的手寫文字。

圖 5-2　用 ML Kit 來辨識手寫文字

我們就來探索一下，究竟需要哪些東西才能打造出這樣的 App。

建立 App

和之前一樣，請先在 Android Studio 建立一個單一 View 的全新 App（詳見第 3 章）。接下來還要修改 build.gradle 檔案，把 ML Kit 的 digital-ink-recognition（數位墨跡辨識）函式庫添加進去：

```
implementation 'com.google.mlkit:digital-ink-recognition:16.1.0'
```

此函式庫可支援世界上各種不同的語言，分別採用不同的模型，因此必須先下載正確的模型才能使用。這也就表示，一定要先修改 Android Manifest，讓 App 有權限可以存取網路與儲存空間，要不然 App 就無法取得模型了：

```
<uses-permission android:name="android.permission.ACCESS_NETWORK_STATE" />
<uses-permission android:name="android.permission.INTERNET" />
<uses-permission android:name="android.permission.WRITE_EXTERNAL_STORAGE" />
```

接著我們先來探索一下，如何實作出一個繪圖平面（surface），讓我們可以隨手寫一些手寫文字。

建立繪圖平面

最簡單的做法就是建立一個自定義 View，其中包含 Canvas 畫布，用來做為繪圖平面。

這裡並不會詳細介紹如何整合所有的東西（本書的程式碼已經全都放到 GitHub 了），不過很重要的是，當我們擷取使用者畫在螢幕上的筆劃、並在 canvas 畫布畫出這些筆劃時，也必須把這些筆劃添加到 ML Kit 的 strokeBuilder 物件中，進而構建出一個 Ink 物件，以做為模型的輸入，可進一步進行解析。如果你想瞭解更多關於自定義 View 的詳細資訊，可參見 *https://developer.android.com/guide/topics/ui/custom-components* 的內容。

如果想在使用者介面上畫東西，通常都要實作出三個方法，分別是——使用者剛開始碰到螢幕時會用到的 `touchStart()`、使用者在螢幕上拖動手指或觸控筆時會用到的 `touchMove()`，以及使用者把手指或觸控筆移開螢幕時會用到的 `touchUp()`。只要把這三個方法串起來，就可以構成一個筆劃（stroke）。這三種動作全都會被 View 的 `onTouchEvent` 方法擷取到，因此我們可以根據所偵測到的動作，分別調用不同的方法，其做法如下：

```
override fun onTouchEvent(event: MotionEvent): Boolean {
    motionTouchEventX = event.x
    motionTouchEventY = event.y
    motionTouchEventT = System.currentTimeMillis()

    when (event.action) {
        MotionEvent.ACTION_DOWN -> touchStart()
        MotionEvent.ACTION_MOVE -> touchMove()
        MotionEvent.ACTION_UP -> touchUp()
    }
    return true
}
```

使用者一開始觸碰螢幕，就有兩件事要做。第一件就是重新設定路徑（path，用來畫出你在螢幕上所畫的筆劃），並把 path 路徑的起點設為目前這個觸摸點。第二件事則是建立一個新的 strokeBuilder（筆劃構建器），同時擷取目前這個點的位置與時間，以便在隨後建立一個 Ink 物件，讓 ML Kit 可以進行解析：

```
private fun touchStart() {
    // 在螢幕上繪製筆跡時，就會用到這個 path 變數
    path.reset()
    path.moveTo(motionTouchEventX, motionTouchEventY)
    // 初始化一個 strokeBuilder，以便在隨後建立 Ink 物件供 MLKit 使用
    currentX = motionTouchEventX
    currentY = motionTouchEventY
    strokeBuilder = Ink.Stroke.builder()
    strokeBuilder.addPoint(Ink.Point.create(motionTouchEventX,
                                            motionTouchEventY,
                                            motionTouchEventT))
}
```

使用者在螢幕上拖動手指，就會調用 touchMove() 這個函式。它會更新 path 變數，進而更新螢幕上的畫面；它也會更新 strokeBuilder，這樣在隨後才能把目前的筆劃轉換成 ML Kit 可識別的 Ink 物件：

```
private fun touchMove() {
    val dx = Math.abs(motionTouchEventX - currentX)
    val dy = Math.abs(motionTouchEventY - currentY)
    if (dx >= touchTolerance || dy >= touchTolerance) {
        path.quadTo(currentX, currentY, (motionTouchEventX + currentX) / 2,
                    (motionTouchEventY + currentY) / 2)
        currentX = motionTouchEventX
        currentY = motionTouchEventY
     // 更新 strokeBuilder，以便在隨後轉換成 ML Kit 可解讀的 Ink 物件
        strokeBuilder.addPoint(Ink.Point.create(motionTouchEventX,
                                                motionTouchEventY,
                                                motionTouchEventT))
        extraCanvas.drawPath(path, paint)
    }
    invalidate()
}
```

最後當使用者把手指從繪圖平面上移開時，touchUp() 這個函式就會被調用。此時應該重設一下 path 變數，這樣下次要在螢幕上進行繪製時，就可以重新開始同樣的程序。至於 ML Kit 的部分，我們應該把使用者移開手指的位置當成最後一個點，把它添加到 strokeBuilder 中，然後再把所完成的筆劃（包括最開始觸摸的起點、移動期間所畫的每個點，以及最後觸摸結束時的終點）添加到 inkBuilder 之中：

```
private fun touchUp() {
    strokeBuilder.addPoint(Ink.Point.create(motionTouchEventX,
                                            motionTouchEventY,
                                            motionTouchEventT))
    inkBuilder.addStroke(strokeBuilder.build())
    path.reset()
}
```

如此一來，隨著時間推移，我們就會在螢幕上建立許多筆劃，inkBuilder 也會收集到一堆的筆劃。

如果想取得 inkBuilder 裡所有的筆劃，可以調用它的 build 方法來實現如下：

```
fun getInk(): Ink{
    val ink = inkBuilder.build()
    return ink
}
```

在你所下載到的程式碼中，我已經把所有的這些全都實作在 CustomDrawingSurface 這個自定義繪圖平面的程式碼中，你只要像下面這樣，直接把它添加到 Activity 的 Layout 版面中就可以了：

```
<com.odmlbook.digitalinktest.CustomDrawingSurface
    android:id="@+id/customDrawingSurface"
    android:layout_width="match_parent"
    android:layout_height="300dp" />
```

用 ML Kit 解析 Ink 物件

我們在前一節看到了一個可以讓使用者寫東西的自定義繪圖平面，所寫的筆劃全都會被擷取到一個 Ink 物件中。只要把這個 Ink 物件送入 ML Kit，就能把筆劃轉換成文字。執行此動作的步驟如下：

1. 根據所要使用的模型規格（例如模型所要辨識的語言），初始化一個 modelIdentifier 物件。
2. 根據 modelIdentifier 物件，建立一個指向模型的引用參照（reference）。
3. 用一個 remoteModelManager（遠端模型管理器）物件來下載模型。
4. 根據這個模型，建立一個 recognizer 辨識器物件。
5. 把 Ink 物件送入 recognizer 辨識器物件，再針對送回來的結果進行解析。

我們會把自定義繪圖平面放在一個 Activity 內，並用它來生成 Ink 物件，因此我們必須在這個 Activity 內執行所有的步驟。接著就來看看實際上是怎麼做的。

首先，我們會在 `initializeRegonition()` 這個函式內，建立一個 `DigitalInkRecognitionModelIdentifier` 物件實體，並用它來建立一個指向模型的引用參照，然後再進行下載：

```
fun initializeRecognition(){
    val modelIdentifier: DigitalInkRecognitionModelIdentifier? =
        DigitalInkRecognitionModelIdentifier.fromLanguageTag("en-US")
    model = DigitalInkRecognitionModel.builder(modelIdentifier!!).build()
    remoteModelManager.download(model!!, DownloadConditions.Builder().build())
}
```

請注意，在 `fromLanguageTag` 這個方法中，我們選擇以 `en-US` 做為語言代碼。因此可預期的是，這樣就會實作出一個有能力辨識美式英文的模型。如果想要查看完整的語言代碼列表，可參見 ML Kit 的數位墨跡（digital ink）範例 App（*https://oreil.ly/tHRS3*），其中有一些程式碼可連接到 ML Kit，下載當前可支援的語言代碼完整列表。

遠端模型管理器（remoteModelManager）一旦下載好模型，就可以用它來對 Ink 物件裡的筆劃進行辨識。我們會先調用 `DigitalInkRecognition` 物件的 `getClient` 方法，並送入剛剛所指定下載的模型，以建立一個 reconizer 辨識器：

```
recognizer = DigitalInkRecognition.getClient(
                    DigitalInkRecognizerOptions.builder(model!!).build() )
```

接著再從之前所建立的自定義繪圖平面中取得 Ink 物件：

```
val thisInk = customDrawingSurface.getInk()
```

然後就可以調用 recognizer 辨識器的 `recognize` 方法，把 Ink 物件送進去進行辨識。ML Kit 會把辨識結果送回來，只要利用成功或失敗事件監聽器，就可以取得文字辨識的結果：

```
recognizer.recognize(thisInk)
                .addOnSuccessListener { result: RecognitionResult ->
                    var outputString = ""
                    txtOutput.text = ""
                    for (candidate in result.candidates){
                        outputString+=candidate.text + "\n\n"
                    }
                    txtOutput.text = outputString
                }
                .addOnFailureListener { e: Exception ->
                    Log.e("Digital Ink Test", "Error during recognition: $e")
                }
```

如果辨識成功，就會取得一個 RecognitionResult 物件，其中包含許多候選的辨識結果。在這個範例中，我只會單純利用一個迴圈，把所有結果全都顯示出來。這些結果全都會根據相應的可能性，預先進行排序。

因此，只要回頭看一下圖 5-2，就可以看到我的手寫文字被判讀為很可能是「hello」（小寫的 h），其次是「Hello」，然後則是「hell o」（第二個「l」與「o」之間有一個空格）。

由於可支援多種語言，因此你如果想建立一個手寫介面，藉以理解使用者的輸入，這真的是一個非常好用的強大工具！

舉例來說，你可以看到我在圖 5-3 用中文寫了「你好」兩個字，而 App 確實把它解析成正確的文字了！

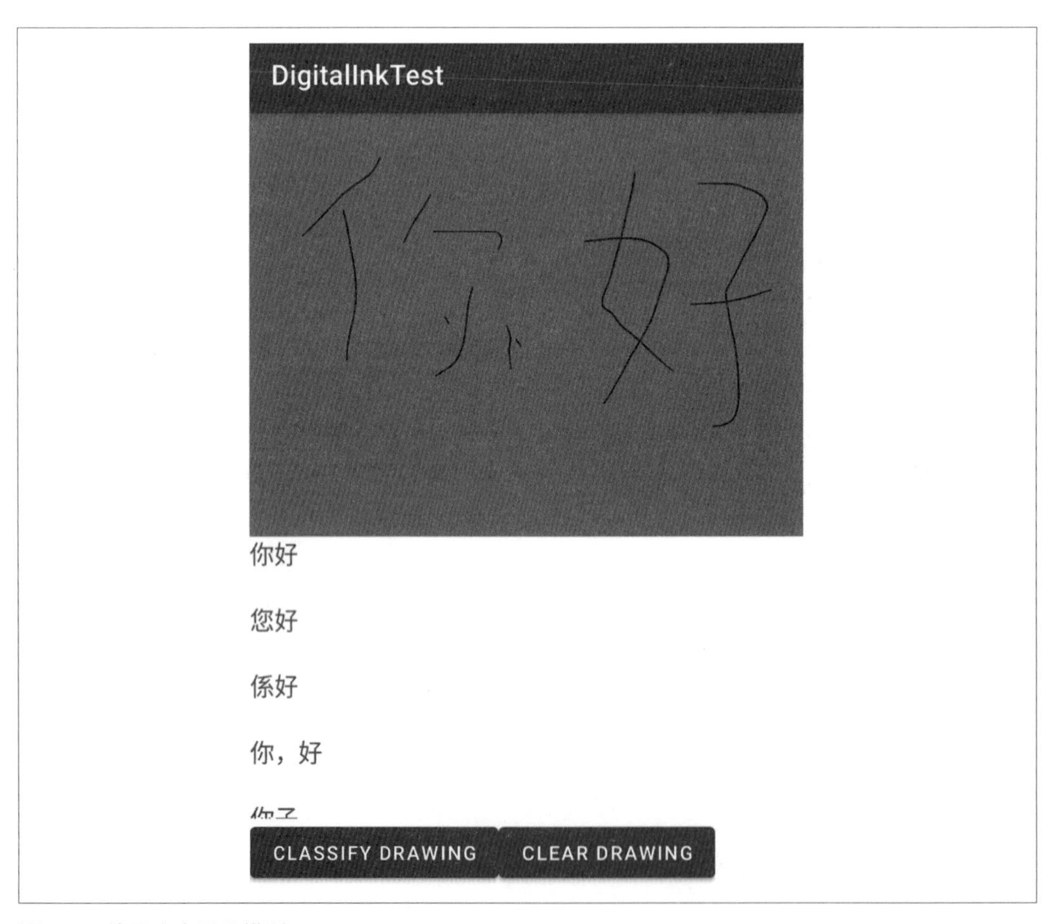

圖 5-3　使用中文語言模型

智慧型對話回覆

另一個可運用的現成模型範例，就是所謂的智慧型對話回覆（Smart Reply）模型。有了這個模型，只要給它一段對話內容，它就能琢磨出或許可以做出什麼樣的回覆。說不定你已經在許多網站與 App 看過這類的應用，如果你想進一步瞭解如何進行實作，或許這個 API 可做為一個不錯的起點。

圖 5-4 顯示的就是這個模型運行的情況。

SmartReplyTestApp

Me : Hi, good morning!
Nizhoni : Oh, hey -- how are you?
Me : Just got up, thinking of heading out for breakfast
Nizhoni : Want to meet up?
Me : Sure, what do you fancy?
Nizhoni : Just coffee, or do you want to eat?

我：嗨！早安！
Nizhoni：哦，嘿一你好嗎？
我：我剛起床，正想出去吃早餐
Nizhoni：想碰面嗎？
我：嗯，有什麼好想法嗎？
Nizhoni：就喝杯咖啡，還是你想吃點東西？

GENERATE REPLY

Sure, sounds good

嗯，聽起來不錯呀

圖 5-4　使用智慧型對話回覆

我在這裡模擬了一段我與朋友的對話，談論的是關於早餐的事。最後她問了我一個問題——「Just coffee, or do you want to eat?」（就喝杯咖啡，還是你想吃點東西？）當我按下「Generate Reply」（生成回覆）的按鈕時，所推薦的答案就是「Sure, sounds good」（嗯，聽起來不錯呀）。雖然它並沒有真正回答這個問題，不過也算是個不錯的回覆，因為它抓到了我的習慣說法——之前當我被問到是否想碰面時，我的回答就是「Sure, what do you fancy?」（嗯，有什麼好想法嗎？）後來這裡所生成的自動回覆，也採用了「Sure」這個詞做為開頭。

我們就來看看，這個 App 是如何打造出來的。

建立 App

和之前一樣，請先建立一個具有單一 Activity 的全新 App。如果你還不太熟悉怎麼做，請先回頭看看第 3 章瞭解一下相關的步驟。

接下來就可以把下面這行添加到 build.gradle 檔案中，把 smart-reply（智慧型對話回覆）函式庫包含進來：

```
implementation 'com.google.mlkit:smart-reply:16.1.1'
```

Gradle 同步之後，函式庫準備就緒，我們就可以開始寫程式了。

模擬一段對話

智慧型對話回覆 API 需要先取得一段對話（conversation），而且對話的最後一句必須是「別人」在說話。建立一段對話時，對話中的每個項目都要用 `TextMessage` 型別來表示，再把所有的對話項目添加到一個 `ArrayList` 之中。在建立這類的型別時，本地使用者（也就是你自己）使用的是 `createForLocalUser` 方法，遠端使用者（也就是你朋友）則是使用 `createForRemoteUser` 方法。調用正確的方法是很重要的事，因為這樣 API 才能分辨你與他人的區別，以便根據你的習慣說法生成智慧型對話回覆。

我寫了下面這樣的一段程式碼，來模擬之前的那段對話：

```
// Class 物件類別裡的變數
var outputText = ""
var conversation : ArrayList< TextMessage> = ArrayList< TextMessage>()

fun initializeConversation(){
    val friendName: String = "Nizhoni"
    addConversationItem("Hi, good morning!")
    addConversationItem("Oh, hey -- how are you?", friendName)
    addConversationItem("Just got up, thinking of heading out for breakfast")
    addConversationItem("Want to meet up?",friendName)
    addConversationItem("Sure, what do you fancy?")
    addConversationItem("Just coffee, or do you want to eat?", friendName)
    conversationView.text = outputText
}

private fun addConversationItem(item: String){
    outputText += "Me : $item\n"
    conversation.add(TextMessage.createForLocalUser(
                             item, System.currentTimeMillis()))
}
```

```
private fun addConversationItem(item: String, who: String){
    outputText += who + " : " + item + "\n"
    conversation.add(TextMessage.createForRemoteUser(
                                item, System.currentTimeMillis(),who))
}
```

這裡的 `initializeConversation()` 方法，會調用一個名為 `addConversationItem` 的函式，其中第一個參數是一個字串，可有可無的第二個參數則會採用我朋友的名字。然後這裡會以「多載」（overload）的方式來定義這個 `addConversationItem` 函式，如果只收到一個字串，就添加一個本地使用者的 `TextMessage`；如果收到兩個字串，則添加一個遠端使用者的 `TextMessage`。

`outputText` 就是稍後會添加到 TextView 的對話文字。

這樣一來我們就有了一段對話，其內容是由本地使用者或遠端使用者各自建立起來的 `TextMessage` 所組成，接下來就可以用它來進行預測，以生成相應的回覆文字。

生成智慧型對話回覆

本書的 GitHub 程式碼儲存庫裡就可以找到圖 5-4 所顯示的 App。在這個螢幕截圖中，可以看到一個「Generate Reply」（生成回覆）的按鈕——我們只要在這個按鈕相應的 `OnClickListener` 事件監聽器內，利用 `SmartReply.getClient()` 初始化一個智慧型對話回覆客戶端，就可以取得智慧型對話回覆的結果了。

只要把整段對話送進它的 `suggestReplies` 方法，並成功取得推測結果，就可取回一個 result 物件：

```
val smartReplyGenerator = SmartReply.getClient()

smartReplyGenerator.suggestReplies(conversation)
                   .addOnSuccessListener { result ->
}
```

這個 result 物件包含了一個建議回覆（suggestions）列表，其中每一個建議回覆都具有一個 text 文字屬性，其值就是所建議的回覆文字。因此，舉個例子來說，我們可以採用其中評分最高的回覆文字，來設定 EditText 控制元件的內容，做法如下：

```
txtInput.setText(result.suggestions[0].text.toString())
```

如果想要的話，也可以用迭代的方式遍歷每一個建議回覆，並製作出某種選擇工具，讓使用者可以自行選擇他們想採用的建議文字。

總結

我們已經在本章學會如何針對多種應用場景，使用一些現成可用的 ML 機器學習模型，處理各種文字相關的問題。一開始我們先學會查看一整段字串，並從中解析出一些常見的實體（例如地址與電話號碼）。接著我們探索了一個可擷取使用者手寫文字的 App，並利用 ML Kit 的模型，把手寫文字轉換成文字。最後我們快速瀏覽了智慧型對話回覆的功能，並建立了一個可運用 ML 機器學習模型的 App，針對一段對話給出一些建議的回覆文字！

這些全都是採用現成的模型，但這些模型確實可以讓你的 App 在運用機器學習方面，站上一個非常好的起跑點。以邏輯來看，接下來就應該進一步擴展，運用你自己的資料建立自定義模型——我們會在第 8 章開始探討這樣的做法。不過在隨後的第 6 章與第 7 章，我們還是會先根據前兩章的應用方式做為基礎，改用 iOS 的 Swift 來完成相同的視覺與文字應用！

第六章

善用 ML Kit 的電腦視覺 iOS App

第 3 章簡單介紹過 ML Kit，並教你如何讓 App 用它來偵測人臉。第 4 章則介紹如何在 Android 裝置中執行一些更複雜的應用場景，包括圖片的標記與分類，以及靜態圖片與動態影片的物體偵測。本章還是打算在相同應用場景下運用 ML Kit，不過這裡會開始改用 Swift，實作出一些具有相同功能的 iOS App。首先，就從圖片的標記與分類開始。

圖片標記與分類

圖片分類的概念，可說是電腦視覺的主要應用之一；只要給一張圖，電腦就會告訴我們圖裡有什麼東西。舉個最簡單的例子，只要給一張狗的圖片（如圖 6-1 所示），它就會告訴我們圖片中有一隻狗。

ML Kit 的圖片標記功能還可以提供一個列表，告訴你它在圖片中「看到」哪些東西，而且每一個都有相應的機率值。以圖 6-1 來說，它不只看到一隻狗，或許還看到了一隻寵物、一個房間、一件夾克等等。在 iOS 想打造出這種功能的 App 非常簡單，我們就來一步一步探索。

在撰寫本文的當下，用 Mac 的 iOS 模擬器執行 ML Kit 的 pods，可能會出現一些問題。不過我們還是可以直接在實際的手機中執行這個 App，或是把 Xcode 裡的「My Mac（designed for iPad）」（我的 Mac——專為 iPad 設計）設定為 App 的執行環境。

圖 6-1　用 iPhone 進行圖片分類的範例圖片

第 1 步：用 Xcode 建立 App

我們會用 Xcode 來建立 iOS App。請直接使用 Xcode 裡的 App 範本，並把設定中的介面類型（interface type）設為 Storyboard，程式語言（language）則設定為 Swift。如果你還不太熟悉這些步驟，請先回顧第 3 章介紹過的詳細內容。一開始可以幫 App 隨意取個名字，不過在這個例子中，我採用的是 MLKitImageClassifier 這個名字。完成後，請先關閉 Xcode。我們會在下一步新增一個 Podfile 檔案，並用它來安裝一些函式庫，完成後就會出現一個新檔案，讓你重新開啟 Xcode 回到此專案中。

第 2 步：建立 Podfile

開發環境一定要先安裝好 CocoaPods，才能進行此步驟。CocoaPods 是一個依賴關係的管理工具，可以把第三方函式庫輕鬆添加到你的 iOS App 中。由於 ML Kit 是由 Google 所提供，並沒有內建在 Xcode 中，因此你必須把它當成 CocoaPods 的一個「pod」添加到 App 之中。在 *http://cocoapods.org* 就可以找到 CocoaPods 的安裝說明，本書也會針對每個範例提供相應程式碼，告訴你該選用哪些合適的 pod[譯註]。

[譯註] M1 版本的 Mac 在安裝 cocoapods 時，或多或少會遇到一些問題。到 2022 年 2 月為止，用 homebrew 安裝 cocoapods 可說是最可靠的做法。以上資訊僅供參考，若有疑問還請自行 Google。

請在你所建立的專案目錄中，添加一個新檔案。把它取名為 Podfile，不加任何副檔名。保存好之後，專案的目錄結構應該就如圖 6-2 所示。

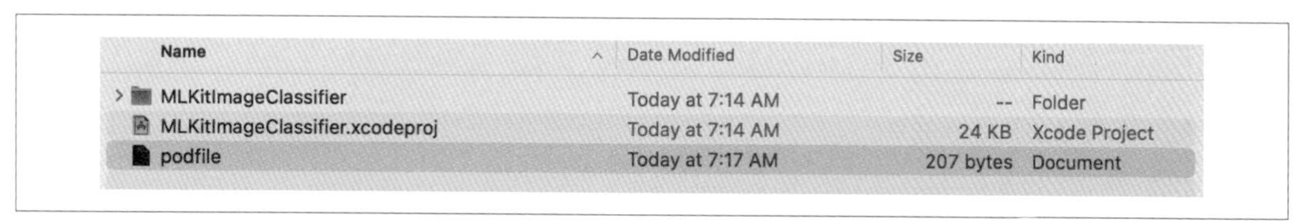

圖 6-2　把 Podfile 添加到專案資料夾

接著請編輯此檔案的內容如下：

```
platform :ios, '10.0'

target 'MLKitImageClassifier' do
        pod 'GoogleMLKit/ImageLabeling'
end
```

請特別留意 target 開頭那一行。在 target 後面的引號中，必須放入專案的名稱（以我的例子來說，就是 `MLKitImageClassifier`）；如果你採用了別的名稱，請務必修改成你所使用的專案名稱。

修改完並保存好之後，請用終端機程式進入這個資料夾。接下來請輸入 **`pod install`** 這個指令。然後你應該就會看到如圖 6-3 所示的輸出。

```
MLKitImageClassifier — -zsh — 80×31
Last login: Sun Feb 28 07:22:22 on ttys004
[laurence@laurences-mini ~ % cd Desktop                                        ]
[laurence@laurences-mini Desktop % cd MLKitImageClassifier                     ]
[laurence@laurences-mini MLKitImageClassifier % pod install                    ]
Analyzing dependencies
Downloading dependencies
Installing GTMSessionFetcher (1.5.0)
Installing GoogleDataTransport (8.0.1)
Installing GoogleMLKit (0.64.0)
Installing GoogleToolboxForMac (2.3.0)
Installing GoogleUtilities (7.1.1)
Installing GoogleUtilitiesComponents (1.0.0)
Installing MLKitCommon (0.64.2)
Installing MLKitImageLabeling (0.64.0)
Installing MLKitImageLabelingCommon (0.64.0)
Installing MLKitObjectDetectionCommon (0.64.0)
Installing MLKitVision (0.64.0)
Installing MLKitVisionKit (0.64.0)
Installing PromisesObjC (1.2.11)
Installing Protobuf (3.13.0)
Installing nanopb (2.30906.0)
Generating Pods project
Integrating client project

[!] Please close any current Xcode sessions and use `MLKitImageClassifier.xcwork
space` for this project from now on.
Pod installation complete! There is 1 dependency from the Podfile and 15 total p
ods installed.
laurence@laurences-mini MLKitImageClassifier %
```

圖 6-3 安裝 image classifier（圖片分類器）CocoaPod

你可以注意到最後面的訊息，要求你從現在開始要改用 *.xcworkspace* 檔案。之前我們在第一步建立專案時，是透過 *.xcproject* 檔案來開啟 Xcode 的專案。不過那個檔案並不會處理 pod 所包含進來的外部函式庫，而 *.xcworkspace* 則沒有這個問題。因此，接下來就應該使用這個 xcworkspace 檔案。我們就用這個檔案來重新開啟 Xcode 吧！

第 3 步：設定 Storyboard

專案內有一個叫做 *main.storyboard* 的 Storyboard 檔案，其中所定義的就是這個 App 的使用者介面。請添加一個 UIImageView，並把它的屬性設為 Aspect Fit（以維持長寬比的方式填滿畫面）。接下來再添加一個按鈕控制元件，並把文字改為「Do Inference」（進行推測）。最後再添加一個 UILabel 標籤，並用屬性檢查器（attributes inspector）把它的 Lines（行數）屬性設定為「0」，讓它可接受多行的文字。我們可以再調整一下標籤的大小，讓它佔有足夠大的空間。完成後的 Storyboard，應該就如圖 6-4 所示。

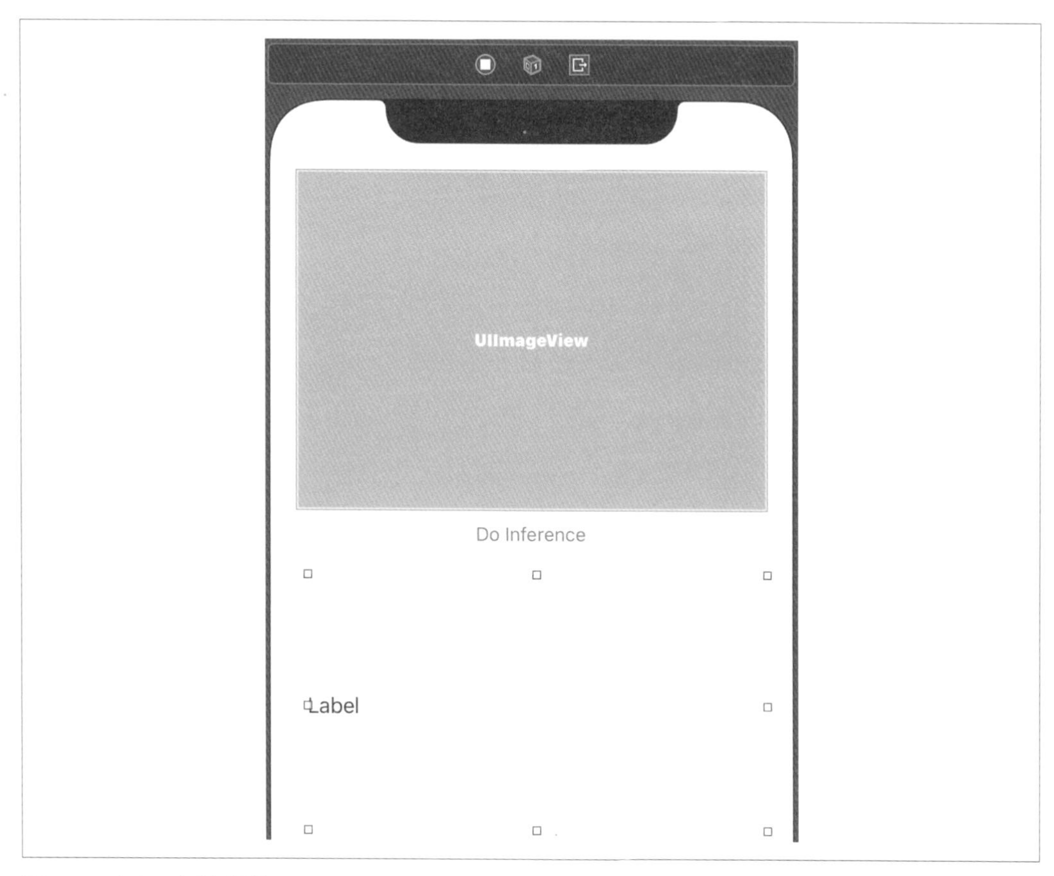

圖 6-4　建立一個簡單的 Storyboard

下一步必須針對圖片與標籤這兩個控制元件，各建立一個 outlet，另外再針對按鈕建立一個 action（動作）。請先開啟控制元件視窗，再把控制元件拖到 *ViewController.swift* 檔案中。如果你對這些操作還不太熟悉，請先參閱第 3 章的詳細說明範例。

究竟何時該用 outlet、何時又該用 action，這個問題總讓人感到很困惑，我本身則喜歡用以下的方式來思考這個問題。如果想要「讀取」或「寫入 / 設定」控制元件的屬性，我們需要的就是「outlet」。舉例來說，我們要「讀取」UIImageView 這個控制元件裡的圖片內容，以傳遞給 ML Kit 進行分類。我們還要把某些內容「寫入」UILabel 標籤，以顯示分類的結果。因此，從結果來看，這兩個控制元件都必須設定為 outlet，而且這些 outlet 的名稱，就是我們在程式碼中參照引用該控制元件的方法。如果程式碼必須回應使用者對控制元件所做的動作（例如按下按鈕），我們就必須採用 action。實際上只要把控制元件拖到程式碼編輯器中，就可以選擇要使用 outlet 還是 action；現在請用這樣的方式，分別針對 UIImageView 和 UILabel 建立兩個 outlet，並分別取名為 imageView 與 lblOutput。接著再針對按鈕建立一個 action。這個 action 可取名為 doInference。

完成之後，你的 *ViewController.swift* 檔案應該就如下所示：

```
import UIKit

class ViewController: UIViewController {

    @IBOutlet weak var imageView: UIImageView!
    @IBOutlet weak var lblOutput: UILabel!
    @IBAction func doInference(_ sender: Any) {
    }
    override func viewDidLoad() {
        super.viewDidLoad()
        // 載入 View 之後，可在此進行一些額外的設定。
    }

}
```

隨後我們還會繼續編寫這段程式碼，以實作出圖片分類的功能。不過在此之前，必須先取得一張可用來進行分類的圖片！你可以從自己的檔案系統內挑選任何一張圖片，直接把它拖進 Xcode 即可。請把圖片放入你專案內 Storyboard 所在的同一個資料夾。此時會跳出一個對話框，要求你選擇一些選項。這裡只要維持預設值即可，不過請記得勾選專案名稱旁邊的「Add to targets」（添加到目標）。這樣才能把圖片編譯到你的 App 內，以便在執行階段順利載入這張圖片。

第 4 步：編寫 ViewController 的程式碼，以善用 ML Kit 的功能

目前你的 App 什麼事都不會做；圖片還沒載入，按下按鈕的處理程式碼也還沒寫好。本節就來打造這些功能吧！

首先，如果要載入圖片，就要在 viewDidLoad 函式內添加一些程式碼。每當 App 首次啟動時，都會載入這個函式。載入圖片的做法很簡單，只要設定 imageView 的 .image 屬性即可：

```
// 當 View 確實載入後，就要載入圖片。
// 我們可以在這裡做這件事
override func viewDidLoad() {
    super.viewDidLoad()
    // 載入 View 之後，可在此進行一些額外的設定。
    imageView.image = UIImage(named:"fig6-1dog.jpg")
}
```

如果這時候執行一下 App，圖片就會被秀出來，不過並不會發生任何其他事情。使用者通常會去嘗試按下按鈕，因此我們當然要對這個動作做出回應。我們之前已設定了一個叫做 `doInference` 的 action，現在就讓它去調用一個名為 `getLabels` 的函式，然後用 `imageView` 裡的圖片來做為其參數：

```
@IBAction func doInference(_ sender: Any) {
    getLabels(with: imageView.image!)
}
```

這時候 Xcode 會報錯，因為我們還沒實作出這個函式。沒關係——這就是我們接下來要做的事。這個函式的工作就是取得圖片並把它丟給 ML Kit，然後再取回一組標籤。因此，在編寫後續的程式碼之前，必須先確認已引入相應的 ML Kit 函式庫。請把以下幾行程式碼，添加到 *ViewController.swift* 檔案的最前面：

```
// 匯入 MLKit Vision 與 Image Labeling 函式庫
import MLKitVision
import MLKitImageLabeling
```

用 ML Kit 來進行圖片標記時，必須進行以下幾個動作：

- 把圖片轉換成 VisionImage 型別。
- 針對圖片標記器（image labeler）設定一些選項，並用這些選項進行初始化。
- 調用圖片標記器，並透過 callback 回調函式以非同步方式擷取成功 / 失敗事件。

首先，為了把圖片轉換成 `VisionImage`，我們寫了下面這段程式碼：

```
let visionImage = VisionImage(image: image)
visionImage.orientation = image.imageOrientation
```

接著要針對圖片標記器（labeler）設定一些選項（options），然後進行初始化的動作。在這裡的例子中，我們盡量保持簡單，只設定了 confidence threshold（信心度門檻值）這個選項。雖然這個圖片標記器可以標出圖片中的許多東西，但我們的目標只需要送回高於某特定機率的結果就可以了。舉例來說，圖 6-1 這張圖片雖然是一隻狗，但它其實也有略高於 0.4（即 40%）的機率可能是一隻貓！如果想看到這個結果，只要把信心度門檻值設定為 0.4 即可：

```
let options = ImageLabelerOptions()
options.confidenceThreshold = 0.4
let labeler = ImageLabeler.imageLabeler(options: options)
```

現在我們有了圖片標記器（labeler），也有一張符合所需格式的圖片（visionImage），就可以把圖片送入圖片標記器了。這是個非同步的操作，因此在處理過程中，並不需要把使用者介面鎖定起來。這裡的做法是指定一個 callback 回調函式；模型推測完成後，就會調用這個 callback 回調函式。圖片標記器會送回來兩個物件：一個就是所推測的「標籤」（labels），另一個則是在出現問題時相應的「錯誤」（error）。我們可以把這兩個物件傳遞給某個函式（在本例中就是 processResult）以便進行後續的處理：

```
labeler.process(visionImage) { labels, error in
    self.processResult(from: labels, error: error)
}
```

為方便起見，下面列出了 getLabels 函式的完整程式碼：

```
// 使用者只要按下按鈕，就會調用這個函式
func getLabels(with image: UIImage){
    // 從 UIImage 元素取得圖片
    // 並設定其橫豎方向
    let visionImage = VisionImage(image: image)
    visionImage.orientation = image.imageOrientation

    // 針對圖片標記器設定選項，把信心度
    // 門檻值設定為 0.4，這樣就會忽略掉
    // 機率值小於等於 0.4 的所有項目
    let options = ImageLabelerOptions()
    options.confidenceThreshold = 0.4

    // 用這些選項來初始化 labeler 圖片標記器
    let labeler = ImageLabeler.imageLabeler(options: options)

    // 接著讓圖片標記器去處理圖片，處理完之後再回頭調用
    // callback 回調函式去執行 self.processResult()
    labeler.process(visionImage) { labels, error in
        self.processResult(from: labels, error: error)
  }
}
```

圖片標記器完成工作後，就會回頭調用 processResult 函式。剛輸入前面這段程式碼時，Xcode 可能會報錯，因為目前還找不到這個函式。我們接著就來進行實作吧！

ML Kit 送回來的標籤集合（labels），是一個由 `ImageLabel` 物件所組成的陣列。因此我們必須把函式裡 `from` 參數的型別設定為 ImageLabel。這些物件都有個 `text` 屬性，代表標籤相應的文字（也就是像 `cat` 這樣的文字），還有 confidence（信心度）屬性，代表標籤與這張圖片比對相符的機率（也就是像 0.4 這樣的數字）。我們可以用迭代的方式遍歷整個集合，再利用這些值構建出一段字串。然後，只要把 `lblOutput` 的 text 文字屬性設定為這段字串就可以了。下面就是完整的程式碼：

```
// 圖片標記器 labeler 的 callback 回調函式會調用此函式
func processResult(from labels: [ImageLabel]?, error: Error?){
    // 我們用這個字串來存放所有的標籤
    var labeltexts = ""
    // 先檢查有沒有正確取得標籤
    guard let labels = labels else{
        return
    }
    // ... 如果有的話，就對標籤集合進行迭代操作
    // 以取得標籤相應的文字與信心度的值
    for label in labels{
        let labelText = label.text + " : " +
                        label.confidence.description + "\n"
        labeltexts += labelText
    }
    // 全部處理完成之後，就可以用這個代表
    // 標籤列表內容的字串，更新使用者介面
    lblOutput.text = labeltexts
}
```

這就是所需要的全部程式碼了！現在只要執行 App 並按下按鈕，就可以看到類似圖 6-5 的結果。

你可以看到，雖然 ML Kit 有 99% 的把握，確定它看到的是一隻狗，不過它也有 40% 的信心，認為它看到的可能是一隻貓！

這只不過是個超級簡單的 App，會有這樣的結果應該很容易理解，但我們希望這個 App 可做為 ML Kit 的一個示範應用，只要短短幾行程式碼，就可以在 iOS 快速又輕鬆使用圖片標記的功能！

圖 6-5　用這個 App 對小狗圖片進行推測

物體偵測

接著我們再進一步，探索另一個與圖片分類很類似的應用場景。我們希望 App 不只能辨識圖片中的「物體」，還能辨識物體在圖片中的「位置」，並用矩形邊框標示出來。

圖 6-6 就是一個例子。App 看到這張圖片之後，偵測出其中有三個物體。

圖 6-6　iOS 的物體偵測 App

第 1 步：建立 App

建立這個 App 非常簡單。請像之前一樣，先建立一個全新的 iOS App。你可以隨便取個喜歡的名字，不過請務必在新專案的設定對話框中，選用 Swift 與 Storyboard 的選項。在這個例子中，我把專案取名為 *MLKitObjectDetector*。

接著必須在專案的目錄下建立一個 Podfile 檔案，做法和前一節相同，不過這次要指定使用 ML Kit 的物體偵測（object detection）函式庫，而不是圖片標記（image labeling）函式庫。你的 Podfile 檔案內容應該就像下面這樣：

```
platform :ios, '10.0'
# 如果你並未使用 Swift，而且不想使用動態框架，
# 請把下一行註解掉
use_frameworks!


target 'MLKitObjectDetector' do
        pod 'GoogleMLKit/ObjectDetection'
end
```

請注意，target 的設定應該採用你在 Xcode 所建立的專案名稱（以我的例子來說，就是 *MLKitObjectDetector*），而 pod 應該就是 *GoogleMLKit/ObjectDetection*。

建立好 Podfile 檔案之後，請執行 `pod install` 下載所需的依賴項目，然後就可以得到一個新的 *.xcworkspace* 檔案。請開啟這個檔案，繼續後面的操作。

第 2 步：在 Storyboard 建立使用者介面

這個 App 比之前那個圖片標記 App 更簡單，只會使用到兩個 UI 元件——一個是用來顯示圖片的 UIImageView，我們會針對它執行物體偵測，並直接在上面畫出矩形邊框；另一個則是按鈕，使用者一按下按鈕就會觸發物體偵測。因此，請把一個 UIImageView 與一個按鈕添加到 Storyboard 之中。順便編輯一下按鈕，把文字改成「Detect Objects」（偵測物體）。完成這些動作之後，你的 Storyboard 應該就如圖 6-7 所示。

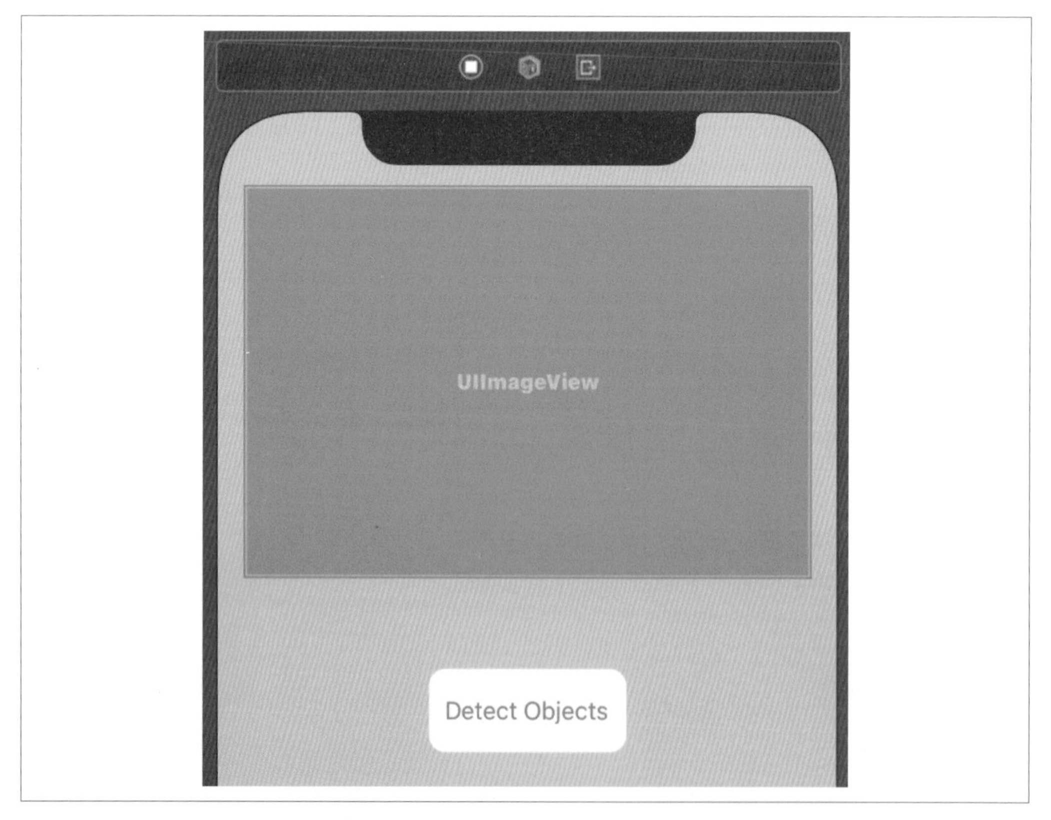

圖 6-7　物體偵測 App 的 Storyboard

我們會針對 UIImageView 建立一個 outlet，並針對按鈕建立一個 action（動作）。如果你還不太熟悉怎麼做，建議先回到第 3 章跟著範例做一遍，或是參考本章前面圖片標記的做法。

完成以上動作之後，在 *ViewController.swift* 檔案裡就會定義好一個 outlet 和一個 action，看起來應該像下面這樣：

```
import UIKit

class ViewController: UIViewController {
    @IBOutlet weak var imageView: UIImageView!
    @IBAction func doObjectDetection(_ sender: Any) {
    }

    override func viewDidLoad() {
        super.viewDidLoad()
        // 載入 view 之後，可進行一些額外的設定。
    }


}
```

在前面的程式碼中，我把 UIImageView 的 outlet 取名為 `imageView`，按下按鈕的 action 則取名為 `doObjectDetection`。

接著還要把圖片添加到專案中，這樣才能把圖片載入到 UIImageView。在這個範例中，我用了一張名為 *bird.jpg* 的圖片；在 `viewDidLoad()` 裡負責載入圖片的程式碼如下：

```
imageView.image = UIImage(named: "bird.jpg")
```

第 3 步：建立標註 Subview

從 ML Kit 取回所偵測到的物體之後，接下來就要在圖片上畫出相應的矩形邊框。我們想在偵測物體之前，先確認圖片上確實可以畫東西。如果想在圖片上畫東西，就必須在圖片上方放一個 Subview。這個 Subview 是透明的，隨後我們會用它來畫出矩形邊框。由於這個 Subview 會被放在圖片的上方，而且矩形邊框以外的其他部分全都是透明的，所以結果看起來就像是把矩形邊框畫在圖片上的感覺。

請在 *ViewController.swift* 的程式碼中，把這個 Subview 宣告為 UIView 類型。Swift 程式碼在建立 View 實體時，可指定先決條件（precondition；例如「View 已載入完成」），這樣就可確保前面那個包含圖片的 UIImageView 載入完成後，才會接著載入這個用來標註邊框的 Subview，如此一來，後面的 Subview 就會自動放在前一個 View 的上面了！請參見下面的程式碼：

```
/// 用來呈現物體邊框的覆蓋層 Subview。
private lazy var annotationOverlayView: UIView = {
  precondition(isViewLoaded)
  let annotationOverlayView = UIView(frame: .zero)
  annotationOverlayView
      .translatesAutoresizingMaskIntoConstraints = false
  return annotationOverlayView
}()
```

只要做好以上的宣告，就可以在 viewDidLoad 函式內進行實體化並進行相關的設定，把它當成一個 Subview 添加到 imageView 之中。我們還會用 NSLayoutConstraint 來啟用（activate）這個 View，以確保它與 imageView 的尺寸大小是相符的：

```
override func viewDidLoad() {
        super.viewDidLoad()
        // 載入 view 之後，可進行一些額外的設定。
        imageView.image = UIImage(named: "bird.jpg")
        imageView.addSubview(annotationOverlayView)
        NSLayoutConstraint.activate([
          annotationOverlayView.topAnchor.constraint(
              equalTo: imageView.topAnchor),
          annotationOverlayView.leadingAnchor.constraint(
              equalTo: imageView.leadingAnchor),
          annotationOverlayView.trailingAnchor.constraint(
              equalTo: imageView.trailingAnchor),
          annotationOverlayView.bottomAnchor.constraint(
              equalTo: imageView.bottomAnchor),
        ])

    }
```

第 4 步：執行物體偵測

在使用 ML Kit 的物體偵測 API 之前，必須先把相應函式庫包含到你的程式碼檔案中。做法如下：

```
import MLKitVision
import MLKitObjectDetection
```

然後，請在使用者按下按鈕的 action 中，添加以下的程式碼：

```
runObjectDetection(with: imageView.image!)
```

此時 Xcode 會報錯，因為目前這個函式還沒建立起來。沒關係。我們現在就來建立吧！請在你的 *ViewController.swift* 檔案中，建立這個 `runObjectDetection` 函式：

```
func runObjectDetection(with image: UIImage){
}
```

與本章之前的圖片標記做法很類似的是，利用 ML Kit 執行物體偵測的程序非常簡單：

- 把圖片轉換成 `VisionImage`。
- 根據所選擇的選項，建立一個 options 物件，再用這些選項建立一個物體偵測器（object detector）實體。
- 把圖片送入物體偵測器，並用 callback 回調函式來擷取回應。

接著我們就來看看，如何在剛才所建立的函式內完成以上這些步驟。首先，把你的圖片轉換成 `VisionImage`：

```
let visionImage = VisionImage(image: image)
```

接著建立一個 options 選項物件，再用它來建立一個物體偵測器實體：

```
let options = ObjectDetectorOptions()
options.detectorMode = .singleImage
options.shouldEnableClassification = true
options.shouldEnableMultipleObjects = true
let objectDetector = ObjectDetector.objectDetector(
                                options: options)
```

至於有哪些可使用的選項，請參見 ML Kit 的文件；這裡都是採用一些很常用的選項。`shouldEnableClassification` 這個選項若設為 true，偵測結果不但會有物體的矩形邊框，還會有 ML Kit 針對物體進行分類的結果。不過，這裡所採用的基本模型，只能分辨出五種很普通的物體類型（例如 Fashion Item「時尚品」或 Food Item「食品」），所以請不要有過高的期待！至於 `shouldEnableMultipleObjects` 這個選項如果設為 true，顧名思義，這樣就可以偵測出多個物體，例如圖 6-6 就偵測到三個物體（一隻鳥與兩朵花），而且也畫出了相應的矩形邊框。

最後只要把圖片送入物體偵測器，就可以推測出圖片中有哪些物體，並送回相應的標籤與邊框。這裡是一個非同步的回調函式，我們只要在裡頭指定一個函式，推測完成時就會自動進行調用。ML Kit 會送回來一個 `detectedObjects` 列表與一個 error 物件，接下來只要把這些結果，送入我們馬上要建立的一個函式就可以了：

```
objectDetector.process(visionImage)
    { detectedObjects, error in
       self.processResult(from: detectedObjects, error: error)
    }
```

第 5 步：callback 回調函式的相應處理

我們在上一步的 callback 回調函式中，用到了一個叫做 `processResult` 的函式，現在就來建立這個函式。這個函式有兩個參數，其中的 `from:` 參數 `detectedObjects` 是一個由 `Object` 物件所組成的陣列；`error:` 參數則是一個 `Error` 物件。程式碼如下：

```
func processResult(from detectedObjects: [Object]?,
                   error: Error?){
}
```

一開始可以先判斷一下，如果 `detectedObjects` 陣列是空的就直接退出，這樣我們就不用浪費時間去嘗試繪製或更新覆蓋層了：

```
guard let detectedObjects = detectedObjects else{
    return
}
```

如果確實有偵測到物體，就可以用迭代方式處理每一個物體，並畫出相應的矩形邊框。

這個回調函式會收集每一個物體的矩形邊框，其處理過程比本章之前所探討的圖片分類做法稍微複雜一些。這是因為我們在螢幕所呈現的圖片，有可能與原始圖片本身的尺寸並不相同。當我們把圖片送往 ML Kit 時，送過去的是完整的原始圖片，因此所取回的邊框也都是相對於原始圖片。如果這樣你還是無法瞭解，可以用下面的方式思考一下。你想想看，假設你的圖片是 10,000 × 10,000 像素。而你在螢幕上所呈現的內容，則有可能是 600 × 600 像素。ML Kit 送回邊框時，這些邊框都是相對於 10,000 × 10,000 的圖片，因此我們必須把所有的邊框，全都轉換成可以在螢幕上正確顯示的座標。

也就是說，我們必須先計算出一個圖片的轉換矩陣，以計算出轉換之後的矩形座標。

以下就是完整的程式碼。這裡並不打算進行詳細的介紹，不過重點就是先取得相應圖片的大小，再把它縮放至 UIImage 控制元件所呈現的圖片大小：

```
private func transformMatrix() -> CGAffineTransform {
    guard let image = imageView.image else {
           return CGAffineTransform() }
    let imageViewWidth = imageView.frame.size.width
    let imageViewHeight = imageView.frame.size.height
    let imageWidth = image.size.width
```

```
    let imageHeight = image.size.height

    let imageViewAspectRatio =
      imageViewWidth / imageViewHeight
    let imageAspectRatio = imageWidth / imageHeight
    let scale =
      (imageViewAspectRatio > imageAspectRatio)
        ? imageViewHeight / imageHeight :
          imageViewWidth / imageWidth

    // imageView 的 contentMode（內容模式）為 scaleAspectFit，
    // 在這樣的設定下，會針對圖片進行縮放，以符合 imageView 的大小，
    // 並且同時維持住原本的長寬比例。
    // 只要乘以 scale 的值，就可以對原始圖片進行縮放。
    let scaledImageWidth = imageWidth * scale
    let scaledImageHeight = imageHeight * scale

     let xValue =
      (imageViewWidth - scaledImageWidth) / CGFloat(2.0)

     let yValue =
      (imageViewHeight - scaledImageHeight) / CGFloat(2.0)

    var transform = CGAffineTransform.identity.translatedBy(
                    x: xValue, y: yValue)
    transform = transform.scaledBy(x: scale, y: scale)
    return transform
}
```

這樣就可以對圖片座標進行轉換了，接下來我們會以迭代的方式，從結果取出每個物體進行轉換。這裡會用迴圈來處理偵測到的每一個物體，並利用相應的 frame 屬性來完成轉換，其中的這個 frame 屬性，就包含了矩形邊框相關的一些詳細資訊。

有了剛剛所建立的轉換矩陣，迴圈內的轉換工作就變得很簡單了：

```
for obj in detectedObjects{
    let transform = self.transformMatrix()
    let transformedRect = obj.frame.applying(transform)
}
```

把矩形邊框轉換成與螢幕圖片相匹配的座標之後，就可以進行繪製了。之前我們建立了一個與圖片大小相一致的標註用覆蓋層 Subview。只要再把矩形邊框當成 Subview 添加到覆蓋層中，就可以畫出這些矩形邊框了。程式碼如下：

```
self.addRectangle(transformedRect,
                  to: self.annotationOverlayView)
```

目前這個 addRectangle 函式還沒有建立起來，不過建立的過程其實非常簡單。只要建立一個大小與矩形相同的新 UIView，再把它當成一個 Subview 添加到所指定的 View 中即可。在這個例子中，所指定的 View 其實就是 annotationOverlayView 這個覆蓋層。

程式碼如下：

```
private func addRectangle(_ rectangle: CGRect,
                          to view: UIView) {

    let rectangleView = UIView(frame: rectangle)
    rectangleView.layer.cornerRadius = 2.0
    rectangleView.layer.borderWidth = 4
    rectangleView.layer.borderColor = UIColor.red.cgColor
    view.addSubview(rectangleView)
}
```

全部就是這樣了！現在我們已建立一個 App，可辨識出圖片中的物體，並標示出相應的矩形邊框。建議你可以嘗試改用不同的圖片，探索一下這個 App 的功能。

這個 App 可進行分類的種類數量非常有限，不過既然取得了矩形邊框，就可以用它來對原始圖片進行裁切，再把裁切後的圖片送入圖片標記器，即可取得更細緻的分類結果了！我們接著就來繼續探索這樣的做法。

「物體偵測」結合「圖片分類」

之前的範例展示了如何進行物體偵測，並取得圖片裡各個物體的邊框。由於所採用的是 ML Kit 的基本模型，因此只能使用少數幾種類別（例如 Fashion good「時尚品」、Food good「食品」、Home good「家居商品」、Place「場所」、Plant「植物」等等）對物體進行分類。不過，這個 App 確實可偵測出圖片中的不同物體（例如在之前的範例中，我們在圖片裡偵測到一隻鳥與兩朵花）。它目前只是無法針對各個物體，做出很細緻的分類而已。

如果想進行更細緻的分類，其實可以嘗試把物體偵測與圖片分類的功能結合起來。由於可取得圖片中各個物體的邊框，因此當然也可以進一步從圖片中裁剪出只包含相應物體的子圖，然後再運用圖片標記的做法，針對各個子圖取得更詳細的資訊。

因此，我們可以修改一下處理程序，先根據每個物體的 frame 屬性裁剪圖片，再把裁剪後的圖片載入到一個叫做 croppedImage 的全新 UIImage 中，做法如下：

```
guard let cutImageRef: CGImage =
    theImage?.cgImage?.cropping(to: obj.frame)
    else {break}

let croppedImage: UIImage = UIImage(cgImage: cutImageRef)
```

圖片標記 API 需要的是 VisionImage 物件，這個部分和之前的說明完全相同。因此，裁剪過的圖片 UIImage 可進行如下的轉換：

```
let visionImage = VisionImage(image: croppedImage)
```

然後我們要建立一個圖片標記器（ImageLabeler）實體。下面這段程式碼就會建立一個信心度門檻值為 0.8 的圖片標記器實體：

```
let options = ImageLabelerOptions()
options.confidenceThreshold = 0.8
let labeler = ImageLabeler.imageLabeler(options: options)
```

接著只要把 VisionImage 物件送入圖片標記器，並在 callback 回調函式中，指定一個函式來接手處理回應結果即可：

```
labeler.process(visionImage) {labels, error in
    self.processLabellingResult(from: labels, error: error)
}
```

接下來這個函式會根據每個物體的推測標籤進行處理，做法上與之前並沒有什麼不同。

影片中的物體偵測與追蹤

即時影片其實也可以用覆蓋層來標出物體的邊框；雖然示範相關做法已超出本書範圍，但本書程式碼儲存庫中的「Chapter6ObjectTracking」範例 App 的確實現了這樣的功能。它會運用到 Apple 的 CoreVideo 與 AVFoundation 裡的 AVCaptureVideoPreviewLayer 和 AVCaptureSession，以取得相機的即時預覽畫面。

擷取到的畫面會被委託給 ViewController 的一個擴展函式（extension）去進行處理，它可以從 AVCaptureSession 所衍生的 AVCaptureConnection 擷取到每一幀畫面。

這裡要展示的重點，就是如何把影片中一幀一幀的畫面送入 ML Kit，並取回物體偵測的結果。然後我們再運用這些送回來的結果，把矩形邊框覆蓋到即時影片的畫面上。

在建立 App 時，只要是透過 Apple 的 AVFoundation 來使用即時預覽影片，我們就可以去實作一個叫做 captureOutput 的委託函式；這個函式會收到一個叫做 sampleBuffer

的參數，其中就包含某一幀畫面的詳細內容。我們可以利用這個 sampleBuffer 來建立 `VisionImage` 物件，再送入 ML Kit 的物體偵測 API，其做法如下：

```
func captureOutput(_ output: AVCaptureOutput,
                   didOutput sampleBuffer: CMSampleBuffer,
                   from connection: AVCaptureConnection) {

  guard let imageBuffer = CMSampleBufferGetImageBuffer(sampleBuffer)
        else {
            print("Failed to get image buffer from sample buffer.")
            return
        }

  lastFrame = sampleBuffer
  let visionImage = VisionImage(buffer: sampleBuffer)
  let orientation = UIUtilities.imageOrientation(
      fromDevicePosition: .back
  )

  visionImage.orientation = orientation
  let imageWidth = CGFloat(CVPixelBufferGetWidth(imageBuffer))
  let imageHeight = CGFloat(CVPixelBufferGetHeight(imageBuffer))
  let shouldEnableClassification = false
  let shouldEnableMultipleObjects = true
  let options = ObjectDetectorOptions()
  options.shouldEnableClassification = shouldEnableClassification
  options.shouldEnableMultipleObjects = shouldEnableMultipleObjects
  detectObjectsOnDevice(
      in: visionImage,
      width: imageWidth,
      height: imageHeight,
      options: options)
  }
```

委託函式裡有一個叫做 sampleBuffer 的參數，它其實就是所擷取到的畫面。我們會用它來取得相應畫面的 imageBuffer。

我們也可以用以下的做法，把這個 sampleBuffer 轉換成 `VisionImage` 型別：

```
let visionImage = VisionImage(buffer: sampleBuffer)
```

如果想要追蹤影片中的物體，就必須停用物體分類的功能，並啟用多物體偵測的功能。下面幾行就可以做好這些設定：

```
let shouldEnableClassification = false
let shouldEnableMultipleObjects = true
```

```
let options = ObjectDetectorOptions()
options.shouldEnableClassification = shouldEnableClassification
options.shouldEnableMultipleObjects = shouldEnableMultipleObjects
```

現在既然有了所需的圖片、尺寸與相應的選項（options），我們就可以調用輔助函式來進行物體偵測了：

```
detectObjectsOnDevice(
    in: visionImage,
    width: imageWidth,
    height: imageHeight,
    options: options)
}
```

這個輔助函式的工作，就是調用 ML Kit 偵測出畫面中的物體，然後計算出每個物體的邊框，再把這些邊框連同相應的追蹤 ID 一起呈現出來。

首先第一步就是要偵測物體：

```
let detector = ObjectDetector.objectDetector(options: options)
var objects: [Object]
do {
    objects = try detector.results(in: image)
} catch let error {
    print("Failed with error: \(error.localizedDescription).")
    return
}
```

只要有偵測到物體，其邊框就會被存放在 `object.frame`。這裡還要進行歸一化轉換，才能繪製到預覽畫面的覆蓋層中；只要把座標與長寬的值分別除以原圖的長與寬，就完成歸一化的計算了：

```
for object in objects {
    let normalizedRect = CGRect(
          x: object.frame.origin.x / width,
          y: object.frame.origin.y / height,
          width: object.frame.size.width / width,
          height: object.frame.size.height / height
)
```

預覽層本身提供了一個方法，可以把歸一化過的矩形轉換成預覽層的座標，因此只要像下面這樣，就可以把矩形邊框添加到預覽層了：

```
let standardizedRect = strongSelf.previewLayer.layerRectConverted(
  fromMetadataOutputRect: normalizedRect
).standardized
```

```
    UIUtilities.addRectangle(
      standardizedRect,
      to: strongSelf.annotationOverlayView,
      color: UIColor.green
    )
```

（UIUtilities 是一個內含許多公用輔助函式的物件類別，在本書的程式碼儲存庫裡就可以找到相應的程式碼。）圖 6-8 就是這個 App 在 iPhone 上執行的情況。

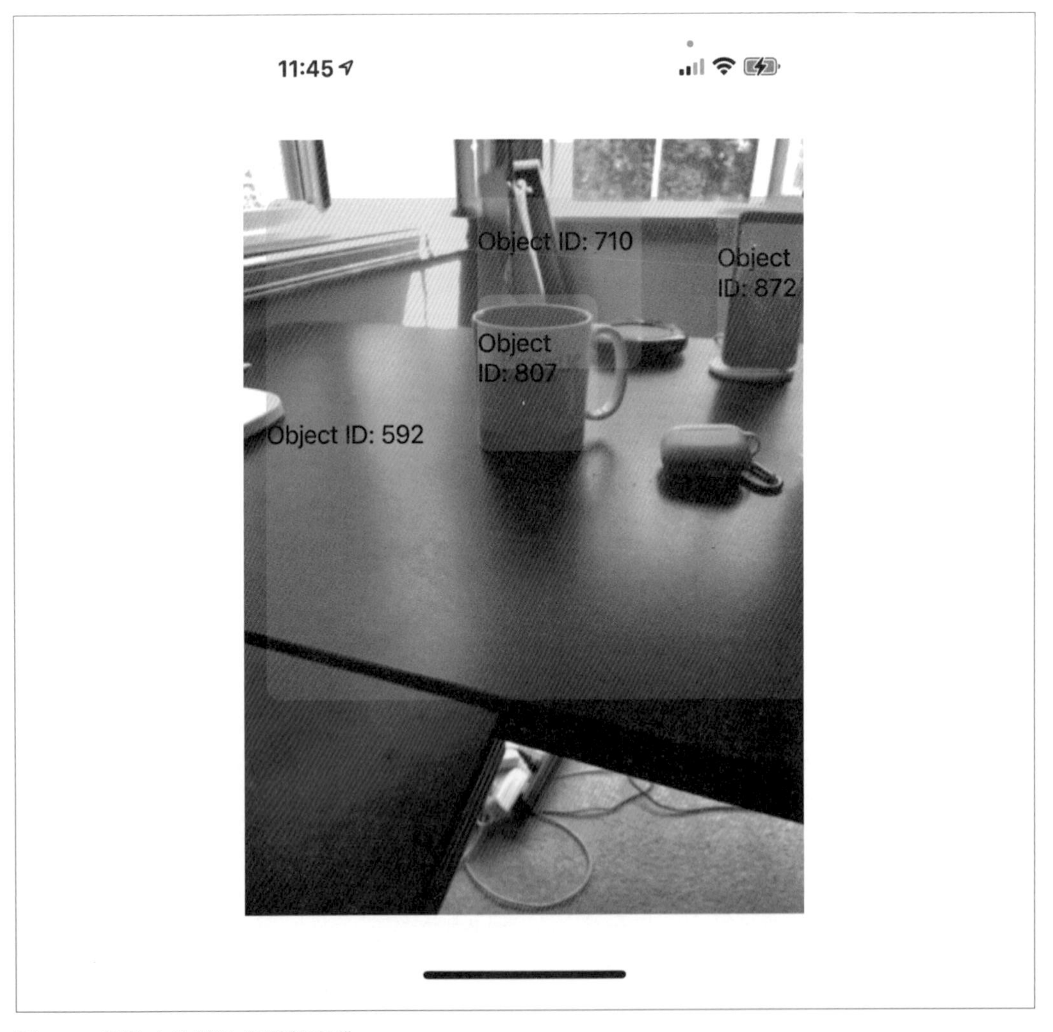

圖 6-8　影片中物體的偵測與追蹤

只要有了這些工具，我們應該就有能力在 iOS 使用 Swift，運用 ML Kit 建立起一些基本的電腦視覺應用了。我們在第 11 章還會介紹如何使用自定義模型，到時候就不再只能仰賴 ML Kit 的基本模型！

總結

我們在本章已經學會，如何利用 ML Kit 來善用各種電腦視覺演算法（包括圖片標記與物體偵測）。我們也學會如何把這些功能組合起來，進一步擴展 ML Kit 的基本模型，藉由物體偵測所送回來的物體邊框，對其中的物體進行更細緻的分類。我們也看到如何把物體偵測運用到即時影片中，並簡單介紹如何在即時影片中製作出物體邊框的範例！我們所構建的 App 只要使用到圖片，無論是要進行分類、還是要偵測出其中的物體，本章的內容都為我們奠定了繼續前進的基礎。

第七章

善用 ML Kit 的文字處理 iOS App

我們在第 6 章已經瞭解如何在 iOS App 裡運用 ML Kit，處理一些電腦視覺的應用場景（包括圖片分類與物體偵測）。機器學習 App 另一個重要的應用領域，或許就是自然語言處理任務。因此，我們會在本章探討一些範例，說明如何運用 ML Kit 模型，解決一些常見的機器學習任務，包括從一整段文字內提取出一些實體（例如辨識出其中的 email 地址或日期）、手寫文字辨識（把手寫的筆劃轉換成文字），以及分析一段對話之後做出智慧型對話回覆。如果你所建立的 App，想要使用其他的自然語言處理概念（例如對文字進行分類）或自定義的模型，就必須先構建出你自己的模型；我們在隨後的章節中，也會探討這方面的主題。

實體提取

我們經常需要從一段文字提取出重要的資訊。你一定看過某些 App，可判斷文字包含了地址，進而自動生成可指向該地址的地圖鏈結；或是看出文字裡的 email 地址，並生成一個可啟動電子郵件 App 的鏈結，好讓你把電子郵件發送到該地址。這個概念就叫做「實體提取」(*entity extraction*)，我們會在本節探索一個這樣的模型，為你自動執行這樣的工作。這算是在 ML 領域非常酷的一個實際應用方式，因為你如果想以規則型的做法解決此問題，預料應該會寫出大量的程式碼！

我們來看一下圖 7-1；這是我向我的朋友 Nizhoni 發送的一則訊息，其中包含一些詳細的資訊。身為一個人類，我們在閱讀時很自然就能從中自動提取出一些有價值的資訊，並對其進行解析。比如你只要看到像「tomorrow at 5PM」（明天下午 5 點）這樣的一段文字，就會自動推測出它是一個日期與時間。如果想用程式碼來判讀，一定會用到許多 if ... then 的語句！

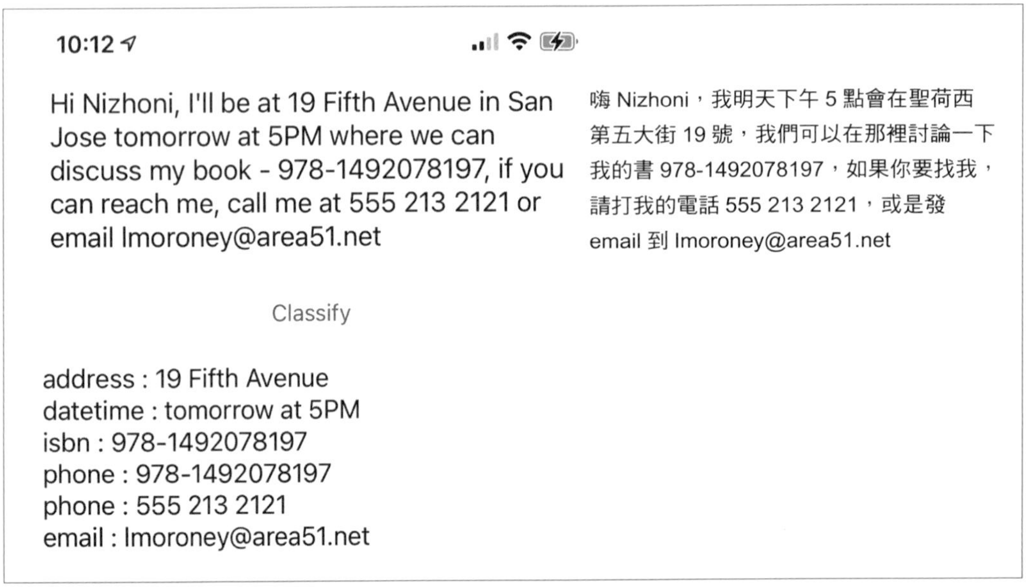

10:12

Hi Nizhoni, I'll be at 19 Fifth Avenue in San Jose tomorrow at 5PM where we can discuss my book - 978-1492078197, if you can reach me, call me at 555 213 2121 or email lmoroney@area51.net

嗨 Nizhoni，我明天下午 5 點會在聖荷西第五大街 19 號，我們可以在那裡討論一下我的書 978-1492078197，如果你要找我，請打我的電話 555 213 2121，或是發 email 到 lmoroney@area51.net

Classify

address : 19 Fifth Avenue
datetime : tomorrow at 5PM
isbn : 978-1492078197
phone : 978-1492078197
phone : 555 213 2121
email : lmoroney@area51.net

圖 7-1　在 iOS App 中執行實體提取

正如畫面下方所示，這個 App 根據所找到的實體，生成了一個實體列表。舉例來說，「tomorrow at 5PM」（明天下午 5 點）就被當成一個 datetime（日期時間）而被提取了出來。電話號碼和 email 地址等等其他資訊，也被正確提取了出來。同一個值符合多種模式，也是很常見的情況；例如書籍的 ISBN 是以三位數字為開頭，這同時也符合電話號碼的模式，因此它就會被偵測為兩種不同的實體！

現在我們就來探索一下如何建立這個 App 吧！

第 1 步：建立 App 並添加 ML Kit Pods

請使用 Xcode，建立一個新的 App。完成之後，請先關閉 Xcode，然後在 *.xcproject* 所在的目錄中，建立一個 Podfile 檔案。

接著請編輯 Podfile 的內容，把 *GoogleMLKit/EntityExtraction* 這個 pod 包含進來；編輯內容如下：

```
platform :ios, '10.0'
# 如果你並未使用 Swift，而且不想使用動態框架，
# 請把下一行註解掉
use_frameworks!

target 'MLKitEntityExample' do
        pod 'GoogleMLKit/EntityExtraction'
end
```

target 後面的值，應該放入你的專案名稱；在這裡的例子中，我所建立的專案名稱為 *MLKitEntityExample*。

完成之後，請執行 **`pod install`**；CocoaPods 會更新你的專案，讓專案可使用 ML Kit 的依賴項目，並生成一個 *.xcworkspace* 檔案；接下來你應該直接開啟這個檔案，以進行後續的操作。

第 2 步：建立 Storyboard、Outlet 和 Action

正如你在圖 7-1 所見，這個 App 的使用者介面非常簡單。請在 Layout 版面中添加一個 TextView、一個 Button 以及一個 Label 控制元件，擺放方式如圖 7-1 所示。把 TextView 放入 Storyboard 之後，請檢查一下屬性檢查器裡的 editable（可編輯）勾選框，要勾選起來才能確保它是可編輯的。

完成之後，你的 Storyboard 設計結果應該就如圖 7-2 所示。

接著針對 TextView 與 Label 建立相應的 outlet，分別取名為 `txtInput` 與 `txtOutput`。另外還要針對按鈕建立一個 action，並把它取名為 `doExtraction`。如果你還不太熟悉 outlet 與 action 的設定程序，請回頭查看第 3 章與第 6 章，其中就有好幾個說明範例。

完成之後，`ViewController` 物件類別內應該就會有如下的程式碼：

```
@IBOutlet weak var txtInput: UITextView!
@IBOutlet weak var txtOutput: UILabel!
@IBAction func doExtraction(_ sender: Any) {
}
```

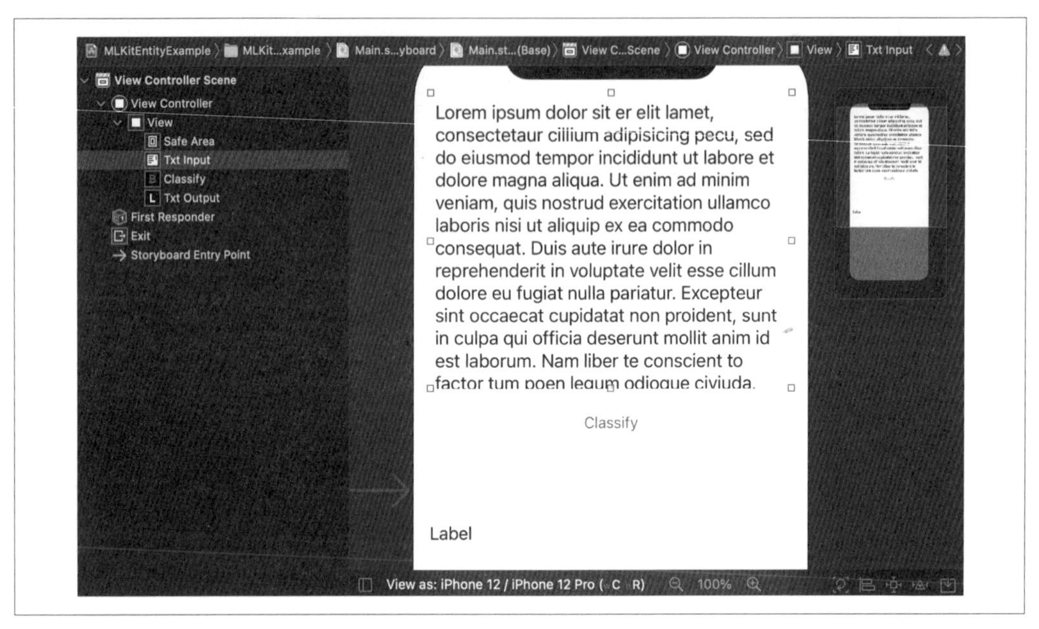

圖 7-2　用 Storyboard 編輯器設計使用者介面

第 3 步：讓 ViewController 可順利輸入文字

使用者只要點擊畫面上方的 TextView，就可以用手機裡的鍵盤編輯其內容。不過在預設的情況下，編輯完成之後鍵盤並不會消失。如果想讓鍵盤自動消失，就必須讓你的 `ViewController` 加掛上 `UITextViewDelegate`，做法如下：

```
class ViewController: UIViewController, UITextViewDelegate {
```

加上這個擴展之後，就可以添加以下這個函式，這樣一來使用者只要按下 Enter 之後，鍵盤就會自動消失：

```
func textView(_ textView: UITextView,
              shouldChangeTextIn range: NSRange,
              replacementText text: String) -> Bool {

    if (text == "\n") {
        textView.resignFirstResponder()
        return false
    }
    return true
}
```

最後我們必須把下面這段程式碼添加到 viewDidLoad 函式中，讓 iOS 知道 txtInput 控制元件已經把 TextView 事件委託給我們這個 ViewController 了：

```
txtInput.delegate = self
```

這樣就可算是準備就緒，可以讓使用者輸入文字了。接著我們再來看看，如何從輸入的文字內提取出一些實體！

第 4 步：初始化模型

ML Kit 的實體提取器（entity extractor）可支援許多種不同語言的模型，因此第一件事就是用 EntityExtractorOptions 來定義我們想用的模型。以這個例子來說，我指定的是英語實體提取器：

```
var entityExtractor =
  EntityExtractor.entityExtractor(options:
    EntityExtractorOptions(
modelIdentifier:EntityExtractionModelIdentifier.english))
```

由於可支援許多種不同的語言，因此請各位直接參見 *https://developers.google.com/ml-kit/language/entity-extraction* 以取得完整的列表。

當使用者按下按鈕時，模型有可能還沒下載到裝置中，因此我們可以在 viewDidLoad 的內部，用如下的程式碼來下載模型，並用一個布林旗標來標示這個模型的可用狀態，稍後可做為檢查之用：

```
entityExtractor.downloadModelIfNeeded(completion: { error in
    guard error == nil else {
        self.txtOutput.text = "Error downloading model, please restart app."
        return
    }
    self.modelAvailable = true
})
```

第 5 步：從文字提取出實體

之前針對按鈕建立 action 時，建立了一個叫做 doExtraction 的函式。我們想在裡面調用 extractEntities（稍後就會建立），但前提是必須先順利取得模型。我們已經在上一步下載了模型，而且下載完成之後就會把 modelAvailable 設為 true，因此這裡的程式碼可以寫成這樣：

```
@IBAction func doExtraction(_ sender: Any) {
    if(modelAvailable){
        extractEntities()
    } else {
        txtOutput.text = "Model not yet downloaded, please try later."
    }
}
```

現在可以來建立 extractEntities 函式了；我們可利用前面的 entityExtractor，對 txtInput 裡的文字進行操作，以提取出文字裡的實體。

提取實體的程式碼架構如下：

```
func extractEntities(){
    let strText = txtInput.text
    entityExtractor.annotateText(
        strText!,
        completion: {
        }
    )
}
```

這裡會把文字送入 entityExtractor 的 annotateText 方法。執行完成時，就會回頭調用 callback 回調函式，此時 callback 回調函式可取得一組包含 results（結果）與 error（錯誤）的資料結構。執行結果應該是一個由 annotation（標註）所組成的列表，其中每個 annotation 都是由實體（entity）所構成的一個列表。

每個實體都有一個 entityType 屬性，用來定義所標註的類型（例如 email 電子郵件、address 地址或 ISBN 書號）。另外還有一個 range 屬性，記錄的是文字的位置與長度。舉個例子來說，如果有一個 email 的位置是在第 20 個字元，其長度為 15 個字元，那麼 annotation.range.location 就是 20，annotation.range.length 則是 15。我們可以利用這樣的資訊，藉由切取片段（slice）的做法，從整段文字取出所需的字串。

下面就是完整的程式碼：

```
func extractEntities(){
  let strText = txtInput.text
  entityExtractor.annotateText(strText!,
    completion: {
      results, error in
      var strOutput = ""
      for annotation in results! {
        for entity in annotation.entities{
          strOutput += entity.entityType.rawValue + " : "
          let startLoc = annotation.range.location
```

```
          let endLoc = startLoc + annotation.range.length - 1
          let mySubString = strText![startLoc...endLoc]
          strOutput += mySubString + "\n"
        }
      }
      self.txtOutput.text = strOutput
    })
  }
```

Swift 切取字串片段的做法，其實比想像中還要複雜！這主要是因為 App 如果可以直接操作字串，很容易就會受到攻擊，尤其是單純切取字串片段的程式碼，很有可能會導致緩衝區下溢（underflow）或緩衝區溢出（overflow）的問題。因此，Swift 在設計上會盡可能阻止你，去使用一些你原本或許相當熟悉的 `Mid()` 或 `Left()` 這類的函式，進行一些單純的字串切取片段操作。我們在前面的程式碼中，計算出起始位置（`startLoc`）和結束位置（`endLoc`），然後再把 `mySubString` 設為所切取出來的文字片段。不過這並不是 Swift 原本可支援的功能，因此必須透過擴展（extension）的方式，才能讓這段程式碼正常運作。請不要在任何正式上線的 App 中使用下面這段程式碼，而且在發佈任何 App 之前，請務必檢查一下你的字串管理做法！

下面就是為了可切取字串片段，所進行的相應擴展程式碼：

```
extension String {
  subscript(_ i: Int) -> String {
    let idx1 = index(startIndex, offsetBy: i)
    let idx2 = index(idx1, offsetBy: 1)
    return String(self[idx1..< idx2]) }="" subscript="" (r:="" range< int="">) -> String
{
    let start = index(startIndex, offsetBy: r.lowerBound)
    let end = index(startIndex, offsetBy: r.upperBound)
    return String(self[start ..< end])
  }

  subscript (r: CountableClosedRange< int>) -> String {
    let startIndex =  self.index(self.startIndex,
                         offsetBy: r.lowerBound)
    let endIndex = self.index(startIndex,
                       offsetBy: r.upperBound - r.lowerBound)
    return String(self[startIndex...endIndex])
  }
}
```

以上差不多就是在 iOS 使用 ML Kit 進行實體提取功能所需的一切了。雖然這裡只提到一些皮毛，但希望這樣已足以讓你瞭解，ML Kit 確實可輕鬆完成這類的任務！

手寫文字辨識

手寫文字辨識也是「用傳統程式碼來處理一定會很複雜」的範例；在這類應用中，使用者會用手寫筆或手指在螢幕上塗鴉，而你的工作則是把這些塗鴉轉換成文字。幸好 ML Kit 也讓這件事變簡單了，本節就是要探索相應的做法。舉例來說，我在圖 7-3 只是用手指隨便寫了幾個字母，App 就可以偵測出「hello」這個單詞。

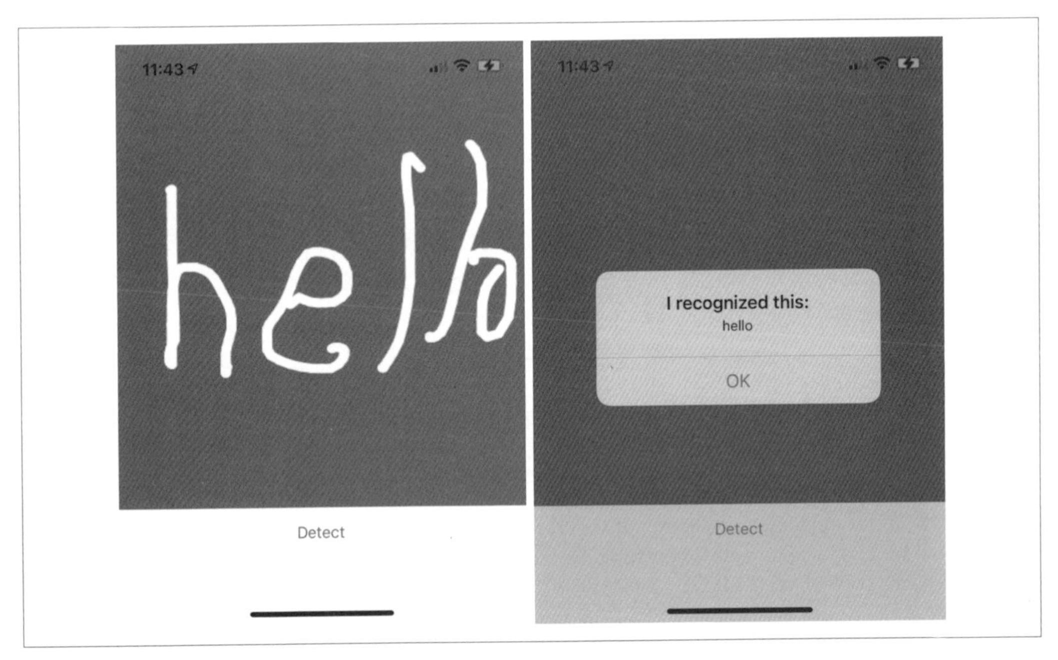

圖 7-3　可辨識手寫文字的 App

用 ML Kit 來建立這類 App 非常簡單！我們就來探索一下。

第 1 步：建立 App 並添加 ML Kit Pods

和之前一樣，首先建立一個單一 View 的簡單 App，完成後再到 *.xcproject* 的同一個目錄下添加一個 Podfile 檔案。接著編輯 Podfile 的內容，把 ML Kit 的 DigitalInkRecognition（數位墨跡辨識）函式庫包含進來：

```
platform :ios, '10.0'
# 如果你並未使用 Swift，而且不想使用動態框架，
# 請把下一行註解掉
use_frameworks!
```

```
target 'MLKitInkExample' do
        pod 'GoogleMLKit/DigitalInkRecognition'
end
```

如果你的專案名稱並不是 *MLKitInkExample*，請記得要把 `target` 後面引號內的文字修改成你的專案名稱。

接著請執行 **`pod install`**，生成新的 *.xcworkspace* 檔案之後，再透過它來開啟專案。

第 2 步：建立 Storyboard、Outlet 和 Action

我們會用一個 UIImageView 來做為繪圖平面，因此請在 Storyboard 畫出一個大大的繪圖平面，讓它幾乎覆蓋掉螢幕大部分的畫面。另外還要添加一個按鈕，再把它的標籤文字修改成 Detect（偵測），如圖 7-4 所示。

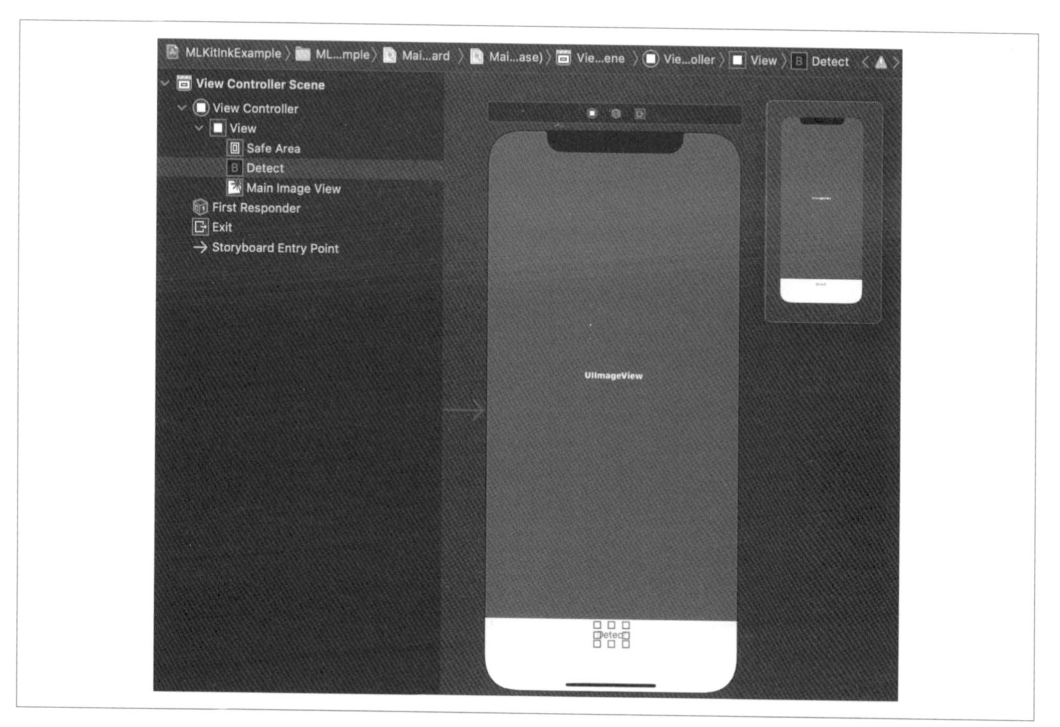

圖 7-4　建立 Storyboard

完成後，請針對 UIImageView 建立一個 outlet（取名為 mainImageView），並針對按鈕建立一個 action（取名為 recognizeInk）。接下來請針對這個 action，添加一個名叫 doRecognition() 的函式。這時候 Xcode 如果報錯，說這個函式並不存在，請先不用擔心。我們很快就會把它建立起來了。

目前的程式碼應該如下：

```
@IBAction func recognizeInk(_ sender: Any) {
    doRecognition()
}

@IBOutlet weak var mainImageView: UIImageView!
```

第 3 步：筆劃、點與 Ink 物件

用 ML Kit 辨識手寫文字時，實際上送入模型的是一個 Ink 物件。Ink 物件是由許多筆劃（stroke）所組成，每一筆劃則是由許多點（point）所組成。以字母 H 為例，它可以用三個筆劃來組成：一個是左邊的直線，一個是中間的橫線，最後一個則是右邊的直線。Ink 物件是由許多筆劃所組成，而每一筆劃則是使用者在畫線條時，所收集到的許多點所構成。

因此，當使用者在螢幕上滑動手指時，如果我們要擷取這些輸入，就必須先設定好相應的資料結構：

```
private var strokes: [Stroke] = []
private var points: [StrokePoint] = []
```

至於 Ink 物件的設定程式碼，稍後你就會看到了。

第 4 步：擷取使用者輸入

接下來我們要收集使用者的輸入；使用者只要用手指或手寫筆在 UIImage 上面畫東西，我們就要把輸入收集起來。做法上就是覆寫以下三個不同的函式——touchesBegan、touchesMoved、touchesEnded。

使用者一開始畫東西，就會觸發第一個函式 touchesBegan。首先他們的手指會先觸摸螢幕。這裡我們要先初始化一個由點所構成的陣列，並放入使用者所畫的第一個點：

```
override func touchesBegan(_ touches: Set,
                           with event: UIEvent?) {

    guard let touch = touches.first else { return }
    lastPoint = touch.location(in: mainImageView)
    let t = touch.timestamp
    points = [StrokePoint.init(x: Float(lastPoint.x),
                               y: Float(lastPoint.y),
                               t: Int(t * 1000))]
}
```

由於每個點與筆劃的記錄順序對於模型來說很重要，因此我們也需要記錄時間戳，而你也可以看到我們在初始化 `StrokePoint` 時，確實收集了時間的資訊。

接下來要擷取的是 `touchesMoved` 事件，在使用者的手指移開觸控螢幕之前，只要手指的位置有所移動，都會觸發這個事件。只要是這樣的情況，就必須根據觸碰的位置取得當前的點，不過現在只要把點添加到點陣列，就不用再建立新陣列了。另外，我們還是和之前一樣，要把時間戳記錄下來。`drawLine` 函式會從之前的最後一個點（lastPoint，也就是前一個點）畫到當前這個點（currentPoint），再把最後一點設為 currentPoint。

程式碼如下：

```
override func touchesMoved(_ touches: Set,
                           with event: UIEvent?) {
    guard let touch = touches.first else { return }
    let currentPoint = touch.location(in: mainImageView)
    let t = touch.timestamp
    points.append(StrokePoint.init(x: Float(currentPoint.x),
                                   y: Float(currentPoint.y),
                                   t: Int(t * 1000)))
    drawLine(from: lastPoint, to: currentPoint)
    lastPoint = currentPoint
}
```

當使用者結束筆劃時，手指就會從螢幕上移開，這時候就會觸發 `touchesEnded` 事件。此時並不需要添加「新」點，所以我們一直在追蹤的 `lastPoint` 就會變成整個列表中的最後一個點。我們可以用它來建立一個新的 `StrokePoint`，並把它添加到這一筆劃的點列表中，以完成這一筆劃。

接著我們會用這段觸碰螢幕期間所收集到的點，初始化一個新的 `Stroke` 物件，然後再把這個已完成的筆劃添加到筆劃列表中：

```
override func touchesEnded(_ touches: Set,
                           with event: UIEvent?) {
  guard let touch = touches.first else { return }
  let t = touch.timestamp
  points.append(StrokePoint.init(x: Float(lastPoint.x),
                                 y: Float(lastPoint.y),
                                 t: Int(t * 1000)))
  strokes.append(Stroke.init(points: points))
  drawLine(from: lastPoint, to: lastPoint)
}
```

這裡並不會展示 `drawLine()` 繪製線條的程式碼，不過你可以在本書的 GitHub 程式碼儲存庫中找到相應的程式碼。

第 5 步：初始化模型

現在我們有了一個 App，可以擷取使用者在 `UIImage` 上面所畫的東西，並用筆劃列表來表示，接著我們就可以把它送入模型，進而取得相應的推測結果，最後應該很有機會可以把手寫文字準確轉換成文字！

當然，如果要做到這點，就需要一個模型！我們會在這個步驟下載並初始化一個模型，稍後就可以把筆劃轉換成 Ink 物件，再讓模型根據它來進行推測。

首先我們要檢查一下有沒有可用的模型。我們可以先指定所要使用的語言，然後再利用 `DigitalInkRecognitionModelIdentifier` 來檢查有沒有可用的模型。程式碼如下：

```
let languageTag = "en-US"
let identifier = DigitalInkRecognitionModelIdentifier(
                   forLanguageTag: languageTag)
```

如果這個 identifier 為 nil，就表示有問題，需要進一步檢查一下設定或網路連結。我們當然也要先確認使用的是可支援的語言；在 *ML Kit* 的文件（*https://oreil.ly/4ZoiJ*）裡，就可以找到所支援的語言列表。

只要有可用的模型，就可以把它下載下來。我們可以在這裡利用 identifier 來初始化一個 `DigitalInkRecognitionModel` 物件，然後用一個模型管理工具來進行下載。如果想設定模型管理工具，就要先初始化一個 `conditions` 物件，它控制的是關於模型能不能下載、模型如何下載之類的屬性。例如這個範例的設定，模型就可以透過手機行動網路（而非只能透過 WiFi）進行存取，而且可以在後台進行下載：

```
let model = DigitalInkRecognitionModel.init(
              modelIdentifier: identifier!)
var modelManager = ModelManager.modelManager()

modelManager.download(model,
      conditions: ModelDownloadConditions.init(
             allowsCellularAccess: true,
             allowsBackgroundDownloading: true))
```

一旦模型下載完成，就可以用它來建立一個 recognizer 辨識器物件。比較常見的做法，一般會先定義一個 options 選項物件（`DigitalInkRecognizerOptions`）；以這個例子來說，我們會利用剛剛所下載的模型，來初始化這個選項物件。選項初始化完成之後，我們就讓 `DigitalInkRecognizer` 使用該選項，建立一個 recognizer 辨識器實體。

程式碼如下：

```
let options: DigitalInkRecognizerOptions =
                DigitalInkRecognizerOptions.init(
                                    model: model)

recognizer = DigitalInkRecognizer.digitalInkRecognizer(
                                  options: options)
```

如果你已經跟著我們來到這一步，現在應該就擁有一個可運作的 recognizer 辨識器了。我們在這裡稍微簡化一下說明，只考慮模型下載過程一切順利的情況，而且假設在建立 `DigitalInkRecognizerOptions` 的實體之前，模型已經下載完成了。但實際上這整個過程有可能會失敗（例如網路條件不佳的情況），因此這並不是最完善的做法。比較好的做法應該是只有在成功下載模型的情況下，才利用非同步的 callback 回調函式初始化 recognizer 辨識器，但本教程基於說明的目的，我想還是盡量保持簡單比較好。

第 6 步：進行 Ink 物件辨識

現在有了 recognizer 辨識器，只要把筆劃轉換成 Ink 物件，再送入 recognizer 辨識器，就可以取回辨識結果進行解析了。我們就來看一下程式碼吧！

首先，這裡就是把筆劃轉換成 Ink 物件的做法：

```
let ink = Ink.init(strokes: strokes)
```

接著我們可以把 Ink 物件送入 recognizer 辨識器的 recognize 方法，再利用一個 callback 回調函式來呼應處理完成之後的 completion 事件：

```
recognizer.recognize(
  ink: ink,
  completion: {
}
```

執行完成之後，callback 回調函式就會拿到一個 result（執行結果）和一個 error（錯誤資訊），接著在開始執行 callback 回調函式之前，一定要先設定好這兩個東西的型別。result 應該是一個 `DigitalInkRecognitionResult`：

```
(result: DigitalInkRecognitionResult?, error: Error?) in
```

如果是一個有效的 result，其中就會有好幾個候選結果（candidate），對應到多個可能比對相符的項目。舉例來說，如果你回頭看一下圖 7-3，就會發現我的「h」有可能會被誤認為「n」，而最後的「lo」也有可能被誤認為「b」。這個辨識引擎會按照優先順序送回各種候選結果，因此有可能辨識出「hello」、「nello」、「helb」、「nelb」等等結果。為了簡單起見，這裡只採用第一個結果——`results.candidates.first`：

```
if let result = result, let candidate = result.candidates.first {
    alertTitle = "I recognized this:"
    alertText = candidate.text
} else {
    alertTitle = "I hit an error:"
    alertText = error!.localizedDescription
}
```

`alertTitle` 與 `alertText` 的值，都是用來設定警示對話框裡的字串。在圖 7-3 的右側就可以看到這些文字。`candidate.text` 則是其中最需要注意的一個重要屬性，它其實就是候選項目相應的文字說明。由於我們只會選擇第一個候選項目，因此它就是根據 ML Kit 的判斷，最有可能的那個文字。

做完這些工作之後，只要把警示對話框顯示出來，然後再清除圖片，並重設所有的筆劃與點，然後就可以重新再來一遍了：

```
let alert = UIAlertController(title: alertTitle,
                message: alertText,
                preferredStyle: UIAlertController.Style.alert)

alert.addAction(
  UIAlertAction(
    title: "OK", style: UIAlertAction.Style.default, handler: nil))
self.present(alert, animated: true, completion: nil)
self.mainImageView.image = nil
self.strokes = []
self.points = []
```

以上就是全部的說明！請你隨意嘗試一下，自己做點實驗！其實我也很想知道其他語言的使用情況！

智慧型對話回覆

我們可以在 App 裡使用的現成模型，還有另一個有趣的範例，那就是智慧型對話回覆（Smart Reply）模型。你或許用過像 LinkedIn 這樣的網站，在與其他人聊天時，有時候就會看到一些系統建議的回應文字。又或許你是 Android 的使用者，看過很多通訊相關 App 都有智慧型對話回覆的功能；如圖 7-5 所示，有人邀請我吃早餐，智慧型對話回覆功能就給出了一些建議回覆文字。它還做了實體提取的動作，提取出「明天上午 9:30」這個日期與時間，並把它轉換成一個可建立行事曆項目的鏈結！

除此之外，還有「Sure」（當然）、「What time?」（什麼時候？）、「Yes」（好）等等這幾個智慧型對話回覆的選項。這些全都是根據前面的那句話（那是一個提問）以及我過去聊天時使用過的習慣說法，所生成的一些建議回覆方式。每當有人邀請我參加某些活動時，我經常都會說「Sure」（當然好呀）！

運用 ML Kit 的「智慧型對話回覆」（Smart Reply）API 打造出一個類似功能的 App，其實非常簡單。接著我們就來探討相應的做法。

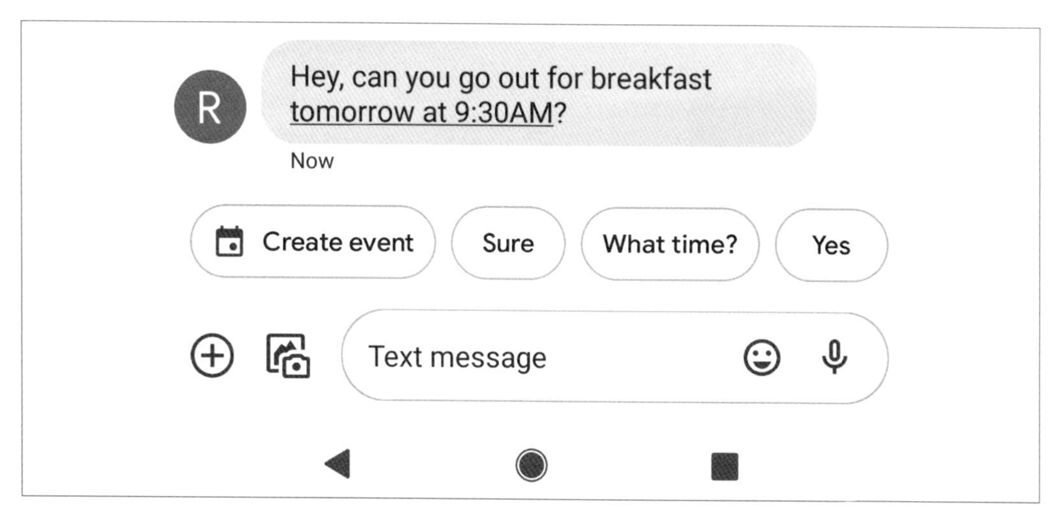

圖 7-5　Android 即時通訊 App 的智慧型對話回覆範例

第 1 步：建立 App 並整合 ML Kit

和之前一樣，先用 Xcode 建立一個單一 View 的簡單 App。完成之後，再把下面的 Podfile 檔案放到 *.xcproject* 檔案相同的目錄下：

```
platform :ios, '10.0'

target 'MLKitSmartReplyExample' do
        pod 'GoogleMLKit/SmartReply'
end
```

在這個例子中，我把專案取名為 *MLKitSmartReplyExample*；如果你使用別的專案名稱，請務必把 `target` 後面的名稱，改成你的專案名稱。接著請執行 **`pod install`**，然後再開啟 *.xcworkspace* 檔案，繼續接下來的步驟。

第 2 步：建立 Storyboard、Outlet 和 Action

為了讓這個 App 盡可能保持簡單，我們所建立的 Storyboard 裡頭只會有兩個標籤和一個按鈕。最上面的標籤內容就是我與朋友之間的模擬對話。當使用者按下按鈕時，智慧型對話回覆模型就會生成一個或許可採用的回覆。這個回覆內容會呈現在第二個標籤中。因此，從 Storyboard 的角度來看，你的使用者介面應該就很類似圖 7-6 的模樣。

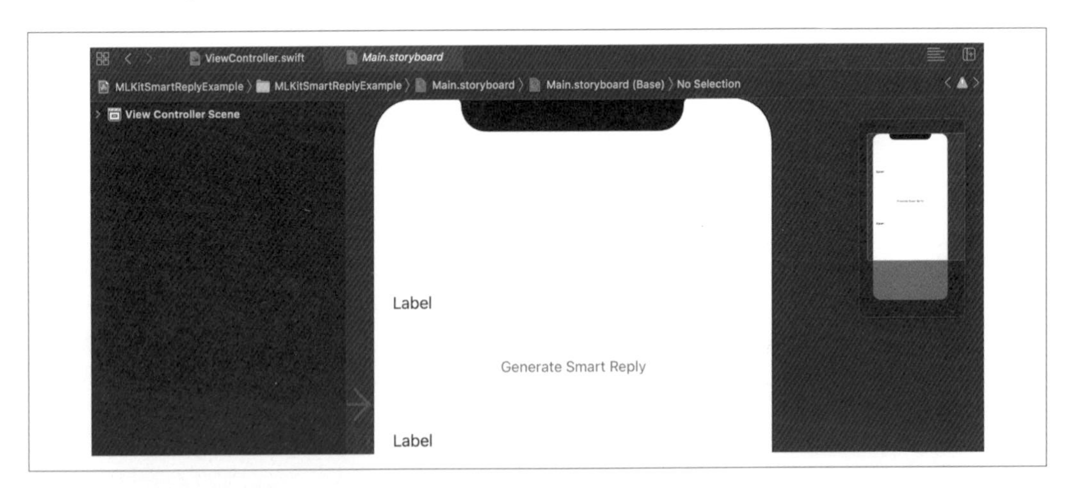

圖 7-6 智慧型對話回覆的使用者介面

完成上面的操作之後，請分別針對上下兩個標籤，建立名為 conversationLabel 與 txtSuggestions 的 outlet。另外請再針對按鈕，建立一個叫做 generateReply 的 action，讓它去調用 getSmartReply() 函式。此時 Xcode 如果報錯，請先不要擔心——很快我們就會去編寫那個函式了。

完成以上動作之後，程式碼應該就像下面這樣：

```
@IBOutlet weak var conversationLabel: UILabel!
@IBOutlet weak var txtSuggestions: UILabel!
@IBAction func generateReply(_ sender: Any) {
    getSmartReply()
}
```

第 3 步：建立一段模擬的對話

若想盡快看到模型的執行效果，最快的方式就是直接送入一段對話，所以這裡就來建立一段簡單的對話吧！我建立了一個 initializeConversation() 函式，它可用來建立一些對話項目，並把這些對話項目添加到一個由 TextMessage 所構成的陣列之中。

因此，我們應該在 Class 物件類別裡，初始化一個這樣的陣列：

```
var conversation: [TextMessage] = []
```

接下來，initializeConversation 就會開始把對話項目一個一個填入到陣列之中。用 TextMessage 型別來表示的對話項目，其中包含了對話訊息相關的一些詳細資訊，包括對話內容、時間戳、說出這段話的人，還有最重要的是，這個人究竟是本地使用者（也就是你）還是遠端使用者（也就是其他的人）。為了建立一整段的對話，我編寫了一個輔助函式，其中特別針對 addConversationItem 建立了多載（overload）形式，可根據發話的人究竟是我還是我的朋友，各自採用函式的不同形式。下面就是這個函式完整的內容：

```
private func initializeConversation(){
    let friendName = "Nizhoni"
    addConversationItem(item: "Hi, good morning!")
    addConversationItem(item: "Oh, hey -- how are you?",
                        fromUser: friendName)
    addConversationItem(item: "Just got up, thinking of
                               heading out for breakfast")
    addConversationItem(item: "Want to meet up?",
                        fromUser: friendName)
    addConversationItem(item: "Sure, what do you fancy?")
    addConversationItem(item: "Just coffee, or do you want to
                              eat?",
```

```
                    fromUser: friendName)
    conversationLabel.text = outputText
}
```

請注意，其中有一些 addConversation 在調用時會有 fromUser: 這個參數，另外一些則沒有這個參數。沒有該參數的調用形式，模擬的就是來自我本人的對話內容，而具有該參數的調用形式，模擬的則是來自遠端使用者的對話內容。就是因為這個緣故，所以 addConversation 才需要實作多載的形式。

一開始，先添加一個來自我本人的對話項目。請注意，這裡在建立 TextMessage 時，是用 Me（而不是從函式外面接受某個參數值）來做為 userID，而 isLocalUser 這個屬性也被設定為 true：

```
private func addConversationItem(item: String){
    outputText += "Me : \(item)\n"
    let message = TextMessage(text: item,
                  timestamp:Date().timeIntervalSince1970,
                  userID: "Me",
                  isLocalUser: true)

    conversation.append(message)
}
```

下面則是有設定 fromUser: 這個屬性時，同一個函式的另一種多載形式。請注意，在這樣的情況下，建立 TextMessage 時所使用的 userID，就是從 fromUser: 這個屬性所送進來的值，而且 isLocalUser 也會被設定為 false：

```
private func addConversationItem(item: String,
                                 fromUser: String){
    outputText += "\(fromUser) : \(item)\n"
    let message = TextMessage(text: item,
                  timestamp:Date().timeIntervalSince1970,
                  userID: fromUser,
                  isLocalUser: false)

    conversation.append(message)
}
```

這兩種方式所添加的使用者與對話訊息，都會更新螢幕上 conversationLabel 標籤的內容，而整段對話也會隨著對話訊息持續更新。圖 7-7 就可以看到一段對話的範例。

3:16

Me : Hi, good morning! 我：嗨！早安！
Nizhoni : Oh, hey -- how are you? Nizhoni：哦，嘿—你好嗎？
Me : Just got up, thinking of heading out for breakfast 我：我剛起床，正想出去吃早餐
Nizhoni : Want to meet up? Nizhoni：想碰面嗎？
Me : Sure, what do you fancy? 我：嗯，有什麼好想法嗎？
Nizhoni : Just coffee, or do you want to eat? Nizhoni：就喝杯咖啡，還是你想吃點東西？

Generate Smart Reply 生成智慧型對話回覆

圖 7-7　模擬一段對話

第 4 步：取得智慧型對話回覆

現在我們已經準備好一段對話，而且整段對話都已保存在一個由 `TextMessage` 所構成的陣列中，接著只要調用 `SmartReply.smartReply()`，並使用它的 `suggestReplies` 方法，就可以針對這段對話取得一組智慧型對話回覆建議了。之前我們在按鈕的 action 程式碼中，調用了 `getSmartReply()`。現在我們就來建立這個函式，讓它去調用智慧型對話回覆模型：

```
private func getSmartReply(){
    SmartReply.smartReply().suggestReplies(for: conversation)
    { result, error in
       guard error == nil, let result = result else { return }
```

這樣就可以針對整段對話，取得相應的回覆建議，只要沒有出現錯誤，結果就會被放在 result 變數中。這個 `result` 應該是一個由 suggestion（建議）所構成的列表，其中每個 suggestion 的 `suggestion.text` 屬性，其實就是所建議的文字內容。因此，如果想把所有的建議回覆文字組合成一個列表，只要用下面的程式碼就可以了：

```
var strSuggestedReplies = "Suggested Replies:"
if (result.status == .notSupportedLanguage) {
    // 如果這段對話所使用的語言並沒有支援，
    // result 結果中就不會有任何 suggestion（建議）。
    // 在這樣的情況下，還是應該輸出一些有用的資訊
} else if (result.status == .success) {
    // 成功取得模型所建議的智慧型對話回覆建議。
    for suggestion in result.suggestions {
```

```
            strSuggestedReplies = strSuggestedReplies +
                                 suggestion.text + "\n"
        }
    }
    self.txtSuggestions.text = strSuggestedReplies
```

結果的狀態（result.status）如果是 success（成功），我們就可以用迴圈來遍歷整個 `result.suggestions`，以構建出模型所建議的回覆文字列表。你只要執行這個 App，就可以看到建議回覆文字的一個列表。結果如圖 7-8 所示。

Me : Hi, good morning!	我：嗨！早安！
Nizhoni : Oh, hey -- how are you?	Nizhoni：哦，嘿ー你好嗎？
Me : Just got up, thinking of heading out for breakfast	我：我剛起床，正想出去吃早餐
Nizhoni : Want to meet up?	Nizhoni：想碰面嗎？
Me : Sure, what do you fancy?	我：嗯，有什麼好想法嗎？
Nizhoni : Just coffee, or do you want to eat?	Nizhoni：就喝杯咖啡，還是你想吃點東西？
Generate Smart Reply	生成智慧型對話回覆
Suggested Replies:	所建議的回覆：
Sure, sounds good	好呀，聽起來不錯喲
Sounds good	聽起來不錯喲
Sure	好呀

圖 7-8　顯示模型所建議的回覆文字

在一個真正實用的 App 中，可以把這些回覆文字設成一個可供挑選的列表；當使用者選取其中一個回覆文字時，就可以把該建議文字填入回覆框，效果就像圖 7-5 所示的 Android 通訊 App 一樣！

這只不過是智慧型對話回覆功能的一個簡單範例，希望我們的示範確實可以讓你理解，把這個功能整合到你的 App 有多麼容易！

總結

本章介紹了許多應用場景，只要運用 ML Kit 裡的一些現成模型，就能讓 iOS App 擁有一些機器學習的功能。一開始是實體偵測，讓我們可以從一段字串中，快速輕鬆解析出一些常見的實體（例如 email 或時間 / 日期）。然後我們探討了如何運用螢幕上的數位墨跡，擷取使用者所畫出的筆劃，再解析出相應的文字，有效辨識出手寫的文字！最後我們研究了智慧型對話回覆 API，並用它來協助我們提供一些建議回覆文字，進而加快對話的速度。所有這些模型全都是在後端使用 TensorFlow Lite（如果你眼睛夠利的話，或許早就在程式除錯的過程中看到一些線索了！），因此我們會在第 8 章再次換個檔，進一步介紹這個技術的運作原理，看看它究竟如何把 ML 帶入到我們的行動裝置中。

深入理解 TensorFlow Lite

到目前為止，你在本書所看到的各種機器學習技術，全都是 TensorFlow 相關的技術。它是一個可以讓你建構、訓練、測試機器學習模型的軟體框架（framework）；之前在第 1 章與第 2 章，我們就曾做過簡單的介紹。

TensorFlow 模型通常「並不是」針對行動應用場景而設計的；真正的行動應用場景中，一定要考慮到各種尺寸、電池消耗，以及其他有可能影響行動使用者體驗的各種因素。因此，TensorFlow Lite 的建立，有兩個主要的目的。第一，它可以把現有的 TensorFlow 模型「轉換」成更小、更緊湊的形式，針對行動裝置做出最佳化的調整。第二，它可以讓各種不同的行動平台，在使用模型進行推測時，擁有一個更有效率的執行環境。我們會在本章深入探索 TensorFlow Lite，並深入介紹一些好用的工具，把 TensorFlow 訓練過的模型轉換到行動平台，或是運用一些工具來最佳化這些模型。

我們會先簡單介紹一下 TensorFlow Lite 為何如此重要，然後再捲起袖子深入程式碼中。

TensorFlow Lite 是什麼？能吃嗎？

我們之所以需要 TensorFlow Lite 這樣的東西，其實有好幾個理由。第一個理由是，個人行動裝置的數量呈現爆炸性成長。人們主要的運算裝置，若以數量上來說，Android 或 iOS 行動裝置早就超過傳統的桌電或筆電，內嵌式系統的數量更是超過了行動裝置。在這類裝置中執行機器學習模型的需求，當然也隨之增長。

不過我們在此姑且聚焦於智慧型手機，以及智慧型手機相關的使用者體驗。如果把 ML 機器學習模型放在遠端的伺服器，無法單靠行動裝置直接執行，相應功能就必須用某種介面包裝起來，讓行動裝置可以從遠端調用模型。舉例來說，若想運用圖片分類模型，行動裝置就必須把圖片發送到遠端伺服器，讓伺服器進行推測後，再送回結果。這樣的做法除了特別需要「可靠的連線」之外，還會有很明顯的「延遲」問題。問題是，這個世界並非到處都有上傳圖片所需的快速可靠連線能力，更別說圖片還可能需要好幾 MB 的大量資料傳輸能力。

除此之外，當然還有「隱私」的問題。許多應用情境都會牽涉到非常私人的資料（例如個人的照片），如果一定要把這類資料上傳到伺服器，某些功能才能正常運作，由於這很有可能侵犯到使用者的隱私，說不定使用者就會因此而拒絕使用你的 App。

如果有一種軟體框架（framework）能讓模型直接在裝置上運作，就不需要把資料傳輸給第三方，這樣既可以維護使用者隱私，裝置也不一定非要有連線能力，更不會有延遲的問題；因此，如果想把機器學習運用到行動裝置，這樣的軟體框架可說至關重要。

再來談談 TensorFlow Lite。正如之前所述，其設計目標就是把 TensorFlow 模型，轉換成行動裝置可運用的更緊湊形式，讓你可以在行動平台的執行環境下直接進行模型推測。

尤其令人興奮的是，這樣的平台很有可能會帶來全新的創新與應用。你可以想想過去，每當新平台出現時會發生哪些事，隨之而來又會出現哪些創新。舉個例子來說，出現了智慧型手機（帶有 GPS、相機等功能，而且可連接網路）之後，接下來發生了什麼事？原本在一個沒去過的地方，想找到路是多麼困難的一件事（尤其是在語言不通的地方，手中還只有紙本的地圖）！如今你可以使用你的手機，精確定位出你的位置，而且只要指定目的地，它就可以一步步把你引導至最快的路線——就算你是用步行的方式，它還是可以透過 AR 增強實境的介面，告訴你行走的路線。如果你能透過某種方式讓筆電連上網路，當然也可以用筆電完成類似的操作，不過這並不是一種實際可行的做法。如果可以讓 ML 模型直接在行動裝置上執行，這樣的全新平台就有機會實作出更多有趣的應用——或許有些功能並不一定需要用到 ML，但如果堅持不使用模型，有些事確實很難實現。

舉例來說，圖 8-1 裡有一些我看不懂的中文字。當時我可能正在一家餐廳，而且我正好對某些食物過敏。我只要使用手機裡的機器學習模型，針對相機所看到的內容進行文字辨識，再利用另一個模型進行 Google 翻譯，我就可以對眼前的資訊，進行即時的理解與判斷了。

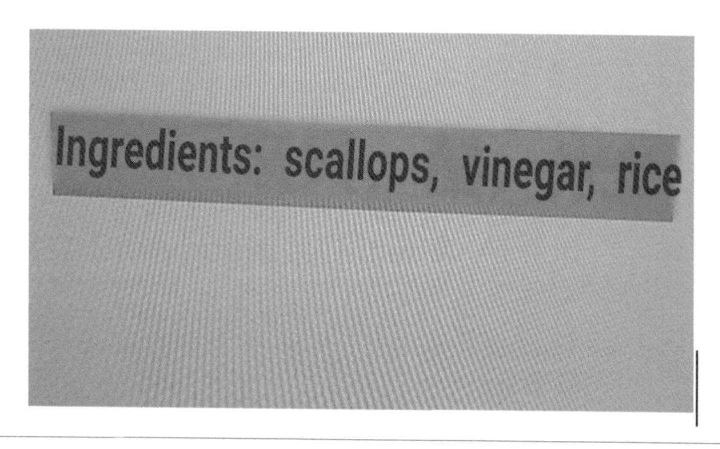

圖 8-1 相機畫面的即時翻譯

你可以想像一下，如果沒有機器學習，這樣的事有多麼困難。想靠自己寫程式，對各種語言文字進行光學文字辨識，本身就很困難了。就算你可以做到，接著還要在無法連線到翻譯伺服器的情況下，正確翻譯出這些內容。如果光靠自己寫程式，這簡直太難了。但只要有了機器學習，尤其是如果可以在行動裝置上直接執行機器學習模型，這一切就成為可能了。

TensorFlow Lite 入門

若想瞭解 TensorFlow Lite，我認為最容易上手的方式就是直接用它來做點事情。一開始我們會先探索所謂的轉換器（converter），它可以把 TensorFlow 模型轉換成 TensorFlow Lite 的格式。然後我們再把它所建立的模型，實作到一個簡單的 Android App 之中。

我們曾在第 1 章寫了一段所謂的機器學習「Hello World」程式碼，用很簡單的線性迴歸建構了一個模型，可以針對 x 和 y 這兩個數字之間的關係，做出像是 y = 2x − 1 這樣的預測。還記得嗎？下面就是用 TensorFlow 來訓練模型的 Python 程式碼：

```
import tensorflow as tf
import numpy as np
from tensorflow.keras import Sequential
```

```
from tensorflow.keras.layers import Dense

layer_0 = Dense(units=1, input_shape=[1])
model = Sequential([layer_0])
model.compile(optimizer='sgd', loss='mean_squared_error')

xs = np.array([-1.0, 0.0, 1.0, 2.0, 3.0, 4.0], dtype=float)
ys = np.array([-3.0, -1.0, 1.0, 3.0, 5.0, 7.0], dtype=float)

model.fit(xs, ys, epochs=500)

print(model.predict([10.0]))
print("Here is what I learned: {}".format(layer_0.get_weights()))
```

經過 500 回合（epoch）的訓練之後，print 語句就給出了以下的輸出結果：

```
[[18.984955]]
Here is what I learned: [array([[1.9978193]], dtype=float32),
                         array([-0.99323905], dtype=float32)]
```

根據它的預測，如果 x 是 10，y 就是 18.984955，這個值非常接近 $y = 2x - 1$ 的公式解（19）。這是因為神經網路裡的單一神經元經過學習之後，得出了 1.9978193 的權重值與 −0.99323905 的偏差值。因此，雖然我們只提供了非常少量的資料，它還是可以推斷出 $y = 1.9978193x - 0.99323905$ 這樣的關係，這個結果其實與我們所預期的 $y = 2x - 1$ 是非常接近的。

既然如此，我們可以直接在自己的 Android 手機（而不是在雲端或開發者的電腦）執行這個模型嗎？答案當然是肯定的。我們的第一步，就是要先把這個模型保存起來。

保存模型

TensorFlow 有好幾種不同的模型保存方式，不過在 TensorFlow 的生態體系中，最標準的做法就是採用 SavedModel 格式。做法上就是用 *.pb*（protobuf 的縮寫）這種檔案格式來保存模型，以做為凍結模型的一種表達方式，並搭配一些相關的目錄，其中放著各式各樣的 assets 資源或 variables 變數。這種做法本身具有一種決定性的優勢，那就是可以把架構（architecture）與狀態（state）分離，這樣一來隨後便可以根據不同需求添加其他狀態，而且之後若要更新模型，也不必再動到模型裡的 assets 資源（這些 assets 資源本身有可能非常龐大）。

如果想用這種格式保存模型，只需要指定輸出目錄，再調用 `tf.saved_model.save()` 就可以了：

```
export_dir = 'saved_model/1'
tf.saved_model.save(model, export_dir)
```

圖 8-2 顯示的就是我們所保存的目錄結構。

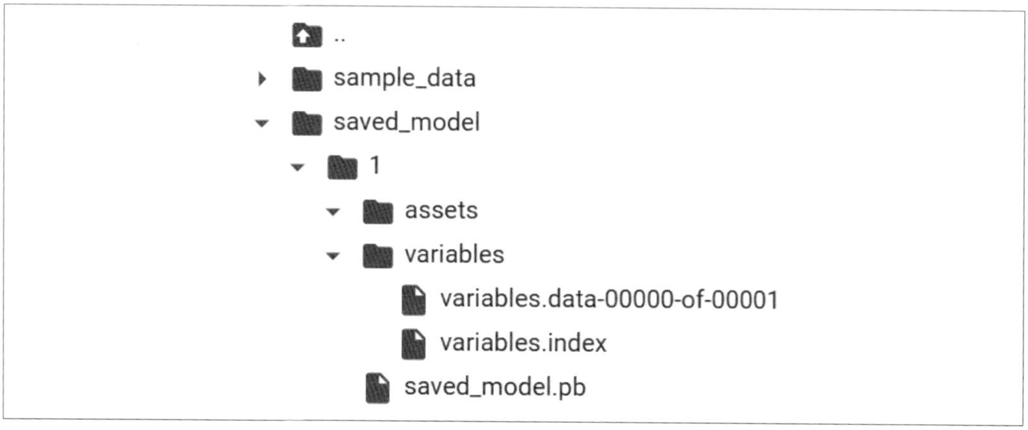

```
..
▸ sample_data
▾ saved_model
  ▾ 1
    ▾ assets
    ▾ variables
        variables.data-00000-of-00001
        variables.index
      saved_model.pb
```

圖 8-2　模型保存後的目錄結構

由於這只是一個很簡單的模型，因此 *variables*（變數）檔案就只有一個分片（shard）。如果是比較大的模型，就有可能拆分成好幾個分片，所以這裡可以看到 *variables.data-00000-of-00001* 這樣的名稱。這個模型並沒有使用到任何的 assets 資源，因此該資料夾是空的。

轉換模型

模型的轉換其實很簡單，只要利用剛才保存的模型，建立一個 converter 轉換器實體，再調用它的 convert 方法即可。這樣就可以得到一個 TFLite 格式的模型，接下來只要把模型以 Byte 的形式寫入檔案串流（file stream），就可以把這個 TFLite 格式的模型保存起來了。

下面就是相應的程式碼：

```
converter = tf.lite.TFLiteConverter.from_saved_model(export_dir)
tflite_model = converter.convert()

import pathlib
tflite_model_file = pathlib.Path('model.tflite')
tflite_model_file.write_bytes(tflite_model)
```

這個以 Byte 形式寫入檔案的程序，最後會送回一個數字，那就是所寫入的 Byte 數量。若使用不同版本的轉換器，這個數字也會略有不同；在撰寫本文的當下，我們的轉換器所寫成的 *model.tflite* 檔案，其大小為 896 Byte。這樣就可以把整個訓練模型封裝起來，其中包括了模型的架構，以及所學習到的各個權重值。

前面所介紹的這種採用 Python API 的做法，雖然是執行模型轉換時比較推薦的一種做法，不過 TensorFlow 團隊另外也提供了指令行工具的做法，可做為你的另一個選擇。你也可以直接到 *https://www.tensorflow.org/lite/convert* 瞭解更多相關的資訊。

用獨立的直譯器來測試模型

在直接跳進 iOS 或 Android 開始使用模型之前，我們應該先利用 TensorFlow Lite 的獨立直譯器（interpreter），查看一下模型能否正常運作[譯註]。這個直譯器可在 Python 環境下執行，因此只要有能力執行 Python，就算是內嵌式系統（比如執行 Linux 系統的 Raspberry Pi 樹莓派）也能夠順利使用！

下一個步驟就是把模型載入直譯器，然後再配置張量，把輸入資料送入模型進行預測，最後再讀取模型所輸出的預測結果。從程式設計者的角度來看，這就是 TensorFlow Lite 與 TensorFlow 在使用上差異很大的所在。如果使用的是 TensorFlow，只要直接用一個 `model.predict(XXX)` 就能取得預測結果，但由於 TensorFlow Lite 的依賴項目並不像 TensorFlow 那麼多（尤其是在非 Python 的環境下），因此我們必須做一些比較低階的工作，處理一些輸入輸出的張量，調整好資料的格式，以符合張量的形式，最後還要對輸出結果進行解析，再轉換成對裝置來說有意義的結果。

首先要載入模型並配置張量：

```
interpreter = tf.lite.Interpreter(model_content=tflite_model)
interpreter.allocate_tensors()
```

然後再從模型取得一些輸入輸出相關的詳細資訊，這樣才能進一步瞭解模型所期望收到的資料格式，以及模型所送出來的資料格式：

```
input_details = interpreter.get_input_details()
output_details = interpreter.get_output_details()
print(input_details)
```

[譯註] interpreter 在程式語言領域通常稱之為「直譯器」，可以與 complier「編譯器」相區隔。但這裡指的應該是模型的「解譯器」，用途上則是把輸入資料轉換成相應的輸出結果，因此本書雖然還是採用「直譯器」的譯法，但請注意它與程式語言裡的「直譯器」並不是相同的東西

這裡會輸出一大堆的東西！

首先，我們來檢查一下輸入參數。請注意 shape（形狀）的設定，是一個 [1,1] 的陣列。另外還要注意所使用的資料型別（dtype；另用 class 來標示），這裡的設定為 numpy.float32。這些設定就決定了輸入資料的形狀與格式：

```
[{'name': 'serving_default_dense_input:0', 'index': 0,
  'shape': array([1, 1], dtype=int32),
  'shape_signature': array([1, 1], dtype=int32),
  'dtype': < class 'numpy.float32'="">,
  'quantization': (0.0, 0),
  'quantization_parameters': {'scales': array([],
                              dtype=float32),
                              'zero_points': array([], dtype=int32),
                              'quantized_dimension': 0},
  'sparsity_parameters': {}}]
```

因此，如果要預測 x = 10.0 所對應的 y 值，在格式化輸入資料時，就必須用下面這樣的程式碼，定義好輸入陣列的形狀（shape）與資料型別（dtype）：

```
to_predict = np.array([[10.0]], dtype=np.float32)
print(to_predict)
```

10.0 兩邊的雙重中括號，或許會讓你覺得有點奇怪——array[1,1] 這個助記符號，意思就是說有一個列表，[ ] 裡頭只有一個資料，而這個資料本身也是一個列表，裡頭只有一個值，也就是 [10.0]，因此就有了 [[10.0]] 這樣的東西。另外還有個容易混淆之處，就是 shape 的定義為 dtype=int32，我們卻說資料格式為 numpy.float32。其實 shape 裡的 dtype 參數，指的是 1, 1 這兩個用來定義 shape 形狀的數字資料型別，而不是真正存放在這個列表內的資料相應的型別。正因為如此，所以這裡才用 class 來稍作區分。

你也可以用 print(output_details) 把輸出的詳細資訊列印出來。

其中的內容應該很相似，比較需要注意的還是 shape 形狀。由於同樣也是 [1,1] 的一個陣列，因此可預期所得到的答案應該是 [[y]] 這種形式，與輸入 [[x]] 的形式大致上是相同的：

```
[{'name': 'StatefulPartitionedCall:0',
  'index': 3,
  'shape': array([1, 1], dtype=int32),
  'shape_signature': array([1, 1], dtype=int32),
  'dtype': < class 'numpy.float32'="">,
  'quantization': (0.0, 0),
  'quantization_parameters': {'scales': array([], dtype=float32),
                              'zero_points': array([], dtype=int32),
```

```
                                      'quantized_dimension': 0},
      'sparsity_parameters': {}}]
```

為了讓直譯器進行預測，我們必須把輸入張量設為 to_predict 的值，告訴它用什麼值來做為輸入：

```
interpreter.set_tensor(input_details[0]['index'], to_predict)
interpreter.invoke()
```

指定輸入張量時，會用到 input_details 這個陣列裡的 index（索引）。在這裡的例子中，我們的模型非常單純，只有一個輸入項目，也就是 input_details[0]，我們可以取它的 index 索引值來使用。input_details 的第 0 項只有一個 index，其值為 0，而所預期的輸入資料形狀，應該就是 [1,1]（如之前所定義）。所以，我們只要把 to_predict 的值放進去就可以了。接下來即可調用直譯器的 invoke 方法。

然後，我們只要調用 get_tensor，並提供所要讀取的張量相關資訊，就可以取得預測的結果：

```
tflite_results = interpreter.get_tensor(output_details[0]['index'])
print(tflite_results)
```

同樣的，模型也只有一個輸出張量，那就是 output_details[0]，我們只要利用 index 裡的值，就可以取得所要的輸出結果。

舉例來說，假設我們執行以下的程式碼：

```
to_predict = np.array([[10.0]], dtype=np.float32)
print(to_predict)
interpreter.set_tensor(input_details[0]['index'], to_predict)
interpreter.invoke()
tflite_results = interpreter.get_tensor(output_details[0]['index'])
print(tflite_results)
```

應該就會得到如下的輸出：

```
[[10.]]
[[18.975412]]
```

其中 10 就是輸入值，18.97 則是預測值，這個值非常接近 19（也就是 $x = 10$ 時 $2x - 1$ 的計算結果）。至於為什麼不是精準的 19 這個值，請回頭看一下第一章的說明！

請注意，你或許在第 1 章看過另一個略有不同的結果（例如 18.984），之所以會這樣，主要有兩個理由。第一，神經元都是從不同的隨機初始化狀態開始進行學習，因此最終的值確實可能略有不同。再者，把模型壓縮為 TFLite 模型的過程中，所進行的最佳化處理也有可能影響最終的結果。稍後在建立更複雜的模型時，請特別記住這一點——針對行動裝置進行轉換時，請隨時留意轉換本身對於結果準確度的任何影響，這可說是非常重要的一件事。

現在我們已經使用獨立直譯器測試過模型，看來確實如預期可順利執行，下一步就可以來構建一個簡單的 Android 應用程式，看看使用這樣的模型會有什麼樣的效果！

建立一個可運用 TFLite 模型的 Android App

請在 Android Studio 建立一個使用單一 Activity 範本的 Android App。如果你還不太熟悉怎麼做，請先回頭做一遍第 3 章的所有步驟。那裡就有很詳細的介紹！

接著請修改你的 *build.gradle* 檔案，把 TensorFlow Lite 包含進來：

```
implementation 'org.tensorflow:tensorflow-lite:2.4.0'
```

我在這裡用的是 2.4.0 版。你也可以到 Bintray 網站（*https://oreil.ly/Y3kb0*）查看目前可採用的最新版本。

我們還要在 `android{ }` 的段落裡，進行一些新的設定如下：

```
android{
...
    aaptOptions {
        noCompress "tflite"
    }
...
}
```

這個步驟會阻止編譯器壓縮你的 *.tflite* 檔案。Android Studio 在編譯時會嘗試壓縮一些 assets 資源，這樣就可以讓使用者在 Google Play 商店下載 App 時縮短所需的時間。但如果 .tflite 檔案被壓縮，TensorFlow Lite 直譯器就認不出它了。為了確保 *.tflite* 檔案不會被壓縮，我們必須特別針對 tflite 把 `aaptOptions` 設定為 `noCompress`。如果你採用的是不同的副檔名（例如有人用 *.lite* 做為副檔名），請務必確認這裡一定要做好相應的設定。

現在可以開始構建專案了。TensorFlow Lite 函式庫會自動下載並做好相關的鏈結。

再來就要更新 Activity 檔案（你可以在 layout 目錄中找到這個檔案），建立一個簡單的使用者介面。其中應該有一個 EditText，可以讓我們輸入一個值；另外還有一個 Button 按鈕，可以在按下之後觸發模型進行推測：

```
<?xml version="1.0" encoding="utf-8"?>
<LinearLayout xmlns:tools="http://schemas.android.com/tools"
    android:orientation="vertical"
    xmlns:android="http://schemas.android.com/apk/res/android"
    android:layout_height="match_parent"
    android:layout_width="match_parent">

    <LinearLayout
        android:layout_width="match_parent"
        android:layout_height="wrap_content">

        <TextView
            android:id="@+id/lblEnter"
            android:layout_width="wrap_content"
            android:layout_height="wrap_content"
            android:text="Enter X:  "
            android:textSize="18sp"></TextView>

        <EditText
            android:id="@+id/txtValue"
            android:layout_width="180dp"
            android:layout_height="wrap_content"
            android:inputType="number"
            android:text="1"></EditText>

        <Button
            android:id="@+id/convertButton"
            android:layout_width="wrap_content"
            android:layout_height="wrap_content"
            android:text="Convert">

        </Button>
    </LinearLayout>
</LinearLayout>
```

開始編寫程式碼之前，必須先把 TFLite 檔案匯入 App。接著就來看看怎麼做。

匯入 TFLite 檔案

首先要在專案中，建立一個 *assets* 資料夾。我們可以先來到專案資源瀏覽器（project explorer）裡的 *app/src/main* 資料夾，用右鍵點擊 *main* 資料夾，並選取 New Directory（新增目錄）。請把它取名為 *assets*。接著再把訓練完成後下載的模型 *.tflite* 檔案拖到該目錄中。如果你沒建立過這個檔案，也可以直接使用本書 GitHub 儲存庫裡的檔案。

如果此時收到警告，說該檔案並不在正確的目錄中，因此 Model Binding（模型綁定）已被禁用，目前暫時忽略這個警告是沒問題的。我們之後會探討「模型綁定」的做法，它可適用於許多固定的應用場景：這種做法可以讓我們在匯入 *.tflite* 模型時更加輕鬆，而不需要再進行本範例所介紹的許多手動步驟。我們在這裡會做一些比較低階的動作，以便更深入理解 Android Studio 使用 TFLite 檔案的具體細節。

把 assets 資源目錄添加到 Android Studio 之後，專案資源瀏覽器應該就如圖 8-3 所示。

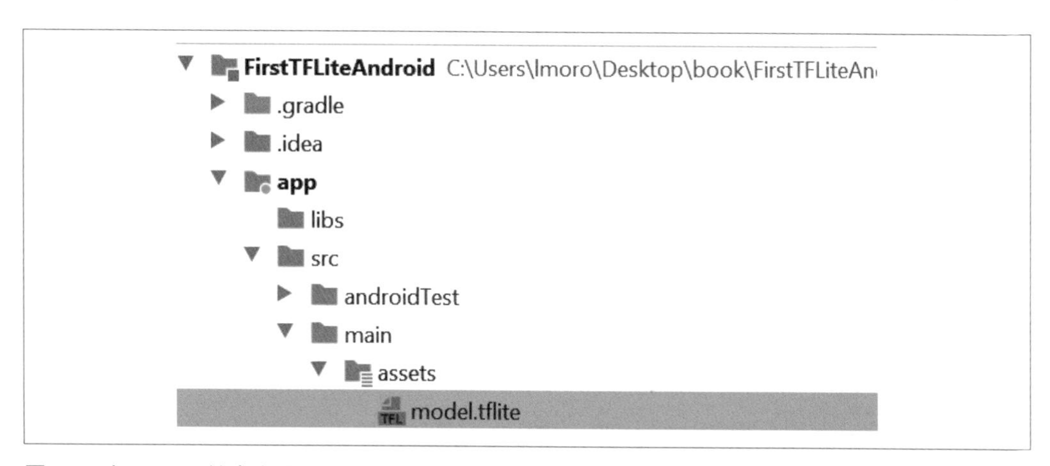

圖 8-3　把 TFLite 檔案當成 assets 資源檔案添加到專案中

現在一切就緒，我們可以開始寫程式了！

編寫出可運用模型的 Kotlin 程式碼

雖然我們使用的是 Kotlin，但原始程式碼檔案還是都放在 *java* 目錄！只要開啟此目錄，就會看到一個以專案名稱為名的資料夾。在這個資料夾內，應該可以看到一個名為 *MainActivity.kt* 的檔案。只要雙擊此檔案，就可以在程式碼編輯器看到檔案的內容。

首先，我們需要一個輔助函式，從 *assets* 目錄載入 TensorFlow Lite 模型：

```
private fun loadModelFile(assetManager: AssetManager,
                          modelPath: String): ByteBuffer {
    val fileDescriptor = assetManager.openFd(modelPath)
    val inputStream = FileInputStream(fileDescriptor.fileDescriptor)
    val fileChannel = inputStream.channel
    val startOffset = fileDescriptor.startOffset
    val declaredLength = fileDescriptor.declaredLength
    return fileChannel.map(FileChannel.MapMode.READ_ONLY,
           startOffset, declaredLength)
}
```

.tflite 檔案實際上是一個二進位 blob 檔案，直譯器會利用保存在其中的權重與偏差值，構建出一個內部神經網路模型；如果使用 Android 的術語，它就是一個 `ByteBuffer`。這段程式碼會從 `modelPath` 載入檔案，然後送回來一個 `ByteBuffer`。（雖然之前應該已經確認過，但這裡還是要再提醒一下，在編譯階段千萬不要壓縮此類型的檔案，否則 Android 將無法辨識檔案裡的內容。）

接著在 Activity 的程式碼中，請在 class 物件類別內（也就是緊跟在 class 宣告的下方，而不是在 class 物件類別的任何函式內），針對模型與直譯器（interpreter）做好宣告的動作：

```
private lateinit var tflite : Interpreter
private lateinit var tflitemodel : ByteBuffer
```

這樣一來，在這個例子中負責執行所有工作的 interpreter 直譯器物件，就會被取名為 **`tflite`**，而以 `ByteBuffer` 的形式載入到直譯器內的模型，則取名為 **`tflitemodel`**。

接著在 `onCreate` 方法（Activity 一旦建立起來，就會調用此方法）添加一些程式碼，建立一個直譯器的實體，並把 `model.tflite` 這個模型檔案載入其中：

```
try{
    tflitemodel = loadModelFile(this.assets, "model.tflite")
    tflite = Interpreter(tflitemodel)
} catch(ex: Exception){
    ex.printStackTrace()
}
```

此外，`onCreate` 裡也要針對使用者會用到的兩個控制元件添加一些程式碼——我們會在 `EditText` 裡輸入一個值，然後再按下 `Button` 按鈕以取得推測結果：

```
var convertButton: Button = findViewById< Button>(R.id.convertButton)
convertButton.setOnClickListener{
    doInference()
```

```
}
txtValue = findViewById< EditText>(R.id.txtValue)
```

我們也必須在 class 物件類別裡頭（也就是在 tflite 與 tflitemodel 的旁邊），對 EditText 做出宣告的動作，因為後面的函式會用到它。做法如下：

```
private lateinit var txtValue : EditText
```

最後，終於來到進行推測的部分了。我們可以用一個叫做 doInference 的函式來進行這項工作：

```
private fun doInference(){
}
```

在這個函式中，我們可以收集使用者所輸入的資料，再送入 TensorFlow Lite 以取得推測結果，最後再把送回來的值顯示出來。

在這個例子中，推測的過程非常簡單。如果是比較複雜的模型，就有可能需要花費比較長的時間，這樣或許會影響到使用者介面的執行緒，因此當你在構建自己的 App 時，請留意有可能會出現這樣的情況。

使用者用來輸入數字的 EditText 控制元件，實際上提供的是一個字串，因此要先把它轉換成一個浮點數：

```
var userVal: Float = txtValue.text.toString().toFloat()
```

還記得第 1 章與第 2 章曾經說過，把資料送入模型時，通常要先把它化為 NumPy 陣列的格式。NumPy 雖然是很重要的一個 Python 套件，但在 Android 內卻無法使用，還好這裡只要使用 FloatArray 就可以了。我們就算只送入一個值，還是必須把這個值放在陣列中，大致上有點像一個張量的感覺：

```
var inputVal: FloatArray = floatArrayOf(userVal)
```

模型會送回來一串需要進行解譯的 Byte 串流資料。由於我們知道從模型取出的是一個浮點數值，考慮到浮點數會佔用 4 Byte，因此我們可以設定一個 4 Byte 的 ByteBuffer 來接收模型的輸出。這幾個 Byte 的排列順序（order）有好幾種不同的排列方式，不過這裡只需要採用預設的原生排列順序即可：

```
var outputVal: ByteBuffer = ByteBuffer.allocateDirect(4)
outputVal.order(ByteOrder.nativeOrder())
```

若要執行推測，我們可以調用直譯器的 run 方法，並把之前所宣告的輸入輸出變數直接送進去。這樣它就可以讀取到輸入值，並把結果寫入到輸出變數中：

```
tflite.run(inputVal, outputVal)
```

輸出結果會被寫入到 ByteBuffer 中，而且現在它的 pointer 指針就指向這個 ByteBuffer 的末尾處。如果想讀取輸出結果，就必須把指針重新設到這個 ByteBuffer 的開頭處：

```
outputVal.rewind()
```

這樣一來我們就可以讀取到 ByteBuffer 的內容，取得一個浮點數了：

```
var inference:Float = outputVal.getFloat()
```

我們可以用一個警示對話框（AlertDialog），把這個值顯示給使用者看：

```
val builder = AlertDialog.Builder(this)
with(builder)
{
    setTitle("TFLite Interpreter")
    setMessage("Your Value is:$inference")
    setNeutralButton("OK", DialogInterface.OnClickListener {
            dialog, id -> dialog.cancel()
    })
    show()
}
```

現在這個 App 終於可以執行了，請自己隨意試一下吧！圖 8-4 就是某一次的執行結果，我輸入了 10，模型則給出 18.984955 的推論，結果就顯示在一個警示對話框中。要注意的是，由於之前所討論過的原因，你所看到的值或許和這裡有所不同。在訓練模型時，神經網路一開始會先進行隨機初始化，因此它收斂的過程有可能是從不同起點開始的；所以，你的模型確實有可能得出稍微不同的結果。

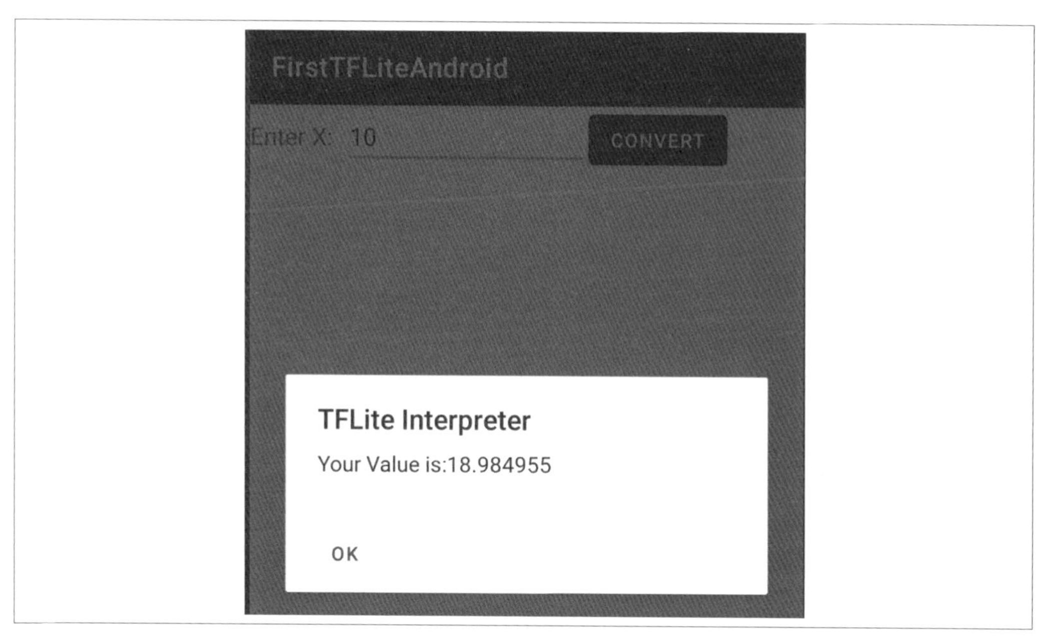

圖 8-4 執行推測

有了基礎，就來超越一下吧

前面的範例非常簡單——我們的模型只接受單一輸入值，再送出單一輸出值。這兩個值都是浮點數，需要佔用 4 Byte 的儲存空間，因此我們各建立了 4 Byte 的 ByteBuffer，而且我們很清楚知道其中只包含單一數值。如果使用到比較複雜的資料，就必須先花點力氣把資料轉換成模型所預期的格式，這裡就有很多工作要做了。我們接著就來看一個運用到圖片的範例。隨後在第 9 章我們還會介紹 Model Maker 的做法；Model Maker 是一個非常有用的工具，如果是一般常見的應用場景（包括像這裡的圖片分類範例），只要想透過 Android 或 iOS 使用 TFLite，就可以用這個工具把其中的複雜度抽象化；但我認為直接打開引擎蓋，稍微探索一下模型如何管理資料的進出，應該也是很有用的練習才對；將來如果遇到比較不常見的應用場景，這就是很有用的經驗了！

舉例來說，我們就從圖 8-5 這張圖片開始吧；這是一張很簡單的小狗圖，大小恰好是 395 × 500 像素。這是之前那個可分辨貓狗的模型所用到的一張圖片。我並不打算詳細介紹如何建立模型，但本書的程式碼儲存庫有一個 notebook 檔案，裡頭已經有寫好的程式碼，還有一個可進行推測的範例 App。寫好的程式碼全都放在 *Chapter8_Lab2.ipynb*（*https://oreil.ly/mohak*）這個檔案中，而那個範例 App 則取名為「cats_vs_dogs」。

圖 8-5　用來進行辨識的小狗圖

我們所要做的第一件事，就是把圖片的大小調整為 224 × 224 像素，也就是訓練模型時所採用的圖片大小。在 Android 中，只要使用 Bitmap 函式庫就能完成這項工作。舉例來說，你可以用以下的方式，建立一個全新的 224 × 224 bitmap：

```
val scaledBitmap = Bitmap.createScaledBitmap(bitmap, 224, 224, false)
```

（在這個例子中，bitmap 就是從 App 的 assets 資源目錄載入的原始圖片。這個 App 的完整程式碼就放在本書的 GitHub 程式碼儲存庫中。）

調整好尺寸之後，我們還要把這張圖片從原本的結構，調整成模型所需的結構。也許你還記得，本書之前在訓練模型時，會先把圖片轉換成歸一化數值張量。舉例來說，這裡的圖片會變成一個 (224, 224, 3) 的張量：224 × 224 是長度與寬度，也就是圖片的大小，3 則是深度（depth），代表不同的顏色。這些值全都會被歸一化成 0 到 1 之間的數值。

簡而言之，我們需要 224 × 224 × 3 個介於 0 到 1 之間的浮點數值，來表示這一張圖片。如果全都保存在一個 ByteArray 中，每個浮點數都要佔用 4 Byte，因此我們可以使用下面這段程式碼：

```
val byteBuffer = ByteBuffer.allocateDirect(4 * 224 * 224 * 3)
byteBuffer.order(ByteOrder.nativeOrder())
```

另一方面，Android 會以 ARGB 值的形式，用 32 位元整數保存圖片裡的每一個像素。每一個特定的像素，看起來大概就像是 0x0010FF10 的模樣。最前面兩個值是透明度，這裡可以予以忽略，其餘數字則分別代表 RGB 的值（也就是說，0x10 代表紅色、0xFF 代表綠色、0x10 則代表藍色的強度）。目前為止最簡單的歸一化做法，就是把 R、G、B 各通道的值除以 255 即可，這樣一來紅色的值就會變成 0.06275，綠色變成 1，藍色則變成 0.06275。

為了進行這個轉換，我們先把 bitmap 轉換成一個 224 × 224 的整數陣列，然後再把像素複製進去。這裡可以用 getPixels 這個 API 來執行此操作：

```
val intValues = IntArray(224 * 224)

scaledbitmap.getPixels(intValues, 0, 224, 0, 0, 224, 224)
```

getPixels 這個 API 的詳細資訊，可參見 Android 開發者文件（*https://oreil.ly/EFs1Q*），其中針對各參數都有相應的說明。

我們會以迭代的方式遍歷整個陣列，一個一個讀取每個像素，並把各通道的值全都轉換成歸一化的浮點數。這裡採用的是「位元平移」（bit shifting）的做法，以取出各特定通道的值。以之前那個 0x0010FF10 的值為例，如果把它向右平移 16 個位元，就會得到 0x0010（原本的 FF10 則「不見了」）。接著再讓它與 0xFF 進行「and」（且）運算，就會得到 0x10 的結果，等於只留下最右邊的兩個數字。如果用類似的做法，向右平移 8 位元，就會得到 0x0010FF 的值，然後同樣再與 0xFF 進行「and」運算。這樣的技術（通常稱為 *masking* 遮罩）可以讓我們快速又輕鬆移除掉像素的某些特定位元。實際上只要對整數進行 shr 運算，就可以達到位元平移的效果，例如 input.shr(16) 就表示「把輸入向右平移 16 個位元」：

```
var pixel = 0
for (i in 0 until INPUT_SIZE) {
  for (j in 0 until INPUT_SIZE) {
    val input = intValues[pixel++]
    byteBuffer.putFloat(((input.shr(16)  and 0xFF) / 255))
    byteBuffer.putFloat(((input.shr(8) and 0xFF) / 255))
    byteBuffer.putFloat(((input and 0xFF)) / 255))
  }
}
```

和之前一樣的是，如果想要取得輸出結果，就必須先定義一個陣列來保存輸出的結果。這個陣列並不一定非得是一個 ByteArray；實際上，如果我們知道結果將會是浮點數值（通常是），就可以直接把它定義成像是 FloatArray 這樣的東西。這裡所採用的是一個可分辨貓狗的模型，結果會有兩種標籤，而模型架構也在輸出層定義了兩個神經元，分別針對 cat（貓）與 dog（狗）給出相應的屬性值。為了讀取輸出的結果，我們可以定義一個結構如下，用來存放輸出張量：

```
val result = Array(1) { FloatArray(2) }
```

請注意，這是個單一元素陣列，而元素本身也是個陣列，裡頭有兩個元素。回想一下，我們在使用 Python 時，也曾經看過類似 [[1.0 0.0]] 這樣的值——這裡也是一樣的東西。Array(1) 定義的是外面的陣列 []，而 FloatArray(2) 則是裡面的那個陣列 [1.0 0.0]。當然，你或許覺得這樣很容易搞混，不過等你寫出越來越多的 TensorFlow App 之後，就會越來越習慣了！

接下來和之前一樣，我們用 interpreter.run 來進行推測：

```
interpreter.run(byteBuffer, result)
```

如此一來，所得到的結果（result）應該就是一個陣列，其中包含了兩個數值（一個是「圖片為貓」的機率，另一個則是「圖片為狗」的機率）。圖 8-6 顯示的就是 Android debugger 裡看到的輸出結果——在這張圖中可以看到，只有 1% 的機率是貓，有 99% 的機率應該是狗才對！

```
▶ this = {Classifier@9590}
▶ bitmap = {Bitmap@9591} "" ... View Bitmap
▶ p scaledBitmap = {Bitmap@9592} "" ... View Bitmap
▶ byteBuffer = {DirectByteBuffer@9593} "java.nio.DirectByteBuffer[pos=602112 lim=602112 cap=602112]"
▼ p result = {float[1][]@9594}
    ▼ 0 = {float[2]@9599}
        01 0 = 0.012712446
        01 1 = 0.9872875
```

圖 8-6　解析輸出值

用 Android 建立行動 App 時，最複雜的大概就是這些東西了——當然，模型的建立有可能更加複雜。Python 用來表示各種值的方式（尤其是搭配使用 NumPy 的情況下），很有可能與 Android 的方式大不相同。我們往往必須建立轉換器，一方面必須瞭解神經網路所期待的是什麼樣的輸入資料，以便重新格式化我們的資料，另一方面還必須瞭解神經網路所輸出的資料結構，這樣才能順利解析輸出的結果。

建立一個可運用 TFLite 模型的 iOS App

之前我們探討的是，如何建立一個可運用 y = 2x − 1 這個簡單模型的 Android App。接著就來看看，如何在 iOS 做到同樣的事情。如果你想學習此範例，就需要一部 Mac，因為過程中會用到 Xcode 這個開發工具（只能在 Mac 使用）。如果你還沒安裝好 Xcode 這個開發工具，可以從 App Store 進行安裝。它會提供所需的一切，包括一個 iOS 模擬器——你可以直接在模擬器中執行 iPhone 與 iPod 的 App，而不需要用到真正的手機。

第 1 步：建立一個基本的 iOS App

打開 Xcode 並選取 File（檔案）→ New Project（新專案），系統就會要求你為新專案選擇一個範本。請選擇 Single View App（圖 8-7），這就是最簡單的一個範本，然後再點擊 Next（下一步）。

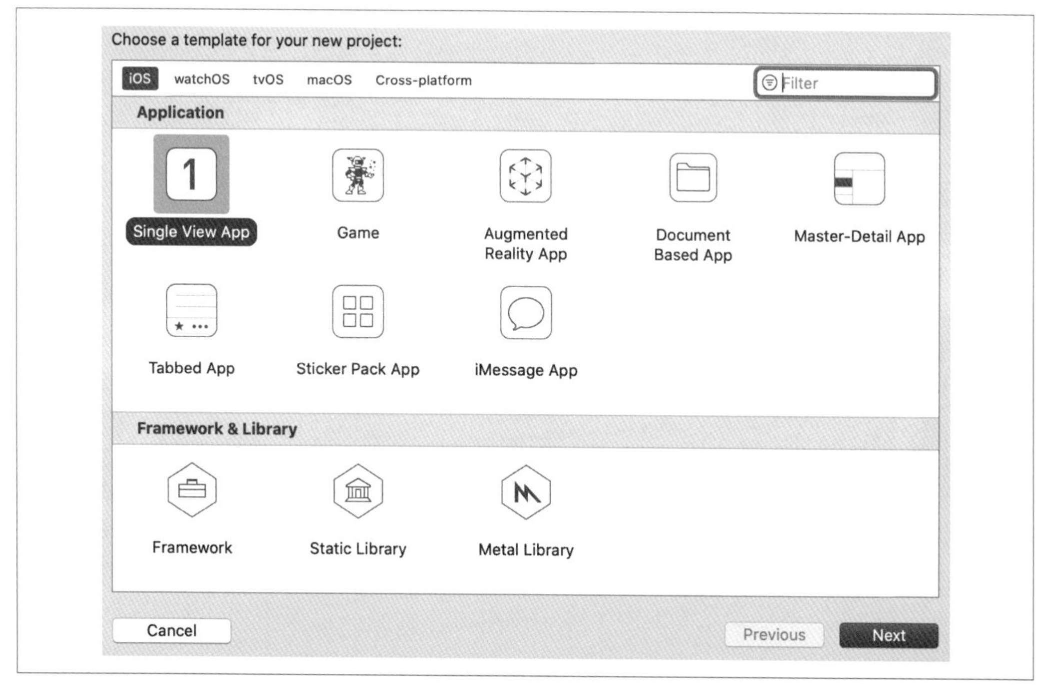

圖 8-7　在 Xcode 建立一個全新的 iOS App

之後，系統會要求你針對新專案設定一些選項，其中包括 App 的名稱。請把專案取名為 *firstlite*，並確認程式語言設為 Swift，使用者介面則設為 Storyboard（圖 8-8）。

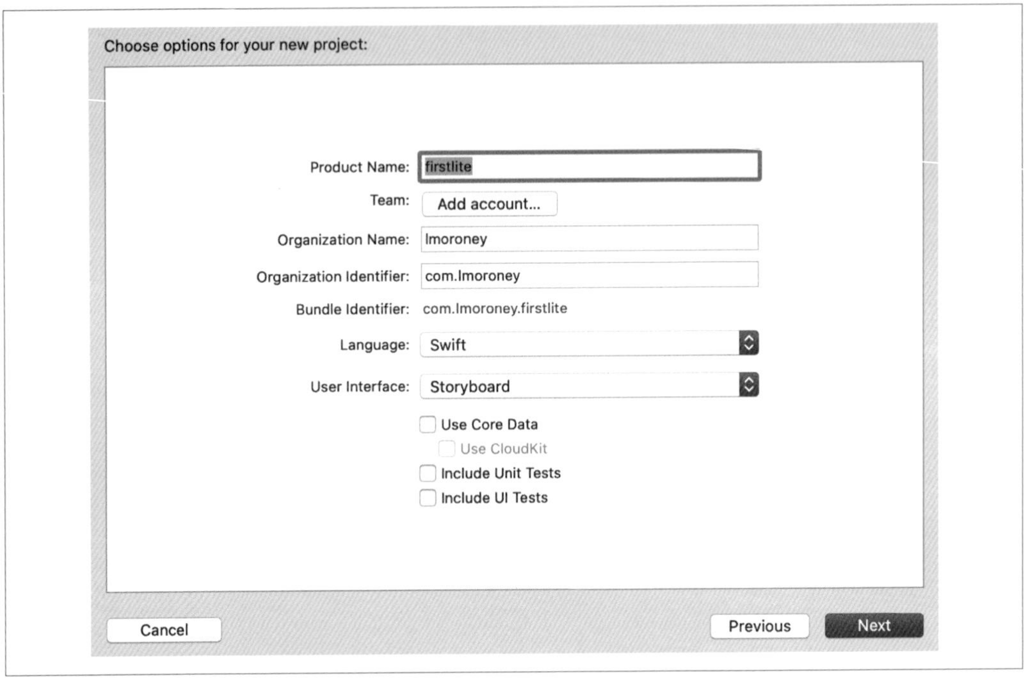

圖 8-8　為新專案設定一些選項

再點擊 Next（下一步），就會建立一個可以在 iPhone 或 iPad 模擬器中執行的基本 iOS App。下一個步驟我們就會把 TensorFlow Lite 添加到專案中。

第 2 步：把 TensorFlow Lite 添加到專案中

如果想把某些依賴項目添加到專案中，可採用 CocoaPods（*https://cocoapods.org*）這個技術，它本身是一個依賴關係管理專案，擁有好幾千個可輕鬆整合到 App 的函式庫。為了把所需的函式庫整合進來，我們必須建立一個名為 *Podfile* 的規格檔案，其中包含專案所要使用的依賴項目相關的詳細資訊。它是個單純的文字檔案，其名稱為 Podfile（沒有副檔名），我們應該把它放在 Xcode 所建立的 *firstlite.xcodeproj* 檔案同一個目錄下。其內容應該如下：

```
# 取消下一行的注釋，即可為專案定義一個全局平台
platform :ios, '12.0'

target 'firstlite' do
  # ImageClassification 的 Pods
  pod 'TensorFlowLiteSwift'
end
```

其中比較重要的部分，就是 `pod 'TensorFlowLiteSwift'` 這一行，它的意思就是要把 TensorFlow Lite Swift 函式庫添加到專案中。

接著請使用終端機程式，切換到 Podfile 檔案所在的目錄，並送出下面的指令：

```
> pod install
```

然後依賴項目就會被下載並添加到專案中，保存在一個名為 *Pods* 的新資料夾內。我們還可以看到多了一個 *.xcworkspace* 檔案，如圖 8-9 所示。未來請改用這個檔案（而不是 *.xcodeproj* 檔案）來開啟你的專案。

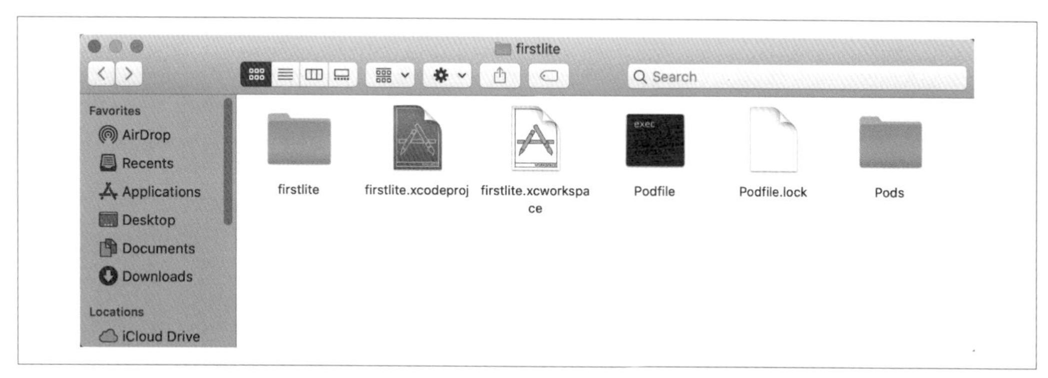

圖 8-9　執行 pod install 之後的檔案結構

現在我們已擁有一個最基本的 iOS App，而且 TensorFlow Lite 的依賴項目也已經添加到專案中了。下一個步驟就是建立使用者介面。

第 3 步：建立使用者介面

Xcode 的 Storyboard 編輯器是一個視覺化工具，可用來建立使用者介面。我們只要開啟 .xcworkspace 檔案，就可以在 Xcode 的畫面左側看到原始檔案的列表。請選擇其中的 *Main.storyboard*，然後打開 controls palette（控制元件面板），把控制元件拖放到 iPhone 螢幕的 View 之中（參見圖 8-10）。

如果找不到控制元件面板，也可以直接點擊螢幕右上角的 +（圖 8-10 特別框了出來）。請利用它添加一個 Label 標籤，並把文字修改為「Enter a Number」（輸入一個數字）。然後再添加一個 Label 標籤，並把文字修改成「Result goes here」（結果在此）。接著再添加一個 Button 按鈕，並把它的說明文字修改為「Go」（執行），最後再添加一個 TextField 文字欄位。請把這些東西按照圖 8-10 的方式排列。排得不太整齊也沒關係！

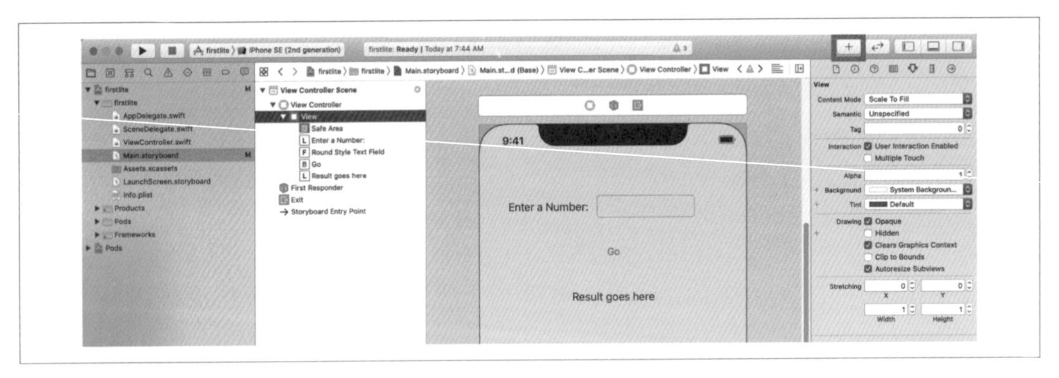

圖 8-10　把一些控制元件添加到 Storyboard 中

現在控制元件已經擺放完成，我們希望可以在程式碼中，參照到這些控制元件。如果用 Storyboard 的專門用語來說，只要是想對特定控制元件進行讀取或設定其內容，就選擇採用 *outlet*；如果想在使用者與控制元件互動時執行某些程式碼，選用 *action* 就對了。

如果想把控制元件與程式碼連接起來，最簡單的方式就是利用分割畫面，其中一邊放著 Storyboard，另一邊則放著相應的 *ViewController.swift* 程式碼。只要選取分割畫面的圖標（圖 8-11 特別框了出來），然後點擊某一邊選取 Storyboard，接著再點擊另一邊選取 *ViewController.swift*，就可以達到所要的效果了。

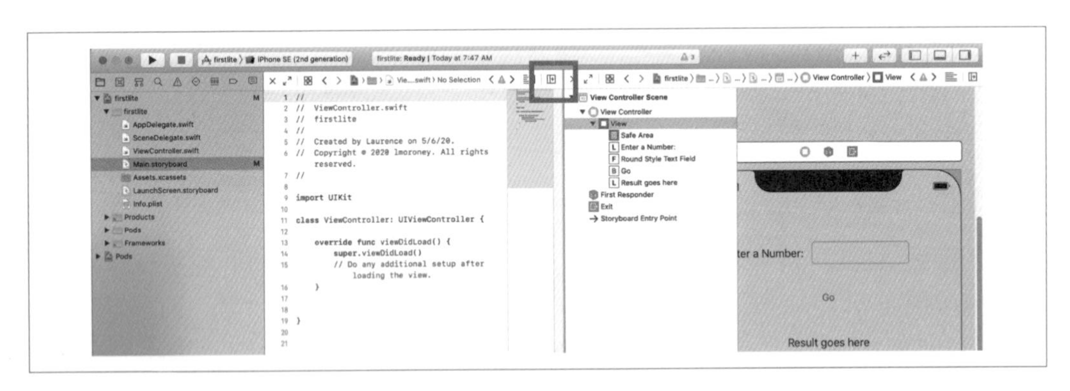

圖 8-11　分割畫面

完成以上操作之後，就可以用拖放的方式建立所需的 outlet 與 action 了。我們這個 App 可以讓使用者在文字欄位內輸入一個數字，並在按下 Go 按鈕之後，根據輸入的值執行推測。推測的結果會顯示在目前標有「Result goes here」（結果在此）的標籤內。

這也就表示，我們會針對其中兩個控制元件進行讀取或寫入：首先要「讀取」文字欄位的內容，取得使用者所輸入的東西，然後再把推測結果「寫入」到「Result goes here」（結果在此）的標籤內。因此，我們會用到兩個 outlet。如果想建立 outlet 的程式碼，我們可以按住 Ctrl 鍵，然後把 Storyboard 裡的控制元件拖進 *ViewController.swift* 檔案，丟到 class 定義的下方就可以了。此時會彈出一個小視窗，要求你做出一些定義（參見圖 8-12）。

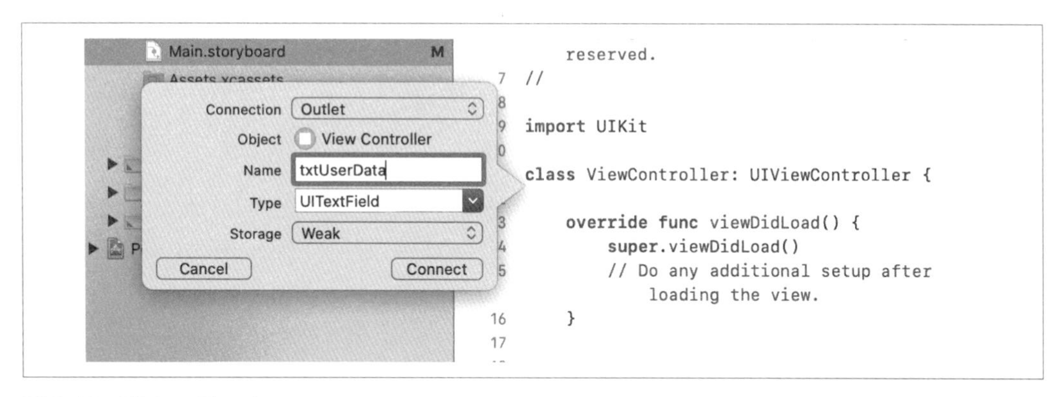

圖 8-12　建立一個 outlet

請確認 Connection（連接）類型為 Outlet，然後使用 txtUserData 這個名稱，針對文字欄位建立一個 outlet，接著再用 txtResult 這個名稱，針對標籤建立一個 outlet。

下一步請把按鈕拖進 *ViewController.swift* 檔案。在彈出的小視窗內，請確認 Connection（連接）類型設為 Action，Event（事件）類型則設為 Touch Up Inside（在按鈕範圍內按下並放開）。這樣就可以定義一個名為 btnGo 的 action（參見圖 8-13）。

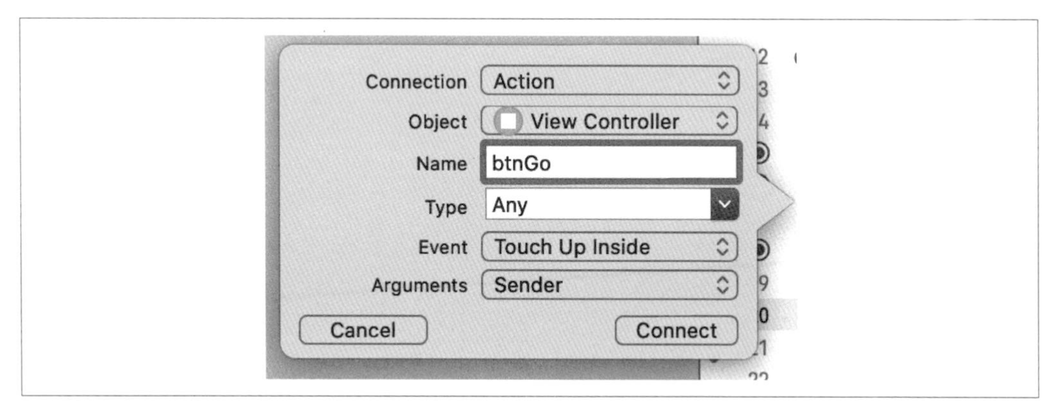

圖 8-13　添加一個 action

此時你的 *ViewController.swift* 檔案看起來應該就像下面這樣 —— 請注意 IBOutlet 與 IBAction 的程式碼：

```
import UIKit

class ViewController: UIViewController {
    @IBOutlet weak var txtUserData: UITextField!

    @IBOutlet weak var txtResult: UILabel!
    @IBAction func btnGo(_ sender: Any) {
    }
    override func viewDidLoad() {
        super.viewDidLoad()
        // 載入 View 之後，可進行一些額外的設定。
    }
}
```

既然已搞定使用者介面，下一步就是要建立程式碼來處理推測的工作。我們並不打算把這部分程式碼放在同一個 Swift 檔案，而是把它放到另一個單獨的程式碼檔案，以免與 ViewController 的邏輯全都混在一起。

第 4 步：添加模型推測物件類別並進行初始化

為了把模型推測的部分與使用者介面切分開來，我們會另外建立一個新的 Swift 檔案，其中包含一個 ModelParser 物件類別。它就是把資料送入模型、執行推測、解析結果的所在。請在 Xcode 選取 File（檔案）→ New File（新檔案），然後再選取 Swift File 這個範本類型（參見圖 8-14）。

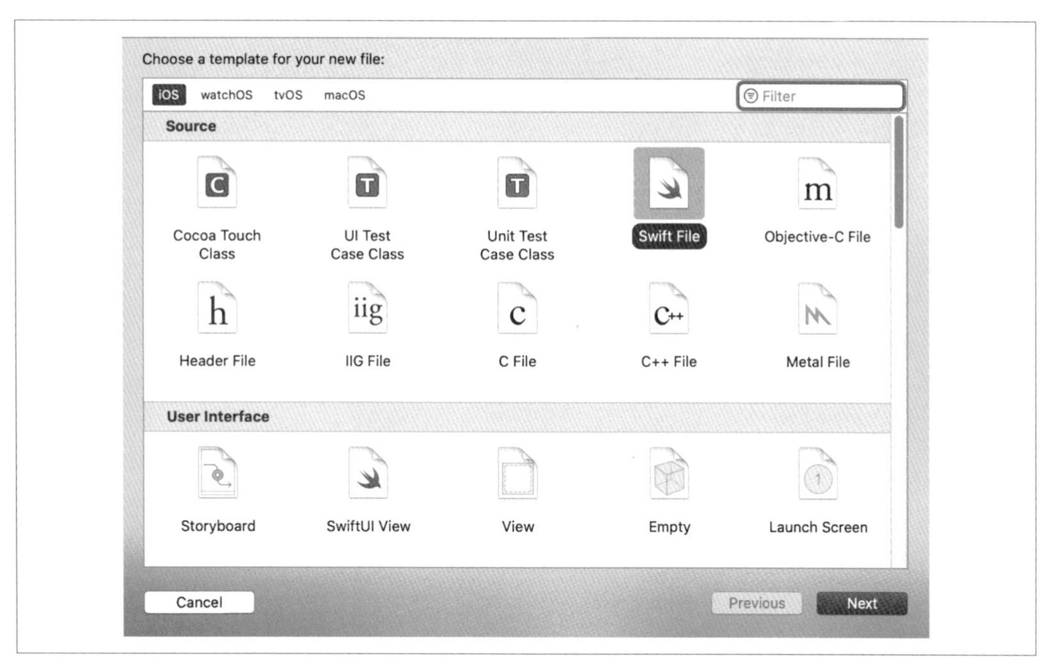

圖 8-14　添加一個全新的 Swift 檔案

請把它取名為 *ModelParser*，並勾選 Targets 裡的 *firstlite*，以確保此檔案指向我們的專案（參見圖 8-15）。

圖 8-15　把 ModelParser.swift 添加到專案中

這樣就把 *ModelParser.swift* 檔案添加到專案中了，接著再編輯這個檔案，加入一些推測相關的邏輯。首先要確認一下，這個檔案最前面記得要匯入 TensorFlowLite：

```
import Foundation
import TensorFlowLite
```

我們會把一個指向模型檔案 *model.tflite* 的引用參照（reference）送進這個物件類別——目前這個物件類別還沒建立起來，但我們很快就會做這件事了：

```
typealias FileInfo = (name: String, extension: String)

enum ModelFile {
  static let modelInfo: FileInfo = (name: "model", extension: "tflite")
}
```

這裡的 `typealias` 和 `enum` 可以讓程式碼更加緊湊一點，稍後就可以看到使用的效果。此外，由於我們之後會把模型載入到 interpreter 直譯器，因此我們先把 interpreter 宣告成這個物件類別的一個 private 變數：

```
private var interpreter: Interpreter
```

Swift 要求變數都要進行初始化，這個工作可以在 `init` 函式裡完成。這個 init 函式會用到兩個輸入參數。第一個參數是 `modelFileInfo`，也就是我們剛才所宣告的 `FileInfo` 資料型別。第二個是 `threadCount`，可用來初始化直譯器的執行緒數量，我們在這裡把它設為 1。在這個函式內，我們會建立一個引用參照（reference），指向之前所說的那個模型檔案（也就是 *model.tflite*）：

```
init?(modelFileInfo: FileInfo, threadCount: Int = 1) {
    let modelFilename = modelFileInfo.name

    guard let modelPath = Bundle.main.path
    (
        forResource: modelFilename,
        ofType: modelFileInfo.extension
    )
    else {
        print("Failed to load the model file")
        return nil
    }
```

只要是把 App 與 assets 資源編譯成一個可部署到裝置上的 package 套件，在 iOS 的專門用語中就會用到「bundle」這樣的一個術語。我們的模型一定要放在 bundle 內，這樣一來只要有模型檔案的路徑，就可以載入模型：

```
do
{
    interpreter = try Interpreter(modelPath: modelPath)
}
catch let error
{
    print("Failed to create the interpreter")
    return nil
}
```

第 5 步：執行推測

接著就可以在 ModelParser 物件類別的內部，讓模型進行推測了。使用者在文字欄位輸入一個字串之後，這個字串就會被轉換成一個浮點數，因此我們可以建立一個函式，只要一取得浮點數，就把它送入模型、執行推測，然後再對所送回來的東西進行解析。

我們首先建立一個叫做 runModel 的函式。這段程式碼必須有能力捕捉到錯誤的情況，所以這裡用 do{ 來做為起頭：

```
func runModel(withInput input: Float) -> Float? {
  do{
```

接下來我們會為 interpreter 直譯器配置張量。這樣就算是完成了模型初始化的工作，為後續的推測工作做好了準備：

```
try interpreter.allocateTensors()
```

接著我們來建立輸入張量。由於 Swift 並沒有 Tensor（張量）這樣的資料型別，因此我們必須利用一個 UnsafeMutableBufferPointer，把資料直接寫入到記憶體。關於這種做法相關的說明，請參見 Apple 開發者文件（*https://oreil.ly/EfDus*）。

我們可以指定 UnsafeMutableBufferPointer 的資料型別（指定為 Float），然後再從 data 這個變數的起始位址開始，直接寫入一個值（因為我們只有一個浮點數）到記憶體中。這樣就可以把浮點數每個 Byte 的資料，有效複製到 buffer 所指向的記憶體緩衝區：

```
var data: Float = input
let buffer: UnsafeMutableBufferPointer< float > =
        UnsafeMutableBufferPointer(start: &data, count: 1)
```

既然資料已放入 buffer 所指向的記憶體緩衝區，我們就可以再把它複製到直譯器的輸入索引 0 的位置。由於我們只有一個輸入張量，因此只要把 buffer 指定給它就可以了：

```
try interpreter.copy(Data(buffer: buffer), toInputAt: 0)
```

如果要進行推測，可以直接調用 interpreter 直譯器的 invoke()：

```
try interpreter.invoke()
```

由於只有一個輸出張量，因此只要在直譯器的輸出索引 0 的位置，就可以讀取到輸出的結果：

```
let outputTensor = try interpreter.output(at: 0)
```

這裡的做法其實很類似之前輸入值的處理做法；由於這裡都是直接處理低階記憶體裡的資料，因此我們稱之為 *unsafe*（不安全的）資料。如果使用的是比較典型的資料型別，資料存放在記憶體內的位置都是由作業系統來進行嚴格管控，這樣就不會出現資料溢出（overflow）或資料被覆寫（overwrite）的問題。至於這裡的做法，我們則是靠自己把資料直接寫入記憶體，因此確實有可能冒著「未確實遵守界限」的風險（所以才會用 *unsafe* 這樣的字眼）。

輸出的結果會被放在一個由 `Float32` 值所構成的陣列中（裡頭只有一個元素，但還是要把它當成一個陣列來進行處理），我們可以用下面的方式來讀取其值：

```
let results: [Float32] = [Float32](unsafeData: outputTensor.data) ?? []
```

如果你不太熟悉 ?? 語法，它的意思就是說，把輸出張量複製到一個由 `Float32` 所構成的陣列，以做為 results 的值，但如果出現失敗的情況（通常是因為出現了 null pointer 空指針錯誤），就改用一個空陣列來做為 results 的值。如果想讓這段程式碼正常運作，還必須對 `Array` 進行擴展（extension）；稍後我們就可以看到完整的程式碼。

把模型推測的結果放入陣列之後，其中第一個元素就是我們所要的結果。如果出現失敗的情況，則會送回 `nil`：

```
      guard let result = results.first else {
        return nil
      }
      return result
    }
```

這個函式是以 `do{` 做為起頭，因此必須捕捉所有的錯誤，把錯誤列印出來之後再送回 `nil`：

```
    catch {
      print(error)
      return nil
    }
  }
}
```

最後，我們還要在 *ModelParser.swift* 這個檔案裡，對 `Array` 進行擴展，讓它有能力處理 unsafe（不安全的）資料，並把資料載入到一個陣列中：

```
extension Array {
  init?(unsafeData: Data) {
    guard unsafeData.count % MemoryLayout< element>.stride == 0
          else { return nil }
    #if swift(>=5.0)
    self = unsafeData.withUnsafeBytes {
      .init(0.bindMemory(to: Element.self))
    }
    #else
    self = unsafeData.withUnsafeBytes {
      .init(UnsafeBufferPointer< element>(
        start: 0,
        count: unsafeData.count / MemoryLayout< element>.stride
      ))
    }
    #endif  // swift(>=5.0)
  }
}
```

如果想要直接解析 TensorFlow Lite 模型送回來的浮點數值，採用這樣的做法就很方便。到此為止負責解析模型的物件類別總算完成，下一步就是把模型添加到你的 App 中。

第 6 步：把模型添加到 App 中

如果想把模型添加到 App 中，就要在 App 內建立一個 *models* 目錄。請在 Xcode 用右鍵點擊 *firstlite* 資料夾，並選取 New Group（新群組；參見圖 8-16）。這個新群組就取名為 *models*。

我們可以用之前訓練好的那個 y = 2x – 1 樣本模型，來做為這個 App 的模型。如果你還沒取得模型，也可以用 Colab 執行一下本書 GitHub 程式碼儲存庫裡的 notebook 檔案。

只要取得轉換後的模型檔案（其名稱為 *model.tflite*），就可以把它拖放到剛剛在 Xcode 新增的 models 群組中。記得要勾選「Copy items if needed」，並確認「Add to targets」裡的 *firstlite* 也要勾選起來（參見圖 8-17）。

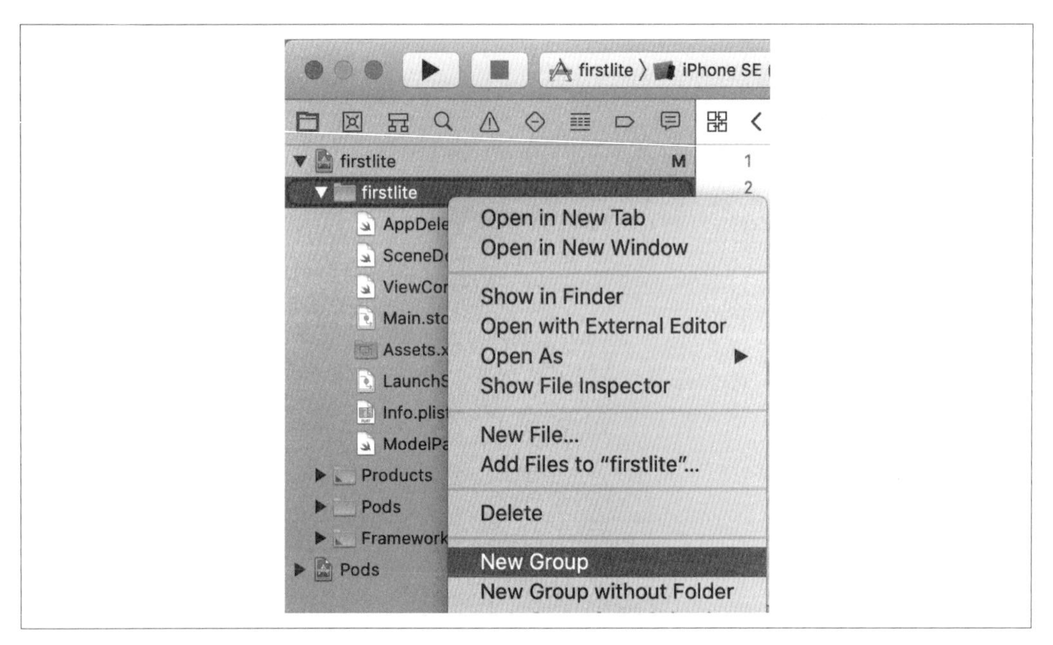

圖 8-16　在 App 中添加新群組

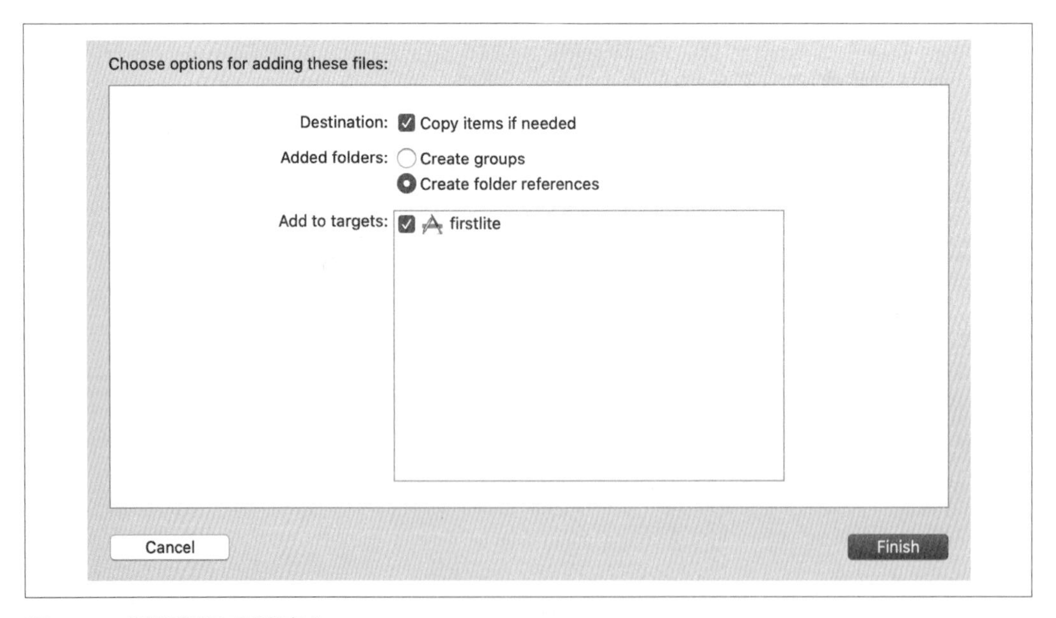

圖 8-17　把模型添加到專案中

現在這個模型已放入專案，可以用它來進行推測了。最後一步就是實現使用者介面邏輯——我們就來看看怎麼做吧！

第 7 步：添加使用者介面邏輯

之前我們建立了一個 Storyboard，放了幾個帶有說明文字的控制元件；接下來還要修改一下 *ViewController.swift* 檔案，定義一些使用者介面相關的邏輯。由於大部分推測工作已被外移到 `ModelParser` 這個物件類別，因此使用者介面的邏輯應該會單純許多。

一開始先添加一個 private 變數，並把它宣告成 `ModelParser` 物件類別的一個實體：

```
private var modelParser: ModelParser? =
    ModelParser(modelFileInfo: ModelFile.modelInfo)
```

之前有一個名叫 `btnGo` 的按鈕，我們還建立了相應的 action。使用者只要一按下按鈕，就會調用這個 action。我們就來更新一下它的程式碼，讓它在使用者觸發 action 時，執行一個叫做 `doInference` 的函式：

```
@IBAction func btnGo(_ sender: Any) {
  doInference()
}
```

接著再來建構這個 `doInference` 函式：

```
private func doInference() {
```

使用者輸入資料的文字欄位名為 `txtUserData`。我們可以讀取其值，如果值是空的，就把它設為 0.00，而且不再進行任何推測：

```
  guard let text = txtUserData.text, text.count > 0 else {
    txtResult.text = "0.00"
    return
  }
```

如果這個值並不是空的，就把它轉換成一個浮點數。過程中若出現失敗的情況，就退出這個函式：

```
  guard let value = Float(text) else {
    return
  }
```

如果程式碼執行到這裡一切都很順利，接下來就可以把使用者所輸入的數值，送進模型執行推測。`ModelParser` 會完成所有的工作，然後它所送回來的東西，不是推測結果就是 `nil`。如果送回來的是 `nil`，我們就直接退出此函式：

```
guard let result = self.modelParser?.runModel(withInput: value) else {
  return
}
```

最後，如果順利執行到這裡，應該已經取得推測結果了；我們可以先把浮點數化為字串的格式，再把它載入到名為 txtResult 的標籤內：

```
txtResult.text = String(format: "%.2f", result)
```

全部也就這樣了！模型載入與推測等等比較複雜的工作，已經全都交給 ModelParser 這個物件類別進行處理，這樣一來我們的 ViewController 自然就相對單純許多。為了方便起見，以下列出了完整的程式碼：

```
import UIKit

class ViewController: UIViewController {
  private var modelParser: ModelParser? =
      ModelParser(modelFileInfo: ModelFile.modelInfo)
  @IBOutlet weak var txtUserData: UITextField!

  @IBOutlet weak var txtResult: UILabel!
  @IBAction func btnGo(_ sender: Any) {
    doInference()
  }
  override func viewDidLoad() {
    super.viewDidLoad()
    // 載入 View 之後，可進行一些額外的設定。
  }
  private func doInference() {

    guard let text = txtUserData.text, text.count > 0 else {
      txtResult.text = "0.00"
      return
    }
    guard let value = Float(text) else {
      return
    }
    guard let result = self.modelParser?.runModel(withInput: value) else {
      return
    }
    txtResult.text = String(format: "%.2f", result)
  }

}
```

為了讓這個 App 能夠正確運行，所有工作都已經全部完成了。現在只要直接執行 App，應該就可以在模擬器看到執行的結果。請在文字欄位輸入一個數字，然後再按下按鈕，應該就會在顯示結果的欄位中看到回應的結果，如圖 8-18 所示。

雖然這段漫長的過程只做出一個非常簡單的 App，但這應該算是個很好的範本，可協助我們更加瞭解 TensorFlow Lite 的工作原理。在這段實際的演練過程中，我們看到了以下這些東西：

- 運用 pods 來添加 TensorFlow Lite 這個依賴項目
- 把 TensorFlow Lite 模型添加到 App 中
- 把模型載入到 interpreter 直譯器中
- 存取輸入張量並直接寫入相應的記憶體
- 從記憶體讀取出輸出張量，並把它複製到浮點數陣列這類的高階資料結構中
- 用一個 Storyboard 與 ViewController，把使用者介面所有的東西全都聯繫起來。

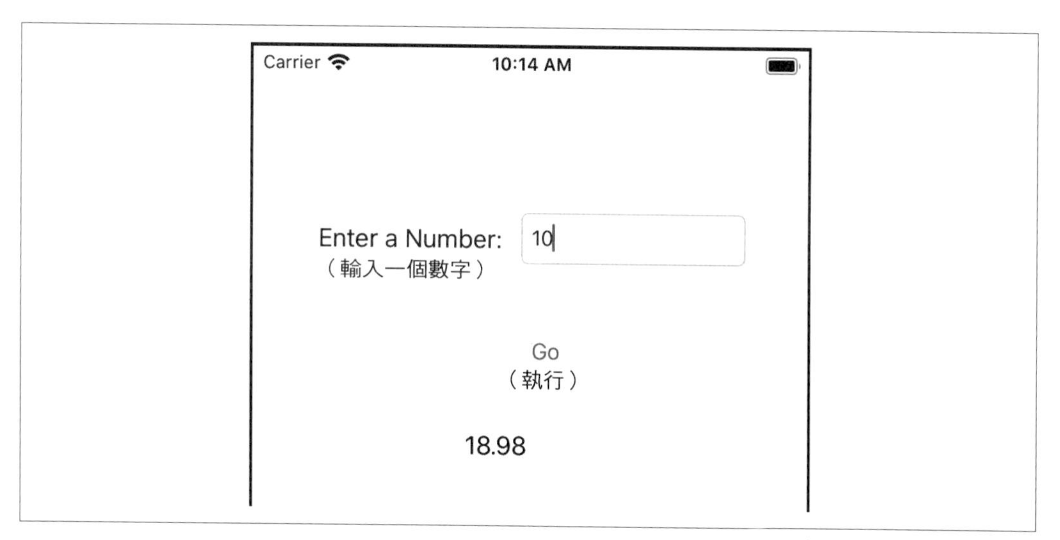

圖 8-18　在 iPhone 模擬器執行這個 App

我們會在下一節嘗試更進一步超越這個簡單的應用場景，看看如何處理更複雜的資料。

超越「Hello World」：處理圖片

在前面的範例中，我們已看到如何建立一個完整的 App，利用 TensorFlow Lite 進行非常簡單的推測。這個 App 雖然很簡單，不過把資料送入模型、解析模型所送出的資料，這些程序可能還是有點不夠直觀，因為我們必須進行一些比較低階的記憶體相關操作。好消息是，當我們進入更複雜的應用場景（例如管理圖片）時，整個程序並不會變得更複雜。

假設我們要建立一個可區分貓與狗的模型。在本節就可以看到，我們如何利用訓練過的模型，透過 Swift 建立一個 iOS App，只要給一張貓或狗的圖片，就能夠推測出圖片中究竟是貓還是狗。本書的 GitHub 程式碼儲存庫提供了此 App 的完整程式碼，還有一個可以在 Colab 執行的 notebook 檔案，可用來訓練模型，並把模型轉換成 TFLite 格式。

首先回想一下，圖片的張量具有三個維度：寬度、高度，和用來表示顏色的深度。舉例來說，假如我們所使用的貓狗圖片樣本，全都是以 MobileNet 架構為基準，其尺寸就是 224 × 224 × 3（每張圖片都是 224 × 224 像素，而且每個像素都具有三個通道的顏色深度）。請注意，歸一化之後每個像素每個通道的值全都會介於 0 到 1 之間，分別代表該像素在紅、綠、藍三色通道裡的強度。

在 iOS 中，通常會用 `UIImage` 物件類別實體來呈現圖片；這個物件類別有個很好用的 `pixelBuffer` 屬性，它會指向一塊 buffer 記憶體緩衝區，裡頭存放著圖片所有的像素資料。

`CoreImage` 函式庫裡有個叫做 `CVPixelBufferGetPixelFormatType` 的 API，可送回這個 pixelBuffer 相應的格式類型：

```
let sourcePixelFormat = CVPixelBufferGetPixelFormatType(pixelBuffer)
```

一般典型的格式都是 32 位元的圖片，其中每一個像素都會有 alpha（也就是透明度）、紅、綠、藍這幾個通道（channel）。不過，圖片還是有很多種不同的變形格式，通常都是以不同的順序排列這幾個通道的值。我們一定要先確認圖片的格式，因為圖片如果是採用不同的格式，後續的程式碼就無法正常運作了：

```
assert(sourcePixelFormat == kCVPixelFormatType_32ARGB ||
  sourcePixelFormat == kCVPixelFormatType_32BGRA ||
  sourcePixelFormat == kCVPixelFormatType_32RGBA)
```

由於所需的格式是 224 × 224（也就是一個正方形），因此接下來最好的做法就是運用 centerThumbnail 屬性，以圖片中心點為準裁剪出最大的正方形，然後再把它縮放成 224 × 224：

```
let scaledSize = CGSize(width: 224, height: 224)
guard let thumbnailPixelBuffer =
      pixelBuffer.centerThumbnail(ofSize: scaledSize)
      else {
          return nil
      }
```

這樣就可以把圖片的大小調整為 224 × 224，下一步則是要刪除掉 alpha 通道的資料。請注意，這個模型是用 224 × 224 × 3 的圖片來進行訓練的，其中的 3 就是指 RGB 通道，所以並不需要 alpha 通道。

我們只要有圖片的 pixelBuffer，就可以從中提取出 RGB 資料。下面這個輔助函式可以找出 alpha 通道，並用切取片段的做法把它移除掉，最後只留下 RGB 通道的資料：

```
private func rgbDataFromBuffer(_ buffer: CVPixelBuffer,

                                byteCount: Int) -> Data? {

    CVPixelBufferLockBaseAddress(buffer, .readOnly)
    defer { CVPixelBufferUnlockBaseAddress(buffer, .readOnly) }
    guard let mutableRawPointer =
          CVPixelBufferGetBaseAddress(buffer)
          else {
              return nil
          }

    let count = CVPixelBufferGetDataSize(buffer)
    let bufferData = Data(bytesNoCopy: mutableRawPointer,
                          count: count, deallocator: .none)


    var rgbBytes = [Float](repeating: 0, count: byteCount)
    var index = 0

    for component in bufferData.enumerated() {
        let offset = component.offset
        let isAlphaComponent =
              (offset % alphaComponent.baseOffset) ==
        alphaComponent.moduloRemainder

        guard !isAlphaComponent else { continue }
```

```
            rgbBytes[index] = Float(component.element) / 255.0
            index += 1
        }

        return rgbBytes.withUnsafeBufferPointer(Data.init)


    }
```

不過，我們必須先對 Data 進行擴展，上面的這段程式碼才能把原始的 Byte 資料複製到一個陣列中：

```
    extension Data {
      init(copyingBufferOf array: [T]) {
        self = array.withUnsafeBufferPointer(Data.init)
      }
    }
```

現在我們可以把調整過大小的圖片相應的 pixelBuffer 送入 rgbDataFromBuffer 了：

```
    guard let rgbData = rgbDataFromBuffer(
          thumbnailPixelBuffer,
          byteCount: 224 * 224 * 3
          ) else {
              print("Failed to convert the image buffer to RGB data.")
              return nil
          }
```

到此為止，我們已取得符合模型所需格式的原始 RGB 資料，接下來只要把它直接複製到輸入張量就可以了：

```
    try interpreter.allocateTensors()
    try interpreter.copy(rgbData, toInputAt: 0)
```

然後只要調用直譯器的 invoke 方法，接著就可以讀取輸出張量：

```
    try interpreter.invoke()
    outputTensor = try interpreter.output(at: 0)
```

在這個判斷狗與貓的例子中，我們的輸出是一個帶有兩個值的浮點數陣列，其中第一個值是「圖片裡是貓」的機率，第二個值則是「圖片裡是狗」的機率。這裡用來取出推測結果的程式碼，和之前的範例是一樣的，都必須先對 Array 進行擴展：

```
    let results = [Float32](unsafeData: outputTensor.data) ?? []
```

如你所見，雖然這是個比較複雜的範例，但同樣的設計模式在其他情況下還是適用的。在使用任何模型時，我們一定要很清楚瞭解模型的架構，以及輸入與輸出的原始格式。然後我們必須按照模型所預期的格式，構建出所要輸入的資料——這通常也就表示，我們必須把原始 Byte 資料寫入 buffer 記憶體緩衝區，或至少模擬出所需的陣列格式。另外，我們也必須讀取模型所送回來的一連串原始 Byte 資料，並建立一個資料結構來保存這些資料。如果從輸出的角度來看，一般的模型所用到的資料結構，幾乎都是採用我們在本章所看到的格式——也就是浮點數陣列。因此，前面所實作完成的那些輔助函式，其實已經幫我們完成大部分的工作了！

到了第 11 章，我們還會更詳細研究這個範例。

探索模型最佳化

TensorFlow Lite 裡也提供了一些工具，可利用具有代表性的資料，或是利用「量化」（quantization）這類的程序，來最佳化你的模型。本節就來探討一下這些東西[譯註]。

量化

量化（quantization）的構想，主要是因為我們瞭解到，模型中的神經元預設使用 float32，但其值通常只落在一小段範圍內，這段範圍往往遠遠小於整個 float32 的涵蓋範圍。圖 8-19 就是一個例子。

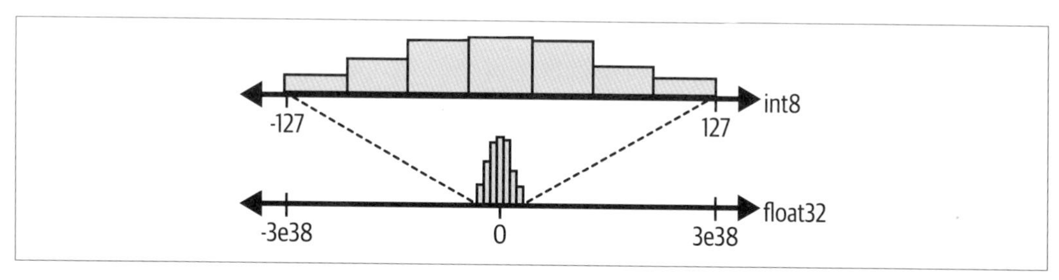

圖 8-19　數值量化

[譯註] quantization 在網路上多翻譯成「量化」，但量化一詞已有被濫用的情況，例如「量化寬鬆」的量化其實是 quantitative，比較接近「定量」的意思。這裡的 quantization 則比較接近「把連續的東西切成一個一個的離散化做法」，翻成「量子化」也許更精準一點。唯讀者在網路查詢時，還是用「量化」才能找到相關資料，故此處仍採用「量化」的譯法，這點還請讀者明察。

這個例子中，下面那張圖就是神經元各種可能值的直方圖。由於數值全都被歸一化了，因此全都分佈在 0 的附近，其最小值遠大於 float32 的最小值，最大值也遠小於 float32 的最大值。如果不想白白浪費那麼多「空白的空間」，於是透過數值映射的方式，把直方圖轉換到比較小的範圍（比如 -127 到 +127），這樣會發生什麼事呢？你應該會發現，這樣就會顯著減少「各種可能值」的數量，所以應該會有精確率下降的風險。不過根據一些針對此做法的研究表明，雖然這樣可能會降低精確率，但降低的程度通常很小，而由於資料結構變得更簡單，因此在模型大小與推測時間方面的好處，會大大超過其風險。

而且，這樣的數值範圍（256 個值）只需要用到 1 個 Byte，不像 float32 需要用到 4 Byte 才能涵蓋所有值的範圍。由於神經網路通常會有大量的神經元，因此通常會用到好幾十萬、甚至好幾百萬個參數，如果只需要用四分之一的空間來儲存參數，一定可以節省大量的空間。

如果硬體特別針對 int8（而不是 float32）的資料儲存方式進行過最佳化設計，搭配這樣的硬體還可以進一步獲得硬體加速推測的好處。

這個程序就叫做量化（*quantization*），在 TensorFlow Lite 中是一種可運用的做法。我們就來探索一下它的原理。

請注意，量化有很多種不同的做法，例如「訓練階段量化」（quantization-aware training；或可直譯為「量化感知訓練」）的做法，可以在模型學習階段就把量化列入考慮；「修剪」（pruning）的做法則可降低模型連通性（connectivity[譯註]），藉此方式簡化模型；「訓練後量化」（post-training quantization）則是我們打算在這裡探討的一種做法，如前所述，我們可藉此減少模型權重值與偏差值資料的儲存空間。

在本章的原始程式碼中，有一個名為 *Chapter8Lab2* 的 notebook 檔案，其中訓練了一個神經網路，可用來辨識貓與狗的區別。我強烈建議你按照指示進行操作，從頭到尾執行過一遍。如果你所在的國家 / 地區可以使用 Colab（*https://oreil.ly/xpEd0*），直接用它來執行就可以了；否則的話，就要在 Python 或 Jupyter notebook 的環境下才能正常運行。

你或許有注意到，在一步步操作的過程中，應該會看到如下的模型摘要：

[譯註]也就是讓一些很接近零的權重值直接歸零，藉此降低權重值的複雜度，提高模型壓縮的效果。

```
Layout (type)                Output Shape              Param #
=================================================================
keras_layer (KerasLayer)     (None, 1280)              2257984
_________________________________________________________________
dense (Dense)                (None, 2)                 2562
=================================================================
Total params: 2,260,546
Trainable params: 2,562
Non-trainable params: 2,257,984
```

請注意一下參數的數量——竟然超過兩百萬個！如果用量化的做法來處理這些儲存空間，把每個參數都減少掉 3 個 Byte，模型的大小就能減少超過 6 MB 以上！

我們就來探索一下，如何對模型進行量化處理吧——做起來其實很簡單！之前我們已經看過如何利用已保存好的模型，建立 converter 轉換器的實體，做法如下：

```
converter = tf.lite.TFLiteConverter.from_saved_model(CATS_VS_DOGS_SAVED_MODEL)
```

在進行轉換之前，我們可以先針對 converter 設定一個 optimizations（最佳化）參數，以指定最佳化的類型。當初的設計可提供三種不同類型的最佳化選項（預設選項為平衡，另外還有大小優先、速度優先的選項），但如今量化類型的選項已被棄用，因此只能採用「DEFAULT」（預設）的選項。

由於考慮到相容性與未來的靈活性，因此這個方法的簽名還是沒有改變，只不過現在只有預設選項可使用，用法如下：

```
converter.optimizations = [tf.lite.Optimize.DEFAULT]
```

在「未使用」最佳化的情況下，辨識貓狗的模型需要 8.8 Mb。套用了最佳化做法之後，立刻縮小至 2.6 Mb，這樣確實可省下許多空間！

你可能也想知道，這對於準確度會有什麼影響。有鑑於模型大小確實縮小了很多，我們最好還是進一步調查一下。

在我們的 notebook 檔案中就有相應的程式碼，你可以自行嘗試一下，不過我在調查時發現，未最佳化版本的模型在 Colab 中，每秒大約進行 37 次迭代（有使用 GPU，所以有針對浮點數運算進行過最佳化！），縮小版每秒則大約進行 16 次迭代。如果未使用 GPU，效能表現便會下降一半左右，不過很重要的是，這樣的圖片分類速度還是很棒，而且通常在手機上對圖片進行分類時，或許並不太需要非常快速的效能表現！

更重要的是準確率——以我所測試的 100 張圖片來說，未最佳化的模型有 99 張正確，最佳化模型則有 94 張正確。這裡就要稍微取捨一下了，看看究竟要不要以犧牲準確度做為代價，來最佳化我們的模型。請針對你自己的模型做點實驗吧！要特別提醒一下，在這個範例中，我只做了最基本的量化處理。另外還有一些其他做法，可減小模型的大小，其中有一些做法或許影響比較小一點；所有的做法都應該好好探索一下。接著我們再來看看，使用具有代表性的資料會有什麼樣的效果。

使用具有代表性的資料

前面的範例是把數值從 float32 轉換成 int8，藉此有效移除資料「空白」的部分，以達到量化的效果，不過這個演算法通常會假設「資料均勻分佈在 0 附近」，因為這就是訓練資料所呈現的情況；如果你的測試資料或現實世界的資料並不是呈現這樣的分佈，這樣的假設就有可能導致準確度下降。我們也可以看到，這裡只觀察一小組測試圖片，準確率就從 99/100 下降到 94/100。

其實我們也可以從資料集內，找出一組具有代表性的資料，再讓神經網路「看到」這些比較具有代表性的資料，藉此促進最佳化程序，達到更好的最佳化效果，進而做出更好的預測。這裡可能必須對模型大小與準確度做出一番取捨——這個做法有可能會讓模型變大，因為這個最佳化程序如果偵測到有可能損及資料集裡的資料，就不會把所有值從 float32 轉換成 int8。

做法上其實非常簡單——只要取資料的一個子集合，就可以做為具有代表性的資料：

```
def representative_data_gen():
    for input_value, _ in test_batches.take(100):
        yield [input_value]
```

然後，再把這個子集合指定為這個轉換器中特別具有代表性的資料集：

```
converter.representative_dataset = representative_data_gen
```

最後，再指定要對 target（目標）所進行的操作（ops）。我們通常會像下面這樣，使用預設的 `INT8` 轉換操作：

```
converter.target_spec.supported_ops = [tf.lite.OpsSet.TFLITE_BUILTINS_INT8]
```

請注意，在撰寫本文的當下，一整套可支援的 ops 選項，全都屬於實驗性質。你也可以到 TensorFlow 網站（*https://oreil.ly/Kn1Xj*）找到更多詳細的訊息。

用這個程序進行轉換之後，模型的大小比起之前略有增加（增加到 2.9 Mb，但還是遠比原來的 8.9 Mb 小很多），不過迭代速度急劇下降（每秒大約只迭代一次）。準確率則提高到了 98/100，更接近原始模型了。

如果你想瞭解更多的技術，進一步探索各種模型最佳化的結果，可以查看 *https://www.tensorflow.org/lite/performance/model_optimization*。

請務必親自嘗試一下，不過也請注意 Colab 環境有可能變化很大，你所看到的結果很有可能與我不同（尤其是如果使用不同的模型）。我強烈建議你用自己的手機，查看一下推測的速度與準確度，以獲得更有意義的結果。

總結

本章介紹了 TensorFlow Lite，並說明如何把 Python 訓練過的模型，導入到 Android 或 iOS 等行動裝置中。我們介紹了一些工具與轉換器相應做法，可縮小模型的大小，針對行動裝置達到最佳化的效果；我們也探索了一些應用場景，運用這些模型編寫出相應的 Android/Kotlin 與 iOS/Swift App。除了簡單的模型之外，我們也見識到資料在行動環境內部的表達方式，以及 TensorFlow 模型所採用的張量表達方式，兩者之間要進行轉換時，身為 App 開發者必須考慮到的一些事情。最後，我們還探索了一些應用場景，可進一步最佳化及縮小模型。我們在第 9 章還會學習到一些不同的應用場景，建立一些比「Hello World」還要複雜的模型；第 10 章與第 11 章則會更進一步，把一些自定義模型運用到 Android 與 iOS App 中！

第九章

建立自定義模型

前幾章已經介紹過如何使用現成的模型，進行圖片標記、物體偵測、實體提取等工作。目前我們還沒介紹的是，如何建立自己的模型，以及如何運用自己所建立的模型。我會在本章介紹三種建立自定義模型的特定做法，然後在第 10 章與第 11 章，探討如何把這些模型整合到 Android 或 iOS 的 App 之中。

從無到有建立全新的模型，有可能相當困難而且非常耗時。這屬於純 TensorFlow 開發的領域，而且在許多其他書籍中（例如我的《*從程式員到 AI 專家｜寫給程式員的人工智慧與機器學習指南*》，O'Reilly 出版）都有一些相關討論。如果不想從無到有建立全新的模型，尤其是如果只想聚焦於行動 App，其實有一些很好用的工具，而我們也會在本章介紹其中三個工具：

- 如果你正在打造的 App，正好符合 Model Maker 所支援的應用場景，TensorFlow Lite Model Maker 就是個很好的選擇。它「並不是」用來打造任何模型的通用型工具，而是希望可以支援一些常見的使用情境（如圖片分類、物體偵測等）。在編寫這類程式的過程中，幾乎不會牽涉到神經網路相關的程式碼，因此你如果還不想學習那些東西，這倒是個很好的起點！
- 用 Cloud AutoML 來建立模型。*Cloud AutoML* 裡的工具，全都是特別設計用來減少我們所要編寫與維護的程式碼量。與 TensorFlow Model Maker 類似的是，它同樣聚焦於一些很重要的常見應用場景，如果你想跳脫這些常見應用場景，還是必須用程式碼來自定義模型。

- 透過轉移學習的做法，用 TensorFlow 來建立模型。在這樣的應用場景下，我們並不是從無到有建立全新的模型，而是重複使用現有的模型，把原模型其中的一部分重新運用到我們的應用場景中。由於這樣的做法更接近神經網路模型，因此通常需要編寫一些神經網路相關的程式碼。如果你想要涉足打造深度學習模型的世界，這就是個很好的起點；大部分複雜的東西都已經為你實作完成，但你還是可以擁有足夠的靈活性，打造出全新類型的模型。

另一種只限 iOS 可採用的做法，就是利用 Create ML 來建立模型，這種做法也可以搭配運用轉移學習的做法；我們在第 13 章就會探討這個主題。本章還會探索好幾個語言類模型；在使用這類模型時，行動 App 除了要瞭解模型本身之外，還要瞭解模型相應的詮釋資料（metadata，例如在建立模型時所用到的單詞字典）。接著我們就來探索一下 TensorFlow Lite Model Maker，做為一個溫柔的開場。

用 TensorFlow Lite Model Maker 來建立模型

TensorFlow Lite Model Maker 在設計上所針對的其中一個核心應用場景，就是圖片分類（image classification）；甚至號稱只需要四行程式碼，就可以幫你建立一個圖片分類的基本模型。此外，這個模型還可以搭配 Android Studio 的 import 功能一起使用，因此你不必在 assets 資料夾裡搞東搞西，它自己就會生成程式碼，幫助你快速上手。我們在第 10 章就可以看到 Model Maker 所製作出來的模型，在 App 中特別容易使用，因為從 Android 的資料表達方式轉換成模型所需的張量形式，這項艱鉅的工作已被抽象成一個輔助物件類別，當我們在 Android Studio 匯入模型時，就會自動生成這個輔助物件類別了。遺憾的是，在撰寫本文的當下，Xcode 還沒有同樣功能的工具，因此我們必須自己編寫程式碼，來完成模型資料輸入 / 輸出大部分的工作，不過我們會在第 11 章透過一些範例，讓你瞭解相應的做法。

運用 Model Maker 來建立模型，真的非常簡單。我們會使用 Python，而且我們已經為你建立了一個 Python notebook 檔案；只要在本書的程式碼儲存庫（*https://oreil.ly/9ImxO*）就可以找到相應的檔案。

一開始先安裝 tflite-model-maker 套件：

```
!pip install -q tflite-model-maker
```

安裝完成後，就可以像下面這樣匯入 `tensorflow`、`numpy` 以及 TensorFlow Lite Model Maker 裡的各種模組了：

```
import numpy as np
import tensorflow as tf

from tflite_model_maker import configs
from tflite_model_maker import ExportFormat
from tflite_model_maker import image_classifier
from tflite_model_maker import ImageClassifierDataLoader
from tflite_model_maker import model_spec
```

如果想用 Model Maker 來訓練模型，就需要用到一些資料；資料可以是圖片資料夾，也可以是 TensorFlow 的資料集。在這個範例中，有一組可下載的資料，其中包含了五種不同類型的花朵圖片。只要下載並進行解壓縮，就可以建立一個 flowers 的子目錄。

下面就是相應的程式碼，其中的 `url` 就是保存著花朵圖片的位置。這裡是利用 `tf.keras.utils` 函式庫來進行檔案的下載與解壓縮：

```
image_path = tf.keras.utils.get_file('flower_photos.tgz',
                                     url, extract=True)

image_path = os.path.join(os.path.dirname(image_path), 'flower_photos')
```

如果想檢查下載的內容，可以這樣做：

```
os.listdir(image_path)
```

這樣就會輸出該路徑裡的內容（包括子目錄），結果應該就像下面這樣：

```
['roses', 'daisy', 'dandelion', 'LICENSE.txt', 'sunflowers', 'tulips']
 （玫瑰）（雛菊）（蒲公英）                    （向日葵）（鬱金香）
```

Model Maker 會用這些子目錄來做為標籤名稱，以對分類器進行訓練。圖片分類的訓練資料全都是已標記的圖片（例如一朵雛菊 daisy、一朵玫瑰 rose、一朵向日葵 sunflower 等等），神經網路則會比對每一張圖片裡的不同特徵，看看是否與某個標籤相符，因此隨著時間的推移，它就能學會「看出」這些已標記圖片之間的差異。這有點像是「只要看到這個特徵，它就是向日葵；如果看到那個特徵，它就是蒲公英」這樣的感覺。

其實我們不應該用「所有」的資料來訓練模型。最好的實務做法就是先保留一些資料，隨後可以用來判斷模型是否找到了可通用的分辨方式，確實能夠真正理解不同類型花朵之間的差異，還是只能用來分辨模型所看過的圖片。這聽起來好像很抽象，所以你可以這樣想：我們希望模型確實有能力分辨「它沒看過」的玫瑰，而不只是有能力分辨那些「用來進行訓練」的玫瑰圖片。其中一種可用來檢查模型是否成功的簡單方法，就是只取一部分（例如 90%）資料來進行訓練。模型在訓練時「看不到」另外 10% 的圖片。之後這 10% 的圖片，就可以用來代表未來可能被要求進行分類的圖片；衡量這部分的有效性，比起衡量訓練圖片的有效性來說更有意義。

為了做好這些工作，我們必須建立一個資料載入器（data loader），讓 Model Maker 可從資料夾載入資料。由於圖片都已經放在 *image_page* 這個資料夾內，因此我們可以用 `ImageClassifierDataLoader` 物件的 `from_folder` 方法來取得資料集。一旦取得了資料集，就可以用 split 方法來拆分資料；如果要取其中 90% 的圖片來做為訓練組資料（`train_data`），另外 10% 的圖片則做為測試組資料（`test_data`），我們可以使用下面的程式碼：

```
data = ImageClassifierDataLoader.from_folder(image_path)
train_data, test_data = data.split(0.9)
```

這樣應該就可以得到如下的輸出。請注意，3,670 是資料集內圖片的總數，而不是用於訓練的 90%。標籤的數量（num_label）代表不同類型的數量——在這個例子就是 5，代表有五種不同類型的花朵標籤：

```
INFO:tensorflow:Load image with size: 3670, num_label: 5,
labels: daisy, dandelion, roses, sunflowers, tulip
```

現在如果要訓練模型，只需調用 image_classifier 這個圖片分類器的 `create` 方法，它就會完成其餘的工作：

```
model = image_classifier.create(train_data)
```

這看起來好像有點太過簡單了——這是因為有很多複雜的工作，比如定義模型架構、針對現有模型執行轉移學習、指定損失函式與最佳化函式，還有最後的模型訓練，這些全都被封裝在 `image_classifier` 這個物件中了。這是一段開放原始碼，所以你可以直接查看 TensorFlow Lite Model Maker 程式碼儲存庫（*https://oreil.ly/WYfXO*），去看看葫蘆裡賣的究竟是什麼藥。

執行過程會有一大堆的輸出，雖然一開始對你來說或許有點陌生，不過你最好還是稍微快速瀏覽、瞭解一下其中的內容。下面就是完整的輸出：

```
Model: "sequential_1"
_________________________________________________________________
Layer (type)                 Output Shape              Param #
=================================================================
hub_keras_layer_v1v2_1 (HubK (None, 1280)              3413024
_________________________________________________________________
dropout_1 (Dropout)          (None, 1280)              0
_________________________________________________________________
```

```
dense_1 (Dense)              (None, 5)                 6405
=================================================================
Total params: 3,419,429
Trainable params: 6,405
Non-trainable params: 3,413,024
_________________________________________________________________
None
Epoch 1/5
103/103 [====================] - 18s 151ms/step - loss: 1.1293 - accuracy: 0.6060
Epoch 2/5
103/103 [====================] - 15s 150ms/step - loss: 0.6623 - accuracy: 0.8878
Epoch 3/5
103/103 [====================] - 15s 150ms/step - loss: 0.6200 - accuracy: 0.9149
Epoch 4/5
103/103 [====================] - 15s 149ms/step - loss: 0.6011 - accuracy: 0.9219
Epoch 5/5
103/103 [====================] - 15s 149ms/step - loss: 0.5884 - accuracy: 0.9369
```

輸出的第一部分是模型的架構，可以看到模型是如何設計的。這個模型有三層：第一層叫做 `hub_keras_layer_v1v2_1`，看起來有點神秘兮兮的。我們稍後再回頭來檢視。第二層叫做 `dropout_1`，第三層（也是最後一層）叫做 `dense_1`。比較重要需要特別注意的是最後一層的形狀 `(None, 5)`，在 TensorFlow 的術語中，這就表示第一個維度可以是任意大小，而第二個維度則是 5。我們之前在哪裡看到過 5 這個數字呢？沒錯，就是這個資料集裡不同種類的數量——我們有五種花。因此，這個模型的輸出結果會有很多個項目，而其中每個項目都會有五個元素。第一個數字是用來處理所謂的批量（*batch*）推測。也就是說，如果一次就把大量（例如 20 張）的圖片丟進模型，它就會送回來一個 20 × 5 的輸出，其中所包含的就是這 20 張圖片的推測結果。

你或許想知道，為什麼會有五個值，而不是一個值？你可以回頭看一下第 2 章，尤其是分辨貓與狗的那個範例（參見圖 2-5），在那裡你就可以看到，如果是分辨 *n* 種類別的神經網路，其輸出就會有 *n* 個神經元，每個神經元就代表神經網路認為自己看到該類別的機率。因此，在這裡的例子中，神經元的輸出分別就是五種類別的機率（也就是說，第 1 個神經元代表菊花，第 2 個神經元代表蒲公英，其餘以此類推）。如果你想知道其順序是怎麼決定的——在這個例子中，它就只是很單純按照字母的順序排列而已。

那其他層呢？好吧，我們先來看第一層，也就是名稱叫做 `hub_keras-layer_v1v2_1` 的這一層。這名稱真的蠻奇怪的！不過線索就在開頭的「hub」這個單詞。如果要訓練一個模型，最常見的做法就是運用現成的預訓練模型（pretrained model），直接套用到你的需求中。你可以把它想像成有點像物件導向程式設計，針對現有的 class 物件類別建立子物件類別，並覆寫掉其中的一些 method 方法。許多模型都已經過「好幾百萬」張圖片的訓練，因此非常擅長從圖片中提取出一些特徵。因此，與其從頭開始打造全新的模型，不如善用那些現有模型已經學會的特徵，並針對你的圖片比對那些特徵，這樣通常是比較容易的做法。像這樣的做法就叫做「**轉移學習**」(*transfer learning*)，而在 TensorFlow Hub 裡就保存了許多預訓練過的模型，或是已學會某些特徵的部分模型（也可稱之為特徵向量），可供我們重複使用。它幾乎就像是一個可重複使用的現有程式碼物件類別函式庫，只不過它並不是程式碼，而是已經知道如何做某些事情的神經網路。因此，這裡的模型就是從 TensorFlow Hub 取得現成的模型，並使用相應的特徵。這個模型的輸出有 1,280 個神經元，代表它可以在你的圖片中「找出」 1,280 種特徵。

它的後面接的是一個「dropout」層，這是神經網路設計中一個常見的技巧，可用來加速網路的訓練。如果從比較高的層次來說，它其實就表示要「忽略掉一堆神經元」！其中的邏輯就是，比如像「花」這樣簡單的東西，如果只需要分辨五種類別，其實並不需要用到 1,280 個特徵，因此如果以隨機方式忽略掉其中一些特徵，反而更加可靠！我知道這聽起來蠻奇怪的，但如果你更深入瞭解如何建立模型（我的另一本《**從程式員到 *AI* 專家｜寫給程式員的人工智慧與機器學習指南**》應該是個還不錯的起點），就會知道這其實蠻合理的。

如果你已讀過本書的第 1 章與第 2 章，看到這些輸出訊息的其他部分，應該不會有什麼疑問才對。這裡可以看到五個回合的訓練，每個回合都會推測一次圖片的類別，並針對所有圖片重複同樣的動作。然後再根據這些推測的好壞，對神經網路進行最佳化調整，並再次進行推測。五個回合（epoch）代表我們的迴圈只執行五次。為什麼這麼少呢？嗯，這是因為我們使用的是之前所說的「轉移學習」做法。神經網路中的特徵，並不是從零開始學習的——這個模型原本就已經是訓練有素的成果。只要再針對我們的花朵圖片稍作微調，很快就可以完成訓練了。

到了第 5 回合結束時，我們可以看到準確率已來到 0.9369，也就是這個模型在分辨不同類型花朵這方面，面對「訓練組資料」準確率大約為 94%。也許你想知道前面的 [===] 是什麼，還有最前面的數字（例如 103/103）代表什麼意思？其實它就代表我們的資料陸續載入到模型中進行「批量」訓練的情況。TensorFlow 可以透過批量的方式，用整批的圖片來訓練模型，而不必一次只訓練一張圖片，藉此可提高訓練的效率。還記得嗎？這個範例的資料集有 3,670 張圖片，我們用了其中的 90% 來進行訓練。因此我們總共有 3,303 張可用來進行訓練的圖片。Model Maker 預設每批可訓練 32 張圖片，因此在訓練期間我們會進行 103 批、每批 32 張的訓練。這樣總共是 3,296 張圖片，因此每一回合都會有 7 張圖片沒被用到。請注意，如果圖片在分批時都有事先打亂順序，每一回合的每一批就會是不同的一組圖片，而這七張沒用到的圖片每次也都會不一樣，所以實際上每一張圖片都會被用到！以批量方式進行訓練通常會比較快，因此預設情況下都是採用批量的做法。

還記得嗎？我們保留了 10% 的圖片做為「測試組資料」，因此我們可以像下面這樣，利用這些資料來評估模型的表現：

```
loss, accuracy = model.evaluate(test_data)
```

我們會看到一個有點像下面這樣的結果：

```
12/12 [======================] - 5s 123ms/step - loss: 0.5813 - accuracy: 0.9292
```

從這裡的準確度可以看得出來，在面對測試組資料（神經網路之前「沒看過」的圖片）時，準確度大約為 93%。看來我們確實擁有了一個非常好的神經網路，並沒有過度套入（overfit）訓練資料的問題！這只是從比較高的層次所得出的看法，如果你更深入理解模型建構細節，就可以探索更細緻的指標——例如模型針對每一種類別圖片的準確度（通常稱為「混淆矩陣」confusion matrix)，這樣我們就可以判斷模型有沒有對某種類別進行了過度補償。這個部分已超出本書的範圍，不過各位還是可以參閱 O'Reilly 的其他書籍（例如我的《*從程式員到 AI 專家｜寫給程式員的人工智慧與機器學習指南*》)，瞭解一下關於如何建立模型更多的詳細資訊。

現在我們還需要做的工作，就是匯出這個訓練好的模型。到這裡為止，我們已經有一個可以在 Python 環境下執行的 *TensorFlow* 模型。我們還想要取得一個可以在行動裝置中使用的 TensorFlow Lite 模型。因此，Model Maker 工具也提供了一個匯出模型的做法：

```
model.export(export_dir='/mm_flowers/')
```

這樣就可以把模型轉換成 TFLite 格式，類似我們在第 8 章所看到的樣子，不過在這裡還會把詮釋資料與標籤資訊編碼到模型之中。這樣我們就有一個單一檔案的解決方案，可以讓 Android 開發者更輕鬆把模型匯入到 Android Studio，並用它來生成正確的標籤詳細資訊。我們到第 10 章就可以看到相關的應用做法。遺憾的是，這是 Android 專用的做法，因此 iOS 開發者還是要另外準備好標籤檔案。我們到了第 11 章就會探討相應的細節。

如果你使用的是 Colab，就可以在檔案資源瀏覽器中看到 *model.tflite* 這個檔案；要不然的話，這個檔案應該會被寫入你的 Python 程式碼所使用的路徑中。我們隨後在第 10 章與第 11 章分別討論到 Android 與 iOS App 時，都會用到這個檔案。

不過在繼續探討那些主題之前，我們先來看看建立模型的其他做法；接著就來探索一下 Cloud AutoML 的做法。這是一種很有趣的做法，因為顧名思義，它會自動為你生成機器學習模型。不過，雖然不需要編寫任何程式碼，但它還是會多花一點時間探索多種模型架構，以找出你的資料最適合的架構。因此，用它來建立模型會慢得多，不過我們也會得到更準確的最佳模型。而且，它還可以使用多種格式（包括 TensorFlow Lite ）來進行匯出。

用 Cloud AutoML 來建立模型

AutoML 背後的目標，就是提供一組雲端工具，讓你盡量少寫一些程式碼，不需要太多專業知識，就能訓練出自定義機器學習模型。它提供了一些可用於多種應用場景的工具如下：

- *AutoML Vision* 可提供圖片分類或物體偵測的功能，讓你可以在雲端執行推測，也可以「把模型輸出到手機上使用」。
- *AutoML Video Intelligence* 可偵測、追蹤影片中的物體。
- *AutoML Natural Language* 可瞭解文字的結構，以及其中所帶有的情感。
- *AutoML Translation* 可在不同語言之間翻譯文字。
- *AutoML Tables* 可讓你運用結構化的資料來打造模型。

這些工具在設計上，大多是採用後端伺服器來執行一些模型。但其中的 AutoML Vision 和一個叫做 AutoML Vision Edge 的特定子集可算是個例外，它不但可以讓你訓練出一些圖片分類與場景標記（labeling scenarios）模型，而且還可以直接在手機上使用。我們接著就來探索一下。

使用 AutoML Vision Edge

AutoML Vision Edge 使用的是 Google 雲端平台（GCP；Google Cloud Platform），因此為了後續的操作，必須先在 Google 雲端平台建立一個專案，並啟用 Billing（計費）的功能。我並不打算在此介紹詳細的步驟，不過在 GCP 網站（*https://oreil.ly/9GBFq*）上就可以找到詳細的資訊。其中有幾個步驟一定要照著指示操作，這樣才能使用到相應的工具。請務必仔細完成這些步驟。

第 1 步：啟用 API

建立好專案之後，請用 Google Cloud Console（Google 雲端控制台）開啟專案。只要在 *console.cloud.google.com* 就可以看到你的專案。畫面左上角可以看到一個下拉式選單，裡面就可以看到「APIs and Services」（API 與服務）的選項。參見圖 9-1。

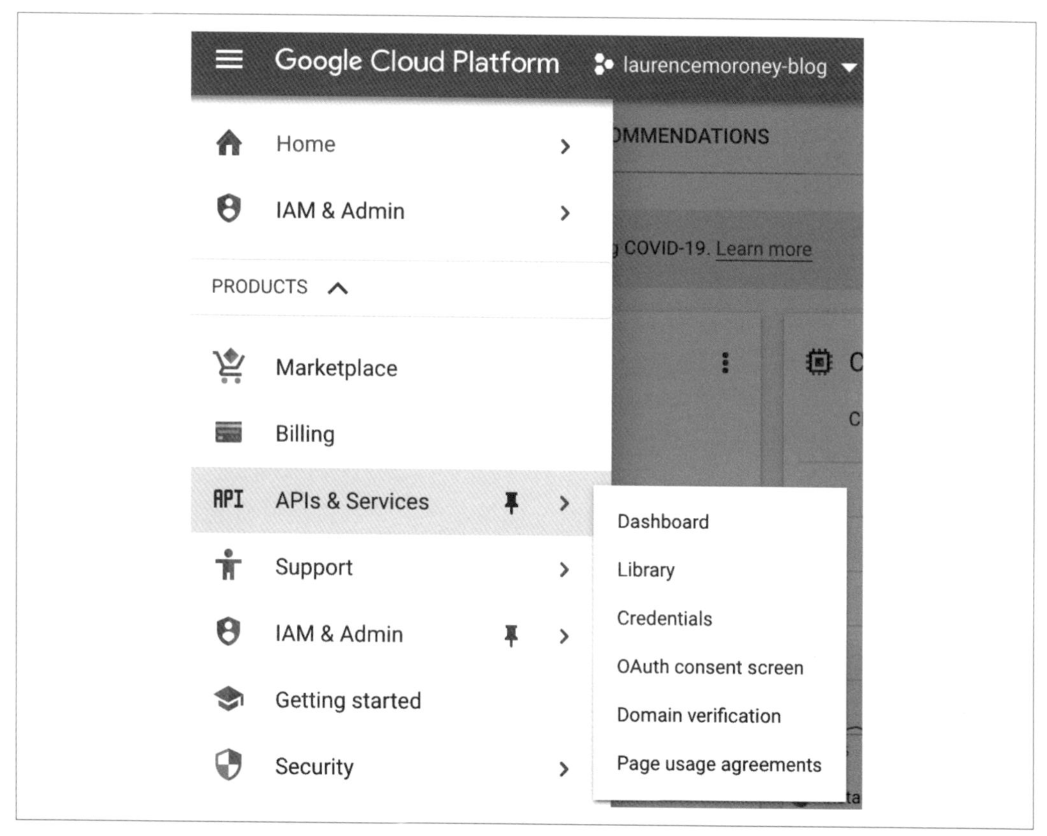

圖 9-1　在 Cloud Console（雲端控制台）選取 APIs and Services（API 與服務）的選項

請在這裡選取 Library（程式庫），進入 Cloud API Library（雲端 API 程式庫）的畫面。你可以看到很多像瓷磚一樣的小面板，最上面還有一個搜尋欄。請在搜尋欄裡搜尋「AutoML」，就可以找到「Cloud AutoML API」的項目。

選取這個項目之後，就會進入 Cloud AutoML API 的頁面。這裡有一些模型相關的詳細資訊，其中也包括「定價」（Pricing）的資訊。如果想使用它，請點擊「ENABLE」（啟用）按鈕。

第 2 步：安裝 gcloud 指令行工具

根據你所採用的不同開發環境，安裝 Cloud SDK 的方式也有許多不同的選項，其中一種就是 gcloud 指令行工具。我在本章使用的是 Mac，所以這裡會介紹 Mac 的安裝方式。（這些說明應該也適用於 Linux。）如果需要更完整的指南，請參見 Google Cloud 文件（*https://oreil.ly/nDKra*）。

如果想使用「互動式」安裝程序（可提供環境相關設定選項），就要執行以下操作。請在終端機程式內輸入以下指令：

```
curl https://sdk.cloud.google.com | bash
```

系統會要求你提供目錄。這裡通常可使用你的 home 主目錄（應該就是預設的位置），所以你只要回答「yes」就可以繼續了。系統也會詢問你要不要把 SDK 指令行工具添加到 PATH 環境變數。如果要的話，回答「yes」即可。安裝完成後，請重新啟動終端機 shell 介面。

重新啟動完成後，我們就可以在終端機程式內送出下面的指令：

```
gcloud init
```

你會被帶入一個登入流程中：首先會出現一個鏈結，點擊該鏈結就會開啟你的瀏覽器，要求你登入你的 Google 帳號。接著會要求你授予 API 權限。如果確定要使用，就必須授予相應的權限。

系統還會詢問你，你打算執行 Compute Engine 資源的地區（region）。你「必須」選擇 us-central-1 的實體，才能讓這些 API 正常運作，因此請務必照著這樣做。請注意，未來這點有可能會改變，不過在撰寫本文的當下，那確實是相應的 API 唯一可支援的地區。在選取其他地區之前，請先查看 Edge 設備模型快速入門（*https://oreil.ly/Sn0ip*）。

如果你有多個 GCP 專案，系統還會要求你選取合適的專案。完成所有這些操作之後，就可以使用 AutoML 的指令行工具了！

第 3 步：設定服務帳戶

Google 雲端平台可支援多種身分驗證類型，但 AutoML Edge「只」支援「服務帳戶」（service-account-based）這種類型的身分驗證做法。所以接著必須建立一個服務帳戶，並取得相應的金鑰檔案。我們可以使用 Cloud Console（雲端控制台）來執行此操作。請打開選單裡的 IAM & Admin（在圖 9-1 也可以看到這個選項），並選取 Service Accounts（服務帳戶）。

在畫面的上方有一個「Add a service account」(添加服務帳戶)的選項。只要選擇它，系統就會要求你填寫服務帳戶的詳細資訊。

第一步要先取個名字，第二步系統則會要求針對這個服務帳戶，授予專案的存取權限。請確認此處一定要選取 AutoML Editor 這個角色。我們可以在下拉框中找到這個角色。參見圖 9-2。

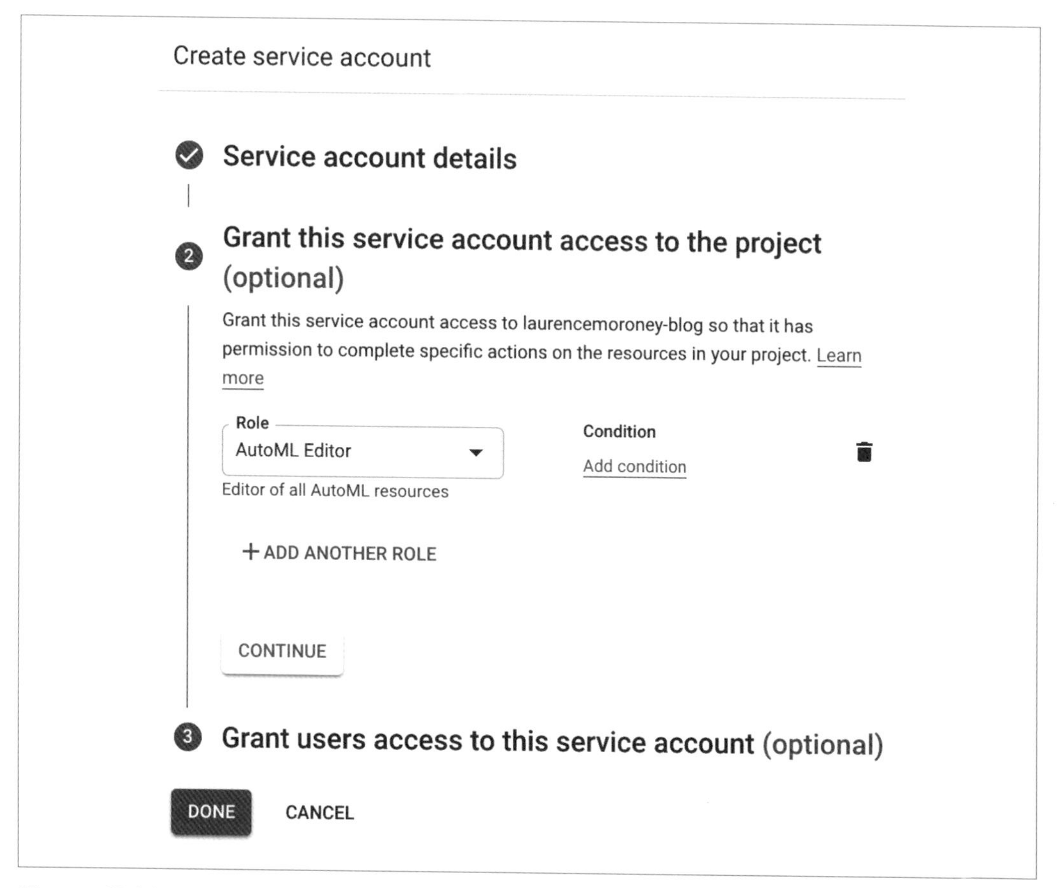

圖 9-2　服務帳戶的詳細資訊

第三步，系統會要求你輸入服務帳戶的使用者與服務帳戶的系統管理員角色。你可以在這裡輸入 email 地址，如果這是你第一次做這件事，想多瞭解相關的訊息，請在兩邊都輸入你的 email 地址。

完成之後，帳號就會被建立起來，而你也會被送回到一個包含有多個服務帳戶的畫面。如果這是你第一次做這件事，可能就只有一個服務帳戶。無論如何，請選取你剛剛建立的服務帳戶（可根據名稱把它找出來），然後你就會被帶到服務帳戶詳細資訊的頁面。

在畫面的下方，有一個「Add Key」（新增金鑰）的按鈕。點選它之後，就會出現很多金鑰類型的選項。請選擇 JSON，然後就會有一個包含金鑰的 JSON 檔案，被下載到你的電腦中。

接著請回到終端機程式，設定好憑證的路徑：

```
export GOOGLE_APPLICATION_CREDENTIALS=【JSON 檔案的路徑】
```

設定好之後，這裡有個蠻方便的快捷做法，就是設定一下 `PROJECT_ID` 環境變數：

```
export PROJECT_ID=【請把你的專案 id 放在這裡】
```

第 4 步：設定 Cloud Storage bucket，並把訓練資料保存其中

用 AutoML 來訓練模型時，資料本身也必須保存在雲端服務可以存取到的地方。這裡會利用 Cloud Storage bucket（雲端儲存桶）來做這件事。我們可以用 **`gsutil`** 的 **`mb`** 指令（make bucket 的縮寫）來建立 bucket。之前我們把 `PROJECT_ID` 環境變數設定為指向此專案，因此下面的程式碼應該可以正常運作才對。要注意的是，我們會讓這個 bucket 採用專案的名稱，不過還是會用 `${PROJECT_ID}-vcm` 把 `-vcm` 掛在專案名稱的後面：

```
gsutil mb -p ${PROJECT_ID}
          -c regional -l us-central1
          gs://${PROJECT_ID}-vcm/
```

然後，就可以匯出一個環境變數，以指向這個 bucket：

```
export BUCKET=${PROJECT_ID}-vcm
```

本章所使用的花朵照片資料集，就放在 *cloud-ml-data/img/flower_photos* 這個公開的雲端 bucket 中，因此我們可以用下面的指令，把它複製到我們的 bucket 中：

```
gsutil -m cp
       -R gs://cloud-ml-data/img/flower_photos/
       gs://${BUCKET}/img/
```

請注意，如果你是雲端服務的重度使用者，而且在很多個角色中使用同一個服務帳戶，你就有可能會遇到權限衝突的情況，而且確實有人曾回報說他們無法寫入自己的 Cloud Storage bucket。如果你遇到這樣的狀況，請先嘗試確認一下你的服務帳戶，是否具有 `storage.admin`、`storage.objectAdmin` 與 `storage.objectCreator` 的角色。

本章前面在使用 Model Maker 或 Keras 時，有些工具是利用圖片的目錄名稱來區分不同的圖片標籤，但如果 AutoML 還是用這種方式來處理，就顯得有點原始了。這個資料集本身會提供一個包含圖片位置與相應標籤的 CSV 檔案，不過它還是指向之前那個公開的 bucket 網址，因此我們必須把它更新為我們自己的網址。下面這個指令會從公開的 bucket 下載 csv 檔案，並對它進行編輯，然後再用 *all_data.csv* 這個名稱把它保存為本機檔案：

```
gsutil cat gs://${BUCKET}/img/flower_photos/all_data.csv
| sed "s:cloud-ml-data:${BUCKET}:" > all_data.csv
```

然後下面的指令就可以把這個檔案再上傳到你的 Cloud Storage bucket：

```
gsutil cp all_data.csv gs://${BUCKET}/csv/
```

第 5 步：把圖片轉換成資料集，並用它來訓練模型

到目前為止，我們已經擁有了一個 bucket 儲存桶，裡面有很多的圖片。接下來我們會把這些全都變成一整組的資料集，以便用來訓練模型。如果想完成這個任務，請造訪位於 *https://console.cloud.google.com/vision/dashboard* 的 AutoML Vision dashboard（AutoML Vision 資訊主頁）。

你會看到好幾張卡片，可以讓你從此處開始使用 AutoML Vision、Vision API 或 Vision Product Search（Vision 商品搜尋）。請選取 AutoML Vision 這張卡片，並選取「Get Start」（開始使用）。參見圖 9-3。

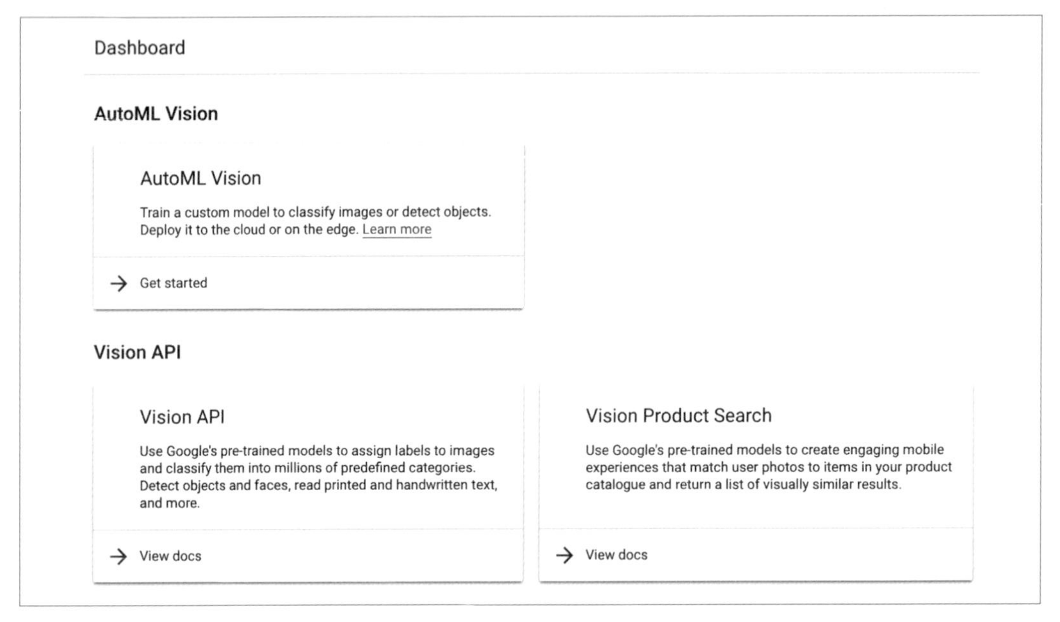

圖 9-3　AutoML Vision 的幾個選項

接著你會被帶到一個資料集列表畫面；如果你並不經常使用 GCP，它有可能就是空的；畫面的上方應該有一個「New Data Set」（新建資料集）的按鈕。只要一點擊它，就會看到一個對話框，要求你建立一個新的資料集。這裡至少會有三個選項：單標籤分類（Single-Label Classification）、多標籤分類（Multi-Label Classification），或物體偵測（Object Detection）。請選取「單標籤分類」，然後選取「Create Dataset」（建立資料集）。參見圖 9-4。

系統會要求我們選取所要匯入的檔案。之前我們建立了一個 CSV 檔案，其中包含我們的資料集詳細的資訊，因此請選擇「Select a CSV on Cloud Storage」（選擇雲端儲存的一個 CSV 檔案），並在對話框中輸入相應的網址。相應的網址應該很類似「*gs:// 專案名稱 -vcm/csv/all_data.csv*」的模樣。參見圖 9-5。

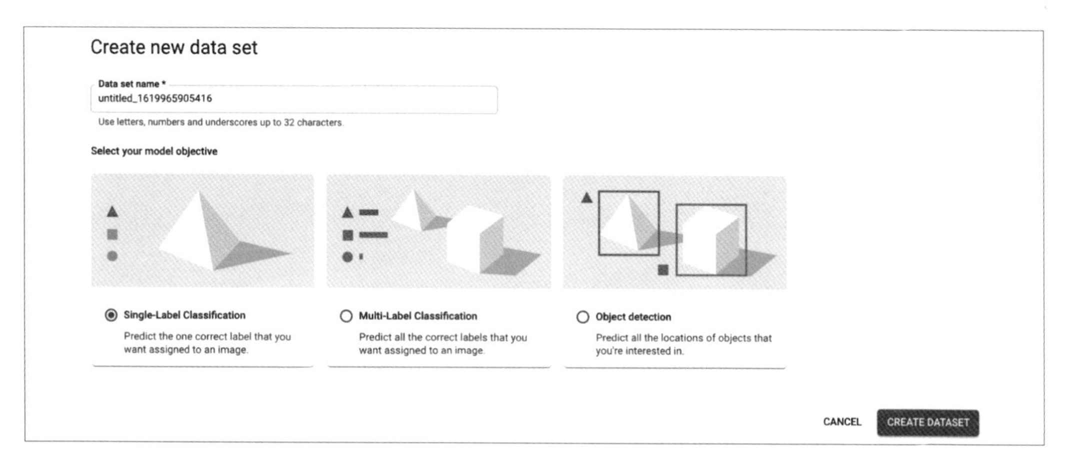

圖 9-4　建立一個新的資料集

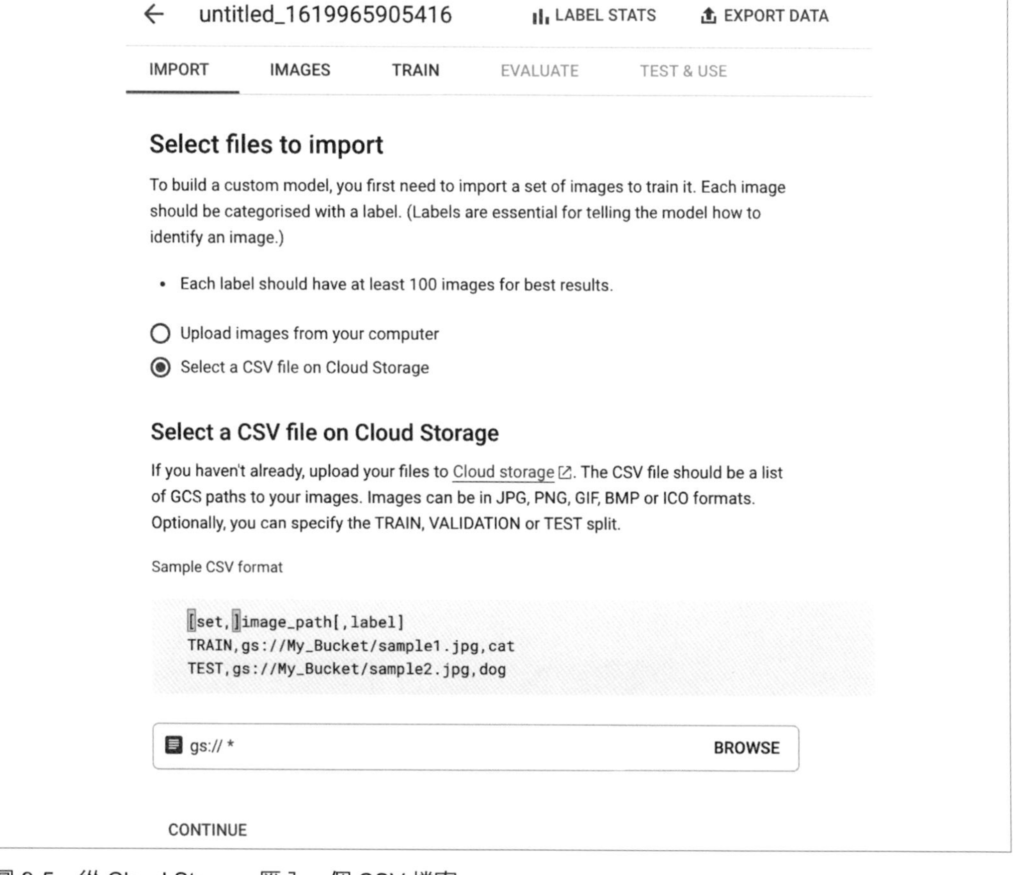

圖 9-5　從 Cloud Storage 匯入一個 CSV 檔案

你也可以點擊 Browse（瀏覽）來找出這個檔案。做完了這些動作並且選擇「continue」（繼續）之後，你的檔案就會開始匯入。隨後只要回到資料集列表的畫面，就可以看到已匯入的資料集了。參見圖 9-6。

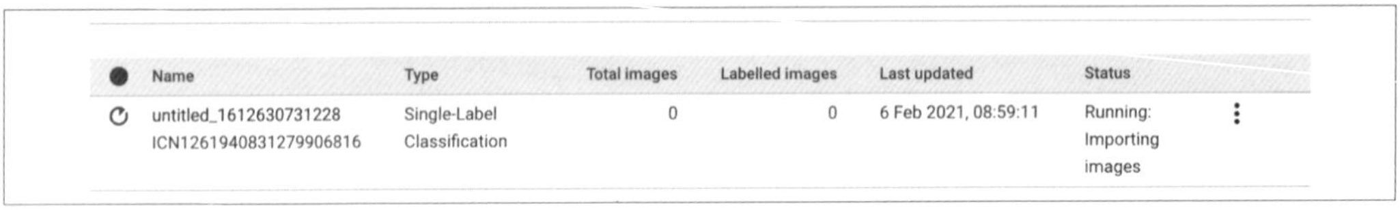

	Name	Type	Total images	Labelled images	Last updated	Status
	untitled_1612630731228 ICN1261940831279906816	Single-Label Classification	0	0	6 Feb 2021, 08:59:11	Running: Importing images

圖 9-6　把圖片匯入到一個資料集

這個動作可能需要花一點時間才能完成，所以請留意左側的狀態變化。這個資料集匯入完成時，系統會給你一個警告訊息，如圖 9-7 所示。

	Name	Type	Total images	Labelled images	Last updated	Status
	untitled_1612630731228 ICN1261940831279906816	Single-Label Classification	3,667	3,666	6 Feb 2021, 09:15:14	Warning: Importing images

圖 9-7　資料上傳完成的畫面

匯入完成之後，就可以選取這個資料集，也可以瀏覽這個資料集的內容。參見圖 9-8。

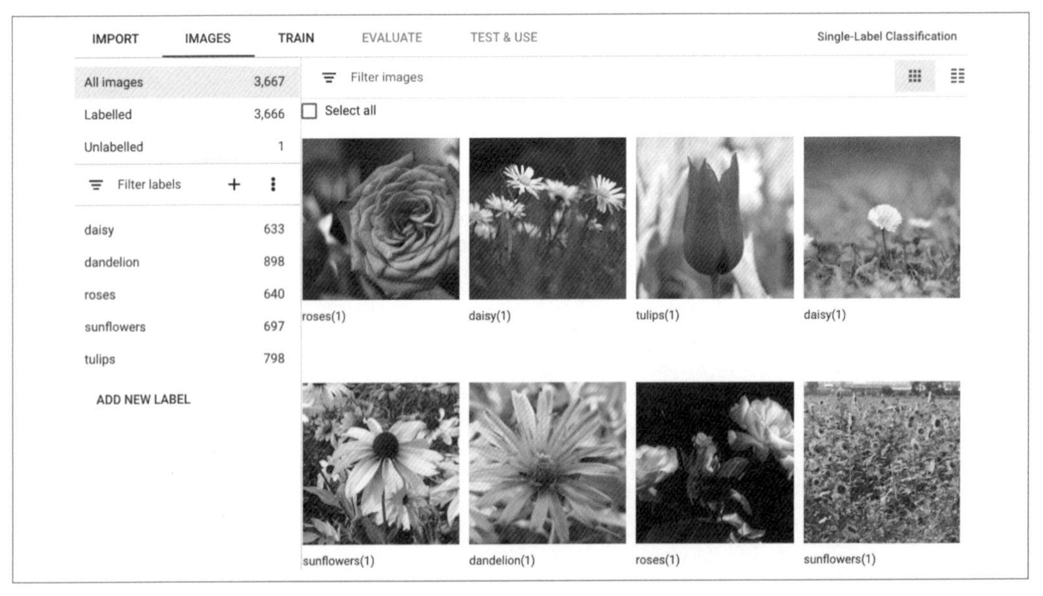

圖 9-8　探索一下花朵資料集的內容

現在資料已匯入完成，接下來要進行訓練也很簡單，只要選取「Train」（訓練）頁籤並選取「Start Training」（開始訓練）就可以了。在隨後出現的對話框中，請確認選取「Edge」以做為所要訓練的模型類型，然後再選取「CONTINUE」（繼續）。參見圖 9-9。

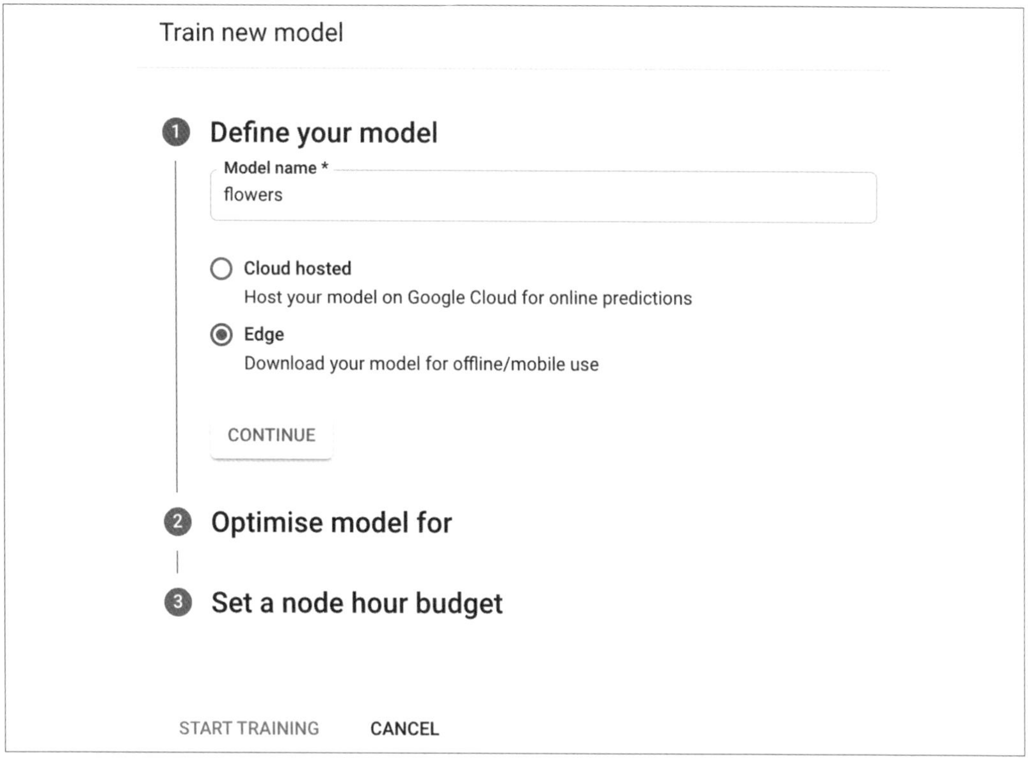

Train new model

1 Define your model

Model name *
flowers

Cloud hosted
Host your model on Google Cloud for online predictions

Edge
Download your model for offline/mobile use

CONTINUE

2 Optimise model for

3 Set a node hour budget

START TRAINING CANCEL

圖 9-9 定義模型

接下來可選擇最佳化模型的方式。你可以選擇比較大、比較準確的模型，或是比較快、比較小但可能比較沒那麼準確的模型，也可以選擇介於兩者之間的模型。接著可以選擇要用來訓練模型的計算小時數。預設值為四個節點小時（node hour）。直接選擇預設值即可，然後再選取「Start Training」（開始訓練）。訓練過程可能需要花一點時間；完成之後，AutoML 就會透過 email 把訓練的詳細資訊發送給你！

第 6 步：下載模型

訓練完成後，你就會收到來自 Google 雲端平台的電子郵件，通知你模型已準備就緒。如果你點擊 email 裡的鏈結，回到 console 控制台，就會看到訓練的結果。這個訓練會花費相當長的時間（可能長達兩、三個小時），因為它會執行神經結構搜索，以找出對這些花朵進行分類的最佳結構，最後你應該會看到很不錯的結果才對——這裡所得到的精確率為 99%。參見圖 9-10。

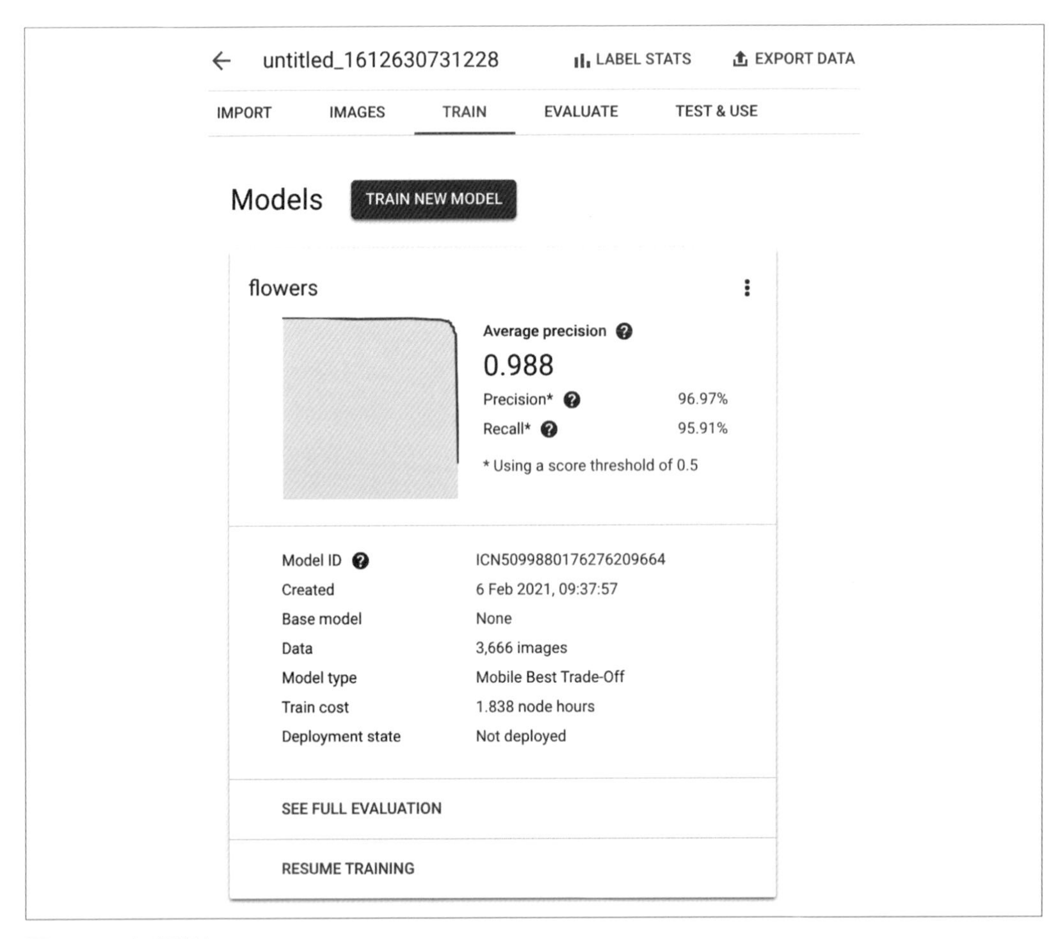

圖 9-10　完成訓練

你可以從這裡轉往「Test and Use」（測試與使用）頁籤，用各種不同的格式匯出模型，其中就包括 TensorFlow Lite、TensorFlow.js，以及 iOS 專用的 Core ML！請選擇合適的格式（本書主要使用的是 TensorFlow Lite，不過後面的章節也會探索到一些 Core ML 的應用），然後就可以下載模型了。參見圖 9-11。

Model Maker 和 Cloud AutoML 這兩種製作模型的方法，很大程度可以讓你不用寫太多程式碼，盡可能讓 API 為你處理模型的訓練；除了這兩種做法之外，還有第三種做法也很值得探索；第三種做法可能需要多寫一點程式碼，不過所使用的 ML 模型主要都是由他人所創建，而我們則可透過「轉移學習」的方式，來利用他人所建立的架構。

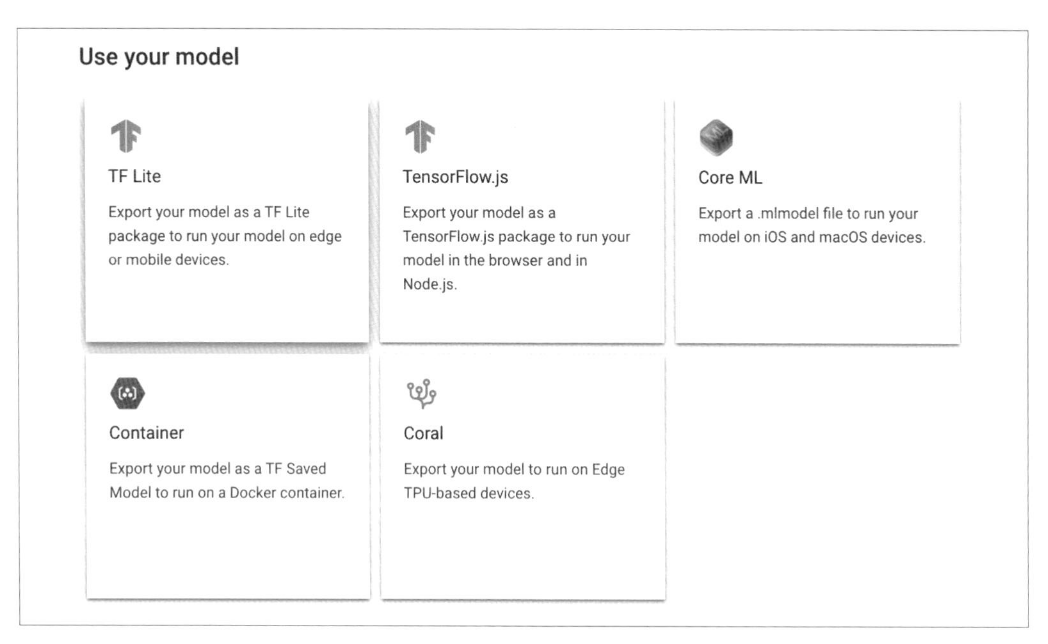

圖 9-11　模型匯出的選項

用 TensorFlow 和轉移學習的做法來建立模型

如前所述，「轉移學習」可以讓我們運用到各種快速發展的機器學習模型。其概念就是利用一些曾經針對類似問題進行過訓練的神經網路，把其中有用的部分套到自己的應用場景中。舉例來說，EfficientNet 模型架構當初是針對 ImageNet 的應用場景而設計的，這個應用場景裡有 1,000 種類別的圖片；這個模型利用了好幾百萬張圖片來進行訓練。如果要自己訓練這樣的一個模型，所需的資源無論在時間上或金錢上都非常昂貴。如果模型採用過如此大的資料集來進行訓練，它就很有可能成為一個很有效的特徵選擇器。

這是什麼意思呢？嗯，簡而言之，一般典型的電腦視覺神經網路，都會使用所謂的卷積神經網路（CNN）架構。CNN 是由許多的篩選器所組成，圖片只要通過篩選器，就會進行某種轉換。隨著時間的推移，CNN 就能慢慢學會有哪些篩選器，特別有助於區分不同種類的圖片。舉例來說，圖 9-12 顯示的就是貓狗分類器的圖片範例，其中顯示了 CNN 使用到圖片裡的哪些區域，來區分不同類動物之間的差異。在這個例子中很明顯可以看到，其中有些篩選器學會判斷狗的眼睛是什麼樣子，另外有些篩選器則學會判斷貓的眼睛是什麼樣子。如果模型是靠著神經網路中所有的篩選器，判斷圖片裡的內容，或許它也就只是看這些篩選器顯示了什麼結果，如此簡單而已。

圖 9-12　CNN 篩選器在不同的圖片中，特別強調了其中幾個不同的區域

因此，有一些現成的網路（例如 EfficientNet），如果模型創作者把已經訓練過的篩選器（通常稱為特徵向量）公開出來，我們當然就可以加以利用；其邏輯就是，如果有一組篩選器已經可以在 1,000 種類別之間作出分類，那麼同一組篩選器或許也可以針對你的資料集，提供一個還不錯的分類結果——在花朵分類的例子中，EfficientNet 的篩選器就可以針對五種不同類別的花朵，協助挑選出適當的分類。如此一來，我們就不再需要訓練一個全新的神經網路；只要把所謂的「分類接頭」（classification head），添加到現有的神經網路中就可以了。這個接頭或許只是一個具有 *n* 個神經元的單層結構，其中的 *n* 就是你的資料中類別的數量——以花朵分類的例子來說，*n* 就等於 5。

事實上，你的整個神經網路或許就像下面這樣，只要三行程式碼就可以定義完成：

```
model = tf.keras.Sequential([
        feature_extractor,
```

```
        tf.keras.layers.Dense(5, activation='softmax')
])
```

當然，要做到這樣的程度，必須先定義好 feature_extractor 這個特徵提取器，才能透過它把現成的模型（如 EfficientNet）載入進來。

所以，TensorFlow Hub 就是你的好朋友。它是由許多模型與部分模型所組成的一個模型儲存庫，其中就包含了各種特徵提取器。只要進入 *tfhub.dev*（*https://tfhub.dev*）就可以看到許多可採用的模型。我們可以先利用畫面左側的篩選器，找出各種不同類型的模型——舉例來說，如果你需要圖片特徵向量，只要用「image feature vector」進行篩選，就可以取得一堆的特徵向量模型（*https://oreil.ly/yWULK*）。

如果找到所要的模型，應該都會有個相應的 URL 網址——以 EfficientNet 模型為例，它是一個針對行動裝置進行過最佳化、並針對 ImageNet 進行過訓練的模型，它的 URL 網址就是 *https://tfhub.dev/tensorflow/efficientnet/lite0/feature-vector/2*。

你可以用這個 URL 網址，搭配 TensorFlow Hub Python 函式庫，下載這個特徵向量模型以做為你的神經網路其中的一層：

```
import tensorflow_hub as hub

url = "https://tfhub.dev/tensorflow/
            efficientnet/lite0/feature-vector/2"

feature_extractor =
     hub.KerasLayer(url, input_shape=(224, 224, 3))
```

這樣就行了——這就是我們在建立自己的模型架構時，運用到 EfficientNet 的學習特徵所需要做的所有動作！

只要透過這種做法，就可以利用到一些最先進的模型，做為自定義模型的基礎，創建出我們自己專屬的模型！至於匯出模型的做法，就和第 8 章把模型轉換為 TensorFlow Lite 版本的做法一樣簡單：

```
export_dir = 'saved_model/1'
tf.saved_model.save(model, export_dir)

converter =
    tf.lite.TFLiteConverter.from_saved_model(export_dir)

converter.optimizations = [tf.lite.Optimize.DEFAULT]

tflite_model = converter.convert()
```

```
import pathlib
tflite_model_file = pathlib.Path('model.tflite')
tflite_model_file.write_bytes(tflite_model)
```

我們會在第 10 章與第 11 章利用這些模型來進行討論。

轉移學習是一種非常強大的技術，我們在這裡只做了非常簡單的介紹。如果想瞭解更多資訊，請查看 Aurelien Geron 的《*精通機器學習｜使用 Scikit-Learn, Keras 與 TensorFlow*》這類的書籍，或參考 Andrew Ng 優秀的教程（例如「轉移學習」的影片：*https://oreil.ly/MDOEu*）。

建立語言類模型

我們在本章已經看到如何以多種不同的方式建立模型，以及如何轉換成 TensorFlow Lite 版本，以便進一步部署到行動 App 之中（下一章就會介紹）。其中有個重要的細節，就是前面所談到的模型，全都是圖片類的模型；如果是其他類模型，除了 TFLite 模型本身之外，可能還要額外附帶一些模型的詮釋資料（metadata），才能讓你的行動 App 有效使用該模型。我們並不會詳細介紹如何訓練 NLP（自然語言處理；natural language processing）模型——這裡只打算針對行動 App 建立模型時會有影響的一些高階概念，進行一些簡單扼要的概述。關於如何建立與訓練語言類模型，還有 NLP 相關原理詳細完整的說明，請參見我的另一本書《*從程式員到 AI 專家｜寫給程式員的人工智慧與機器學習指南*》。

只要使用到語言類模型，就需要多考量一些東西。在建立文字分類器時，往往不是針對文字本身進行分類，而是針對文字的「編碼」進行分類；我們通常會另外建立一個單詞字典，記錄著各個單詞與相應編碼的關係，然後再利用它來建立分類器。

舉例來說，假設有一個「Today is a sunny day」（今天是晴天）這樣的句子，而我們想在模型中使用這個句子。其中一種有效的做法，就是用一些數字來替換掉不同的單詞，這個程序就叫做「Token 化」（*tokenizing*）。我們可以採用類似下面這樣的一個字典。如果將來也要對「Today is a rainy day」（今天是雨天）這樣的一個句子進行編碼，其中某些 Token 就可以重複使用：

```
{'today': 1, 'is': 2, 'a': 3, 'day': 4, 'sunny': 5, 'rainy': 6}
```

這樣一來，我們的兩個句子就會分別變成下面這樣：

```
[1, 2, 3, 5, 4] 和 [1, 2, 3, 6, 4]
```

當我們要訓練模型時，就會用這樣的資料來進行訓練。

不過，稍後當我們想在行動 App 中進行推測時，App 也必須使用同一個字典，否則它就無法把使用者所輸入的東西，轉換成當初模型訓練之後可理解的數字序列（也就是說，它不會知道「sunny」對應的是 5 這個 Token）。

此外，當我們在訓練語言類模型時，尤其是當我們想分辨出語言中的某種情感時，單詞相應的 token 往往會對應到某個向量，而這些向量的方向，就可以協助我們判斷其中所帶有的情感。

請注意，此技術並不僅限於情感的判斷。我們也可以用這些向量來建立語義，其中意思相近的單詞（比如 cat 與 feline）應該就會有比較相近的向量，而另一組意思相近的單詞（比如 dog 與 canine）雖然也有相近的向量，但 dog/canine 這組向量的「方向」，應該就與 cat/feline 這組向量有比較大的差別。不過這裡為簡單起見，我們只打算探索單詞與相應情感標籤之間的對應關係。

請考慮下面這兩個句子：「I am very happy today」（今天我非常高興）這句可標記為帶有正面的情感，而「I am very sad today」（我今天很傷心）這句則帶有負面的情感。

這兩個句子中，都出現了「I」、「am」、「very」與「today」這幾個單詞。「happy」（快樂）這個單詞只出現在正面標記的句子中，「sad」（傷心）這個單詞則只出現在負面標記的句子中。如果我們使用一種所謂的「內嵌」（embedding）這種類型的機器學習層，所有的單詞全都會被轉換成向量。向量的初始方向就是由情感所決定的；然後隨著時間的推移，每當新的句子陸續送入模型，向量的方向就會被調整。如果我們只有這兩個句子，以這種非常簡單的情況來看，相應的向量或許就如圖 9-13 所示。

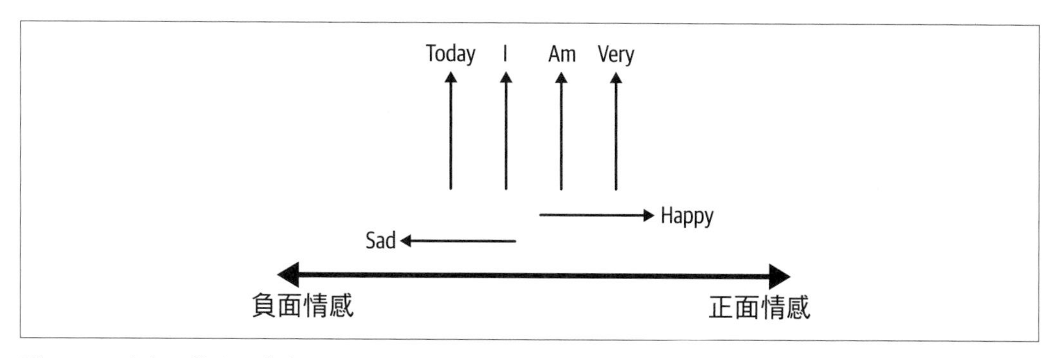

圖 9-13　建立一些向量來表示不同的單詞

因此，在判斷情感時，就可以考慮這些向量的「方向」所指向的空間。指向右側的向量都具有正面的情感。指向左側的向量則具有負面的情感。由於「today」、「I」、「am」、「very」這幾個單詞在兩個句子中都有出現過，這些單詞的情感會相互抵消，所以就沒有指向左右兩邊任何一個方向。由於「happy」只出現在標記為正面的句子，所以它就指向正面的方向；同樣的，「sad」則指向負面的方向。

如果模型用很多標記過的句子來進行訓練，就能逐漸學會像這樣的向量，把其中所帶有的情感內嵌（embedding）在向量之中，最後就可以用來對句子進行分類。

本章稍早在針對圖片探索轉移學習的做法時，就曾利用其他模型訓練過的特徵提取器，其邏輯就是，這些模型早就已經接受過好幾百萬張帶有各種標籤的圖片進行過訓練，因此非常善於學習某些特徵，而我們當然可以重複使用這些特徵。

語言類模型也是同樣的情況；我們也可以把那些已進行過預訓練的單詞向量，運用到自己的應用場景中。這樣就可以讓模型節省大量的訓練時間，降低設計的複雜度！

我們會在下一節探索如何使用 Model Maker，建立一個語言類的模型，而且可運用於 Android 或 iOS App 中！

用 Model Maker 來建立語言類模型

用 Model Maker 來建立語言類模型非常簡單，只要幾行程式碼就可以了。你也可以直接下載本章的完整 notebook 檔案，我們在此只會介紹其中的一些重點。這個範例會使用到我們所建立的一份資料檔案，裡頭全都是一些已標記情感標籤的推文（tweet）內容。

```
# 下載 CSV 資料
data_url= 'https://storage.googleapis.com/laurencemoroney-blog.appspot.com/
           binary-emotion-withheaders.csv'

data_file = tf.keras.utils.get_file(
                  fname='binary-emotion-withheaders.csv',
                  origin=data_url)
```

接下來，我們會用 Model Maker 來建立基礎模型。Model Maker 可支援很多種不同類型的模型，而且還在不斷持續加入更多新類型的模型，不過這裡只會使用到最簡單的一個模型——我們可運用一組現成的單詞向量，以達到轉移學習的效果：

```
spec = model_spec.get('average_word_vec')
```

我們會使用（Model Maker API 裡的）`TextClassifierDataLoader.from_csv` 方法，把 CSV 檔案載入到訓練組資料；調用此方法時，還要指定文字（text）與標籤（label）分別放在 CSV 檔案裡的什麼欄位。如果我們直接查看 CSV 檔案，就可以看到一個名為「label」的欄位，其中 0 代表負面情感，1 則代表正面情感。至於推文的文字部分，則放在「tweet」這個欄位中。另外，我們還要定義模型的規格，這樣 Model Maker 才能把推文中的單詞，對應到模型所使用的內嵌向量（embedding vector）。我們在前一個步驟就已經指定了模型的規格（spec），採用的是 average_word_vec 這個單詞向量範本：

```
# 用 DataLoader.from_csv 載入 CSV 檔案，以製作出訓練組資料
train_data = TextClassifierDataLoader.from_csv(
      filename=os.path.join(os.path.join(data_file)),
      text_column='tweet',
      label_column='label',
      model_spec=spec,
      delimiter=',',
      is_training=True)
```

此時若要建立模型，只要簡單調用 `text_classifier.create()`，並送入訓練組資料、模型規格與所要訓練的回合數即可：

```
# 建立模型
model = text_classifier.create(train_data, model_spec=spec, epochs=20)
```

由於我們的模型並不需要學習每個單詞的內嵌向量，只需要使用現成的內嵌向量即可，因此訓練速度非常快——Colab 搭配 GPU 的情況下，每個回合大約只需要 5 秒。經過 20 個回合之後，就能達到大約 75% 的準確率了。

模型完成訓練之後，就可以用下面這個簡單的方式匯出 TFLite 模型：

```
# 保存模型並轉換成 TFLite 格式
model.export(export_dir='/mm_sarcasm/')
```

由於考慮到 Android Studio 使用者的方便性，這裡已經同時把「標籤」與「單詞字典」綁定（bundle）到模型檔案中。我們到下一章就會探索如何使用這個模型（包括其中的 metadata 詮釋資料）。對於 iOS 開發者來說，Xcode 並沒有插件（add-in）可用來處理模型內建的詮釋資料，所以我們可以用以下的方式，另外匯出詮釋資料的檔案：

```
model.export(export_dir='/mm_sarcasm/',
             export_format=[ExportFormat.LABEL, ExportFormat.VOCAB])
```

這樣就可以得到一個包含標籤規格的 *labels.txt* 檔案，以及另一個包含字典詳細資訊的 *vocab* 檔案（無副檔名）。

如果想檢查一下我們所建立模型的模型架構，只要調用 `model.summary()` 就可以了：

```
Layer (type)                 Output Shape              Param #
=================================================================
embedding (Embedding)        (None, 256, 16)           160048
_________________________________________________________________
global_average_pooling1d (Gl (None, 16)                0
_________________________________________________________________
dense (Dense)                (None, 16)                272
_________________________________________________________________
dropout (Dropout)            (None, 16)                0
_________________________________________________________________
dense_1 (Dense)              (None, 2)                 34
=================================================================
Total params: 160,354
Trainable params: 160,354
Non-trainable params: 0
```

其中特別要注意的關鍵，就是最上方的 embedding（內嵌），其中 256 代表模型設計的句子長度——這個模型預期每個句子的長度為 256 個單詞。因此，把代表句子的字串送入模型時，不但要先把其中每個單詞編碼成相應的 token 值，最後還要填充至 256 個 token 的長度。因此，如果使用的句子包含 5 個單詞，就必須建立一個包含 256 個數字的列表，其中前 5 個數字就是 5 個單詞的 token，其餘則全都是 0。

另外，16 代表的是單詞情感的維度數量。還記得圖 9-13 中，我們用二維的方式來展現不同的情感——在這裡的例子中，為了捕捉更細微的情感，我們採用了 16 維的向量！

總結

我們在本章瞭解了很多種可用來建立模型的工具，包括 TensorFlow Lite Model Maker、Cloud AutoML Edge，以及 TensorFlow 搭配轉移學習的做法。我們還探討了語言類模型使用上的一些細微差別，例如需要使用到一個關聯字典，這樣你的行動客戶端才能瞭解單詞在模型中的編碼方式。

希望這些可以讓你稍微瞭解建立模型的不同做法。本書主要的重點並不是教你如何建立不同類型的模型，如果你想探索這方面的內容，可查看我的另一本書《*從程式員到 AI 專家｜寫給程式員的人工智慧與機器學習指南*》。隨後的第 10 章與第 11 章，我們會分別在 Android 與 iOS 的環境下，利用本章的模型進一步實作出相應的 App。

第十章

使用自定義模型的 Android App

我們在第 9 章已學會如何使用 TensorFlow Lite Model Maker、Cloud AutoML Vision Edge 以及 TensorFlow 搭配轉移學習的做法，在各種應用場景下建立自定義模型。本章打算探索如何使用這些模型，把它整合到你的 Android App 之中。遺憾的是，整個過程並不只是單純把模型放入 App 那麼簡單，以結果來看，這樣的做法只是「可以動」而已。資料的處理通常很複雜，因為 Android 表達圖片與字串等資料的方式，與 TensorFlow 的做法並不相同；實際上，模型的輸出一定要進行解析，才能把 Tensor 的輸出解析成 Android 可理解的內容。我們會先探討這個部分，然後再討論一些範例，看看如何在 Android 使用圖片與語言類模型。

把模型裝進 Android 中

App 若想運用機器學習模型，就必須採用副檔名為 *.tflite* 的二進位 blob 模型檔案，才能整合到 App 之中。這個二進位檔案必須以張量（或某種模擬形式）做為輸入，而且其輸出也是張量的形式。這就是我們的第一個挑戰。此外，模型還必須搭配相關聯的詮釋資料，才能正常運作。舉例來說，我們若構建出一個花朵分類器（參見第 9 章），模型應該會提供五個機率值的輸出，每個機率都對應到相應的花朵類型。不過，模型的輸出其實看不出花朵的類型（例如玫瑰、向日葵等等）。它只會提供一組數字，因此需要相關聯的詮釋資料，才能知道哪一個輸出值對應哪一種花。此外，如果你使用語言類模型來進行文字分類，就必須知道模型訓練時所使用的單詞字典。我們也會在本章探討這些東西！

在 Android App 中使用模型，其架構就有點像圖 10-1 的情況。

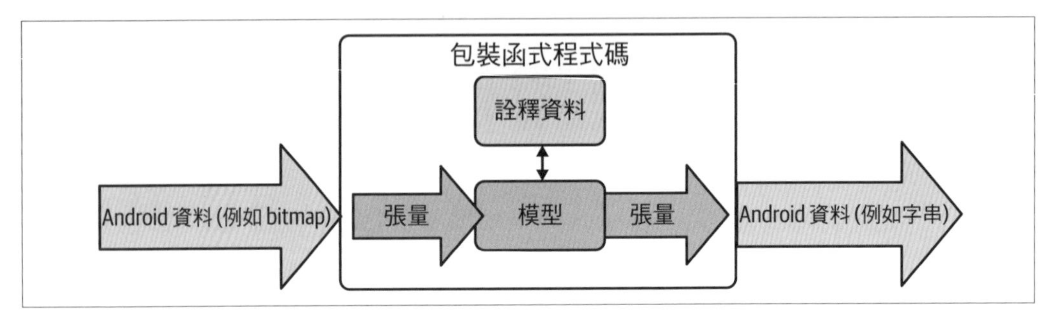

圖 10-1　在 Android App 中使用模型的高階架構

舉例來說，我們可以看一下之前在第 8 章所使用的簡單模型，該模型已經學會兩個數字之間的關係為 $y = 2x - 1$，我們就來看看程式碼該怎麼寫。

首先來看模型的輸入。做法上並不只是單純輸入一個數字，再取出一個數字那麼簡單。以輸入來說，模型需要的是一個 NumPy 陣列，但 Android 並沒有 NumPy 可使用。還好我們可以改用比較低階的基礎原生型別陣列，只要使用 Kotlin 的 `FloatArray` 型別，直譯器就會把它解析成原生的浮點數陣列。因此，我們可以使用下面這段程式碼，其中的 `userVal` 就是要輸入到模型中的值：

```
var inputVal: FloatArray = floatArrayOf(userVal)
```

然後，模型一旦做出了推測，它就會把結果以一連串的 Byte 形式送回來。我們必須把這些 Byte 資料轉換成一個浮點數；身為 Android 開發者，你一定知道浮點數是由 4 個 Byte 所組成。請務必記住，模型最原始的輸出形式並不是浮點數；我們必須靠自己重新解讀那些原始的 Byte 資料，才能解讀出其中的浮點數值：

```
var outputVal: ByteBuffer = ByteBuffer.allocateDirect(4)
outputVal.order(ByteOrder.nativeOrder())
tflite.run(inputVal, outputVal)
outputVal.rewind()
var f:Float = outputVal.getFloat()
```

因此，在 Android 中使用模型時，一定要考慮這些東西，至於更複雜的輸入資料（例如圖片與字串），當然也必須處理這些比較低階的細節。不過，當初在使用 TensorFlow Lite Model Maker 建立模型時，如果同時生成了詮釋資料，就屬於例外的情況；在這樣的情況下，只要把模型匯入 Android Studio，就會自動運用那些詮釋資料，生成許多的包裝函式（wrapper）程式碼。我們先來研究一下這種例外的情況。

用 Model Maker 所建立的模型打造圖片分類 App

我們在第 9 章探討過如何用 TensorFlow Lite Model Maker 建立圖片分類器，以分辨五種不同類型的花朵。由於採用這種方式建立模型，因此模型中也包含了相應的詮釋資料——以這個例子來說非常單純，也就是五種花朵的關聯標籤。在繼續往下看之前，請先確認已下載好我們之前用 Colab 所建立的那個模型。

想瞭解如何把這樣的模型整合到 Android App，請先在 Android Studio 建立一個全新的 App。這裡只需要用到一個單一 Activity 的簡單 App。

建立好 App 之後，就可以用右鍵點擊 *Java* 資料夾（雖然我們用的是 Kotlin，但資料夾依然是這個名稱），然後選取 New（新增）→ Other（其他）→ TensorFlow Lite Model 來添加新模組（module）。參見圖 10-2。

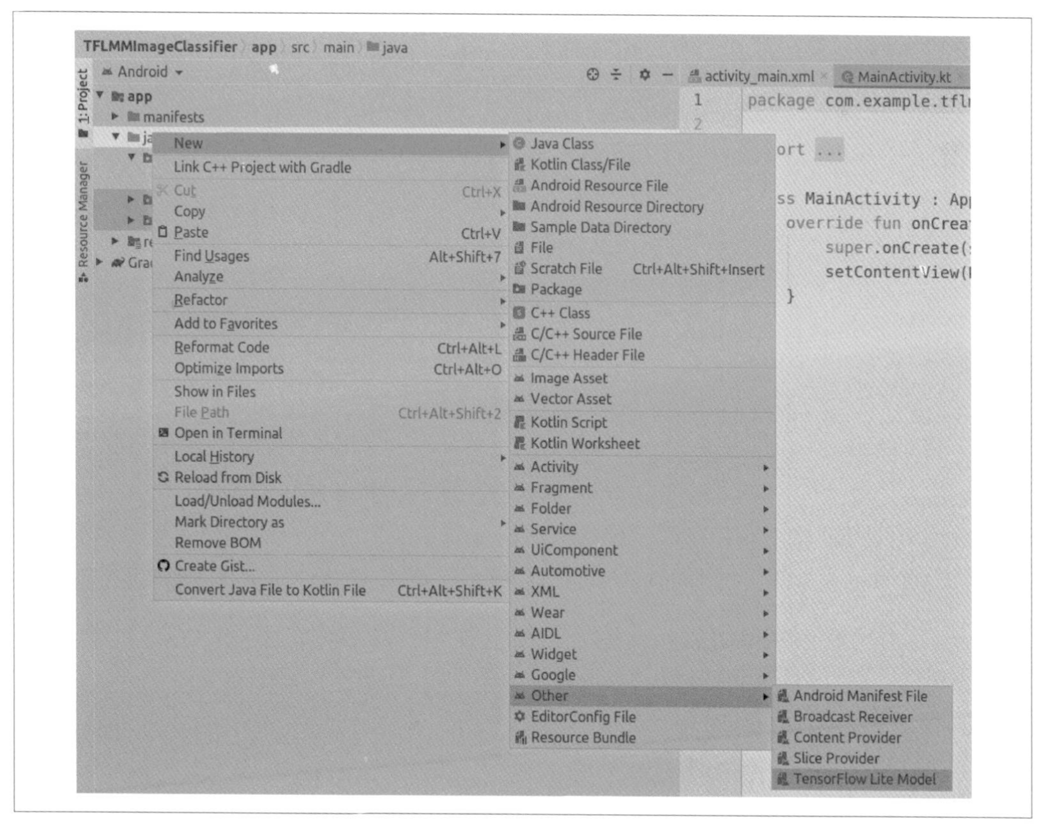

圖 10-2 添加新模組

接著就會出現「匯入 TensorFlow Lite 模型」的對話框，我們可以在此指定模型的位置。請選擇你所下載的模型，其他項目全都維持預設值，不過最下面自動添加 TensorFlow Lite GPU 依賴項目的勾選框，請記得要勾選起來。參見圖 10-3。

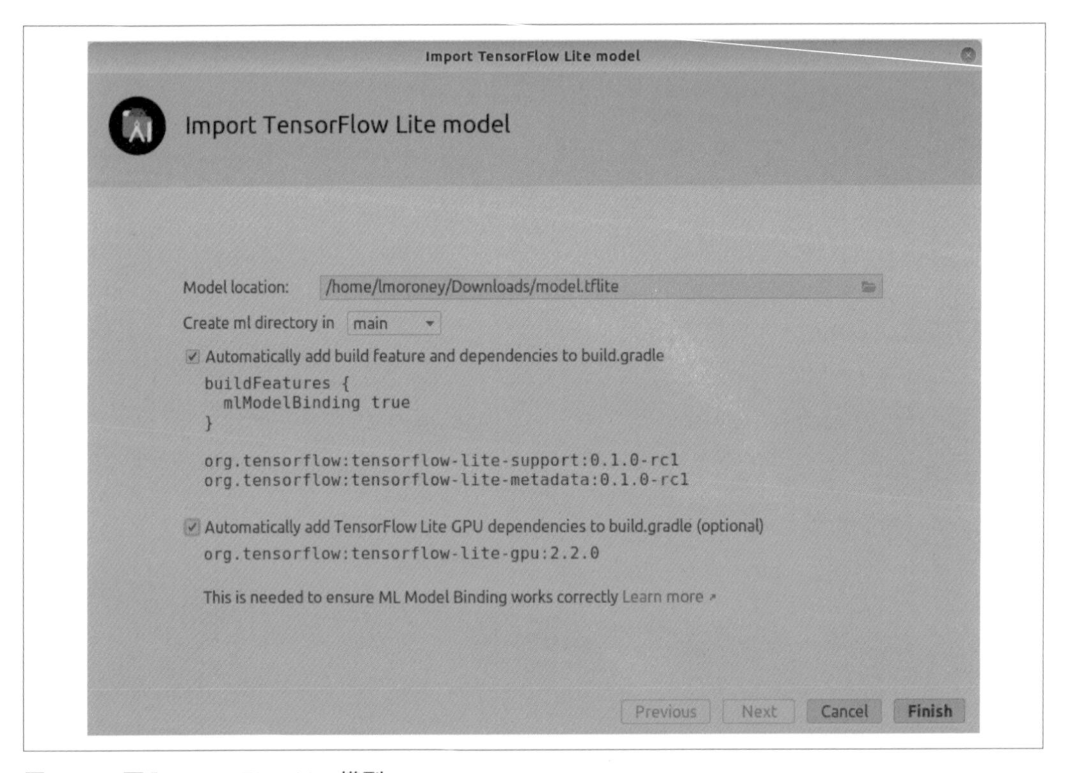

圖 10-3　匯入 TensorFlow Lite 模型

點擊 Finish（完成）之後，模型就會被匯入，Gradle 檔案也會同步更新。完成之後，就可以看到一些自動建立的範例程式碼。我們稍後就會用到這些程式碼。這些程式碼可以讓我們節省掉許多步驟（例如編輯 Gradle 檔案、建立 assets 資料夾、複製模型等）。

接下來可以建立一個簡單的 Layout 檔案，載入幾張花朵的圖片。我在本書的下載位置放了一個範例，可以從資源目錄載入六張圖片。下面就是其中部分的片段：

```
<?xml version="1.0" encoding="utf-8"?>
<LinearLayout
    xmlns:android="http://schemas.android.com/apk/res/android"
    android:layout_width="match_parent"
    android:layout_height="match_parent"
    android:orientation="vertical"
```

```
        android:padding="8dp"
        android:background="#50FFFFFF"
        >

        <LinearLayout android:orientation="horizontal"
            android:layout_width="match_parent"
            android:layout_height="0dp"
            android:gravity="center"
            android:layout_marginBottom="4dp"
            android:layout_weight="1">

            <ImageView
                android:id="@+id/iv_1"
                android:layout_width="0dp"
                android:layout_weight="1"
                android:scaleType="centerCrop"
                android:layout_height="match_parent"
                android:src="@drawable/daisy"
                android:layout_marginEnd="4dp"
                />

            ...
        </LinearLayout>


    </LinearLayout>
```

這裡把好幾個 ImageView 控制元件分別取名為 iv_1 到 iv_6。請注意，這些圖片的 src 來源全都是 @drawable/<*XXX*>（例如 @drawable/daisy）。因此，使用者介面會從 *drawable* 目錄中載入各個名稱所對應的圖片。本書的 GitHub 提供了此範例 App 的完整程式碼，其中也包含了好幾張圖片。在圖 10-4 的 *drawable* 資料夾內，就可以看到這幾張圖片。

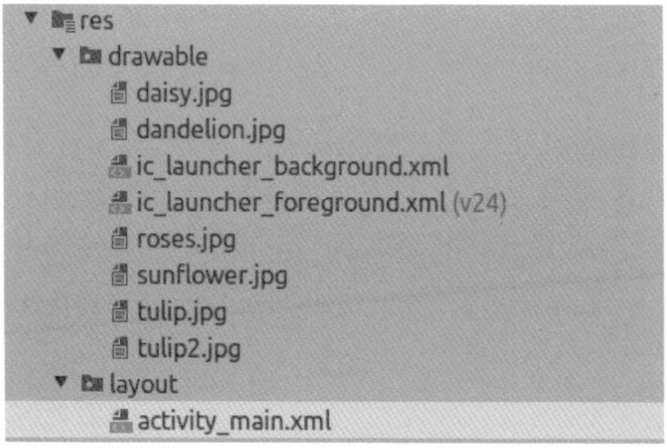

```
▼ res
  ▼ drawable
      daisy.jpg
      dandelion.jpg
      ic_launcher_background.xml
      ic_launcher_foreground.xml (v24)
      roses.jpg
      sunflower.jpg
      tulip.jpg
      tulip2.jpg
  ▼ layout
      activity_main.xml
```

圖 10-4 圖片放在 drawable 目錄中

現在我們可以在程式碼內初始化這些 ImageView 控制元件，並針對每一個控制元件設定點擊事件監聽器。每個控制元件都是使用相同的方法：

```
override fun onCreate(savedInstanceState: Bundle?) {
    super.onCreate(savedInstanceState)
    setContentView(R.layout.activity_main)
    initViews()
}

private fun initViews() {
    findViewById(R.id.iv_1).setOnClickListener(this)
    findViewById(R.id.iv_2).setOnClickListener(this)
    findViewById(R.id.iv_3).setOnClickListener(this)
    findViewById(R.id.iv_4).setOnClickListener(this)
    findViewById(R.id.iv_5).setOnClickListener(this)
    findViewById(R.id.iv_6).setOnClickListener(this)
}
```

其實在匯入模型時，就會自動提供點擊事件的處理方法，不過我們可以用覆寫的方式，稍微修改一下原本的程式碼。下面就是修改後的完整程式碼，我們就來一塊一塊仔細看一下吧：

```
override fun onClick(view: View?) {
    val bitmap = ((view as ImageView).drawable as BitmapDrawable).bitmap
    val model = Model.newInstance(this)

    val image = TensorImage.fromBitmap(bitmap)

    val outputs = model.process(image)
    val probability = outputs.probabilityAsCategoryList
    val bestMatch = probability.maxByOrNull { it -> it.score }
    val label = bestMatch?.label

    model.close()

    runOnUiThread { Toast.makeText(this, label, Toast.LENGTH_SHORT).show() }
```

首先你可以注意到，這個 `onClick` 方法需要一個 View 來做為它的參數。這個參數其實是一個引用參照，指向使用者所點擊的那個 ImageView 控制元件。首先一開始會先建立一個 `bitmap` 變數，它就是使用者所點擊的 View 其中所包含的圖片：

```
val bitmap = ((view as ImageView).drawable as BitmapDrawable).bitmap
```

我們會利用 `TensorImage` 物件類別裡的一個輔助函式，把這個 bitmap 轉換成張量——所要做的動作如下：

```
val image = TensorImage.fromBitmap(bitmap)
```

這樣就可以把圖片載入到張量，接著只要建立模型的實體，再把圖片送進去就可以了：

```
val model = Model.newInstance(this)
val outputs = model.process(image)
```

還記得嗎？這個模型會送回來五個輸出——分別代表這張圖片包含各種花朵的機率。其順序是按照字母順序排列，因此第一個值就是圖片裡包含雛菊（daisy）的機率。為了取得分類的判斷結果，我們必須找出其中具有最高值的神經元，然後再採用它所對應的標籤。

Model Maker 會把標籤編碼到模型內，因此我們可以把模型的輸出視為一個機率列表，只要對這個列表進行排序，讓最大值排到最前面，就可以取出最大值相應的標籤了（程式碼如下）：

```
val probability = outputs.probabilityAsCategoryList
val bestMatch = probability.maxByOrNull { it -> it.score }
val label = bestMatch?.label
```

取得標籤之後，只要使用 `Toast` 就可以把它顯示出來了：

```
runOnUiThread { Toast.makeText(this, label, Toast.LENGTH_SHORT).show()
```

真的就這麼簡單。我強烈建議像這種圖片類的 App，盡可能採用 Model Maker 的做法，因為它可以讓 App 的程式碼寫起來容易許多！

請注意，這種使用 Android Studio 匯入模型的做法，只能適用於 TensorFlow Lite Model Maker 所建構的圖片類模型。如果使用的是其他模型（例如文字類模型），就要改用 TensorFlow Lite Task 函式庫了。稍後我們也會再探討這個主題。

透過 ML Kit 使用 Model Maker 所建立的模型

我們曾在第 4 章看過如何使用 ML Kit 的圖片標記 API，做為電腦視覺的一種簡易解決方案。它可做為一種通用型的圖片分類器，只要向它展示一朵花的圖片，就可以提供該圖片相關的一些詳細資訊。參見圖 10-5。

圖 10-5　通用型圖片分類器的執行結果

如你所見，它告訴我們圖片中可以看到 petal（花瓣）、flower（花朵）、plant（植物）與 sky（天空）！雖然這些資訊都很正確，但如果有個做法可以把剛才所建立的自定義模型丟進去，然後用它來辨識出特定的花朵，並把這張圖片標記為雛菊（daisy），那不就太棒了嗎？

值得慶幸的是，這並不是很困難的事；我們只需要幾行程式碼，就可以更新之前那個 App 的做法。你也可以在本書的 GitHub 頁面，取得相應的程式碼。

首先必須把 ML Kit 的 custom labeling（自定義標記）API 添加到 App 中。因此，除了在 build.gradle 裡添加 image-labeling 函式庫之外，還要再添加 image-labeling-custom 函式庫：

```
// 下面這個你應該已經添加了
implementation 'com.google.mlkit:image-labeling:17.0.1'
// 只要再添加這個就行了
implementation 'com.google.mlkit:image-labeling-custom:16.3.1'
```

你的 App 裡應該有一個 assets 目錄，其中包含了第 4 章所使用到的一些範例圖片。現在請把我們用 TensorFlow Lite Model Maker 建立的 *model.tflite* 檔案也添加到同樣的位置。你當然也可以另外再添加一些其他的花朵圖片。（這個 App 同樣放在本書 GitHub 頁面（*https://oreil.ly/iXFmG*）第 10 章的目錄中。）

接著在 Activity 的 `onCreate` 函式中，用 `LocalModel.Builder()` 建立一個本地模型，以取代預設的 ML Kit 模型：

```
val localModel = LocalModel.Builder()
    .setAssetFilePath("model.tflite")
    .build()

val customImageLabelerOptions =
    CustomImageLabelerOptions.Builder(localModel)
      .setConfidenceThreshold(0.5f)
      .setMaxResultCount(5)
      .build()
```

程式碼最後的修改，就是用剛剛所建立的選項來調用 `ImageLabeling.getClient()`。在原本的 App 中，這個動作是在 `btn.setOnClickListener` 裡完成的，現在稍作修改如下：

```
val labeler = ImageLabeling.getClient(customImageLabelerOptions)
```

至於其他所有的東西，全都與原始的 App 相同 —— 我們還是會針對圖片，直接調用 `labeler.process`，並在 `onSuccessListener` 裡擷取輸出的結果：

```
btn.setOnClickListener {
  val labeler = ImageLabeling.getClient(customImageLabelerOptions)
  val image = InputImage.fromBitmap(bitmap!!, 0)
  var outputText = ""
  labeler.process(image)
    .addOnSuccessListener { labels ->
      // 任務成功完成
      for (label in labels) {
        val text = label.text
        val confidence = label.confidence
        outputText += "text : confidence\n"
      }
      txtOutput.text = outputText
}
```

現在如果用同一張雛菊圖片執行這個 App，結果就如圖 10-6 所示，可以看到它以很高的機率（將近 97% 的機率）把圖片分類為 daisy（雛菊）。

圖 10-6　用自定義模型把圖片分類為 daisy（雛菊）

使用語言類模型

在 App 中使用語言類模型時，做法上與圖 10-1 的架構很類似（如圖 10-7 所示）。

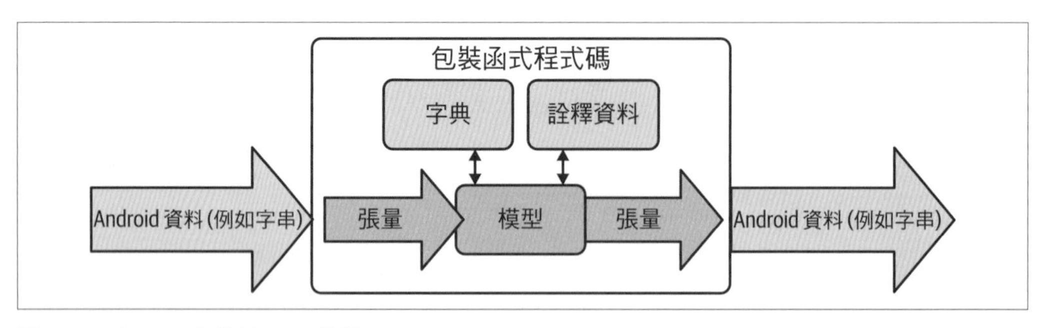

圖 10-7　在 App 中使用 NLP 模型

其中一個主要的區別是，App 如果使用了自然語言處理（NLP）模型，就必須用到當初訓練模型時所使用的同一個單詞字典。還記得嗎？我們在第 9 章把句子拆成單詞列表，其中每個單詞都對應到一個數字 token。單詞向量就是針對這些 token 所學會的單詞相應情感。舉例來說，「dog」這個單詞也許對應到 token 4，然後針對這個 token 4，又學會了類似 [0, 1, 0, 1] 這樣的一個多維向量。我們的 App 當然需要當初的那個字典，才知道要把「dog」這個單詞對應到 4 這個 token。而且這個模型是針對固定長度的句子來進行訓練，你的 App 也要知道這件事才行。

如果是用 TensorFlow Lite Model Maker 來建構模型，不管是詮釋資料還是字典，全都會被編譯到 *.tflite* 檔案內，這樣一來情況就會簡單許多。

本節後續的內容，假設你已經有了一個 NLP 模型，當初是用 Model Maker 進行訓練，就像第 9 章所示範的情感分類器一樣。你也可以在本章的程式碼儲存庫中，找到一個已實作完成的完整 App，其中就包含了這樣的一個模型。

建立一個可進行語言分類的 Android App

請在 Android Studio 建立一個全新的 Android App。這個 App 只需要一個空的 Activity。完成之後，再編輯一下 build.gradle 檔案，把 TensorFlow Lite 以及一些用來處理文字的 TensorFlow Lite Task 函式庫包含進來：

```
implementation 'org.tensorflow:tensorflow-lite-task-text:0.1.0'
implementation 'org.tensorflow:tensorflow-lite:2.2.0'
implementation 'org.tensorflow:tensorflow-lite-metadata:0.1.0-rc1'
implementation 'org.tensorflow:tensorflow-lite-support:0.1.0-rc1'
implementation 'org.tensorflow:tensorflow-lite-gpu:2.2.0'
```

Gradle 同步之後，就可以匯入模型了。接著使用圖 10-2 所示的相同做法，在專案資源瀏覽器中用右鍵點擊你的 package 名稱，然後選取 New（新增）→ Other（其他）→ TensorFlow Lite Model。請接受所有預設的選項，完成後如果需要的話，再進行一次 Gradle 同步。

建立 Layout 檔案

這個 App 的使用者介面超級簡單——有一個可以讓使用者輸入文字的 EditText、一個可以觸發推測的 Button 按鈕，和一個可用來顯示推測結果的 TextView。程式碼如下：

```
<?xml version="1.0" encoding="utf-8"?>
<androidx.constraintlayout.widget.ConstraintLayout
    xmlns:android="http://schemas.android.com/apk/res/android"
    xmlns:app="http://schemas.android.com/apk/res-auto"
    xmlns:tools="http://schemas.android.com/tools"
    android:layout_width="match_parent"
    android:layout_height="match_parent"
    tools:context=".MainActivity">
    <ScrollView
        android:id="@+id/scroll_view"
```

```
        android:layout_width="match_parent"
        android:layout_height="0dp"
        app:layout_constraintTop_toTopOf="parent"
        app:layout_constraintBottom_toTopOf="@+id/input_text">

        <TextView
            android:id="@+id/result_text_view"
            android:layout_width="match_parent"
            android:layout_height="wrap_content" />
    </ScrollView>
    <EditText
        android:id="@+id/input_text"
        android:layout_width="0dp"
        android:layout_height="wrap_content"
        android:hint="Enter Text Here"
        android:inputType="textNoSuggestions"
        app:layout_constraintBaseline_toBaselineOf="@+id/ok_button"
        app:layout_constraintEnd_toStartOf="@+id/ok_button"
        app:layout_constraintStart_toStartOf="parent"
        app:layout_constraintBottom_toBottomOf="parent" />
    <Button
        android:id="@+id/ok_button"
        android:layout_width="wrap_content"
        android:layout_height="wrap_content"
        android:text="OK"
        app:layout_constraintBottom_toBottomOf="parent"
        app:layout_constraintEnd_toEndOf="parent"
        app:layout_constraintStart_toEndOf="@+id/input_text"
        />
</androidx.constraintlayout.widget.ConstraintLayout>
```

請注意這三個控制元件的名稱——輸出的名稱為 `result_text_view`，輸入的名稱為 `input_text,`，而按鈕則為 `ok_button`。

編寫 Activity 的程式碼

在 MainActivity 中，所要編寫的程式碼非常簡單明瞭。首先針對控制元件、分類器以及模型，各自添加一些變數：

```
lateinit var outputText: TextView
lateinit var inputText: EditText
lateinit var btnOK: Button
lateinit var classifier: NLClassifier
var MODEL_NAME:String = "emotion-model.tflite"
```

然後在 onCreate 裡頭，針對幾個設定為 lateinit（晚一點進行初始化）的變數進行初始化：

```
outputText = findViewById(R.id.result_text_view)
inputText = findViewById(R.id.input_text)
btnOK = findViewById(R.id.ok_button)
classifier = NLClassifier.createFromFile(applicationContext, MODEL_NAME);
```

只要使用者一點擊按鈕，我們就必須讀取輸入文字，並把它送入分類器。請注意，這裡並沒有進行任何字典相關的管理工作，因為全都內建在模型中了。我們只需要取得一個字串，再把它送入 classifier.classify() 就可以了：

```
btnOK.setOnClickListener{
    val toClassify:String = inputText.text.toString()
    val results:List< Category> = classifier.classify(toClassify)
    showResult(toClassify, results)
}
```

這個模型會送回來一個由 Category 物件所組成的 List 列表。這些 Category 物件其中就包含了分類相關的資料（例如 score 分數與 label 標籤）。在這裡的例子中，0 就代表負面情感的標籤，1 則代表正面情感的標籤。這些全都對應到 Category 物件裡的 label 屬性，而相應的機率則放在 score 屬性中。由於有兩個標籤，因此會有兩個輸出，這樣我們就可以檢查每個標籤相應的機率了。

為了顯示結果，我們可以用迭代的方式遍歷整個列表，然後把它們全都列印出來。其實這就是 showResult 所採用的做法：

```
private fun showResult(toClassify: String, results: List< Category>) {
    // 在 UI 執行緒中執行，因為我們會更新 App 的 UI
    runOnUiThread {
        var textToShow = "Input: $toClassify\nOutput:\n"
        for (i in results.indices) {
            val result = results[i]
            textToShow += java.lang.String.format(
                    "    %s: %s\n",
                    result.label,
                    result.score
            )
        }
        textToShow += "---------\n"

        outputText.text = textToShow
    }
}
```

全部也就是這麼簡單而已。只要使用 Model Maker，字典就會內嵌在模型內，這樣一來只要使用 Model Maker 的 Android API（已經在 build.gradle 檔案中包含進來了），張量之間的轉換管理複雜度就會大大降低，我們只需要專注在 Android App 的簡單程式碼就可以了。

如果想查看實際的效果，請參見圖 10-8，我特別在其中輸入了一些文字：「Today was a wonderful day, I had a great time, and I feel happy !」（今天真是美好的一天，我度過了一段很棒的時光，我覺得好開心！）

MMEmotion
Input: Today was a wonderful day, I had a great time, and I feel happy
今天真是美好的一天，我度過了一段很棒的時光，我覺得好開心！
Output:
0: 0.096440904
1: 0.9035591

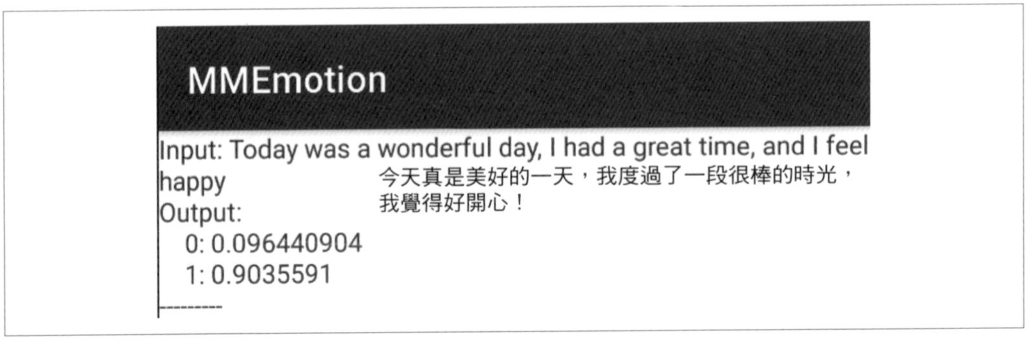

圖 10-8　帶有正面情感的一段輸入文字

如你所見，這個句子得到了相當正面的結果，神經元 0（代表負面情感）的值非常低，而神經元 1（代表正面情感）的輸出分數則非常高。如果改成輸入一段帶有負面情感的文字，例如「Today was an awful day, I had a terrible time, and I feel sad」（今天真是很慘的一天，我度過了一段糟糕的時光，我覺得好難過），輸出結果就會反過來了。結果請參見圖 10-9。

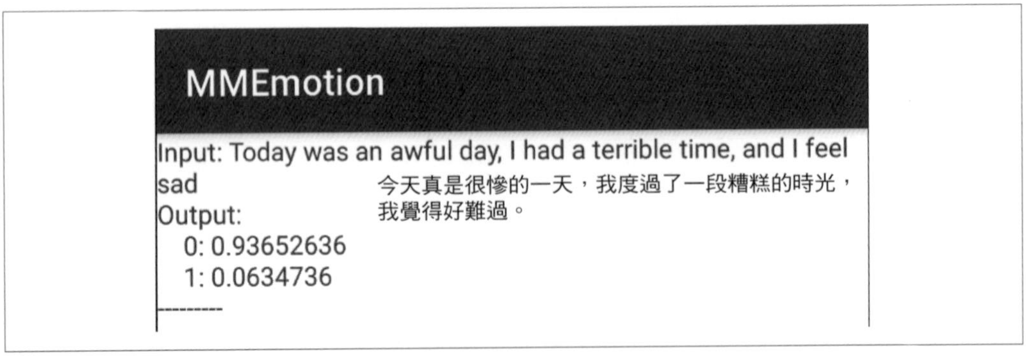

MMEmotion
Input: Today was an awful day, I had a terrible time, and I feel sad
今天真是很慘的一天，我度過了一段糟糕的時光，我覺得好難過。
Output:
0: 0.93652636
1: 0.0634736

圖 10-9　帶有負面情感的輸出結果

當然，這只是一個非常簡單的範例，不過它還是足以展示 Model Maker 和語言類模型的強大功能，而且我們也可以瞭解到，這樣的組合在 Android 裡使用起來有多麼容易。

在使用 Model Maker 訓練模型時，如果想改用 BERT 型（BERT-based）規格，程式碼只需要稍做修改即可——只要在 Android 程式碼中，改用 `BERTNLClassifier` 物件類別直接替換掉 `NLClassifier` 就可以了！BERT 可提供更好的文字分類效果；舉例來說，它可降低假陽性與假陰性的情況。不過其代價就是模型會大很多很多。

總結

我們在本章瞭解到，Android App 使用自定義模型時，需要特別注意一些相關的考量。我們已經知道，把模型放入 App 加以運用，並沒有那麼簡單；Android 的資料結構以及模型所使用的張量，兩者之間有一些轉換工作需要進行處理。針對圖片與 NLP 模型的一些常見應用場景，我們建議 Android 開發者可以用 Model Maker 來建立模型，並使用相關聯的 API 來處理資料轉換的工作。遺憾的是，iOS 開發者就沒辦法享受這種奢侈的待遇了，所以必須做一些比較低階的工作。我們在第 11 章就會探討相應的做法。

第十一章

使用自定義模型的 iOS App

第 9 章運用 TensorFlow Lite Model Maker、Cloud AutoML Vision Edge 以及 TensorFlow 搭配轉移學習的做法，在各式各樣的應用場景下建立了自定義模型。本章就來看看如何把這些模型整合到 iOS App 中。我們將會聚焦於兩大應用場景：圖片辨識與文字分類。如果你已經讀過第 10 章才來到這裡，就會發現我們的討論相當類似，因為模型都不是直接放入 App 就能正常運作。在 Android 中，運用 TensorFlow Lite Model Maker 所建立的模型都會附帶詮釋資料（metadata），而 task 函式庫則可以讓整合工作容易許多。但如果使用的是 iOS，就沒有同等級的支援了；把資料送入模型並解析結果的工作，就要由你自己來進行一些非常低階的工作，處理像是「把內部資料型別轉換成模型可理解的相應張量」這類的工作。讀完本章後，你就能稍微瞭解這些工作相關的一些基礎知識，不過你所遇到的應用場景，還是有可能大不相同，具體來說還是取決於你手中的資料！不過，如果使用的是 ML Kit 可支援的自定義模型類型，則可算是例外的情況；因此，我們也會探索一下如何在 iOS 運用 ML Kit API 處理自定義模型。

把模型裝進 iOS 中

訓練完模型並轉換成 TensorFlow Lite 的 TFLite 格式之後，就可以得到一個二進位 blob 檔案，我們可以把它當成一個 assets 資源，直接添加到 App 之中。App 可以把它載入到 TensorFlow Lite 的直譯器（interpreter），而我們則必須在二進位的層次上，針對輸入與輸出張量寫出相應的程式碼。舉例來說，如果模型接受的是一個浮點數，我們就可以把這個浮點數放進一個 4 Byte 的 `Data` 型別中。為了方便起見，我會在 Swift 裡進行一些擴展（extension），詳情可參見本書的程式碼。而運用模型的做法，大致上就如圖 11-1 所示。

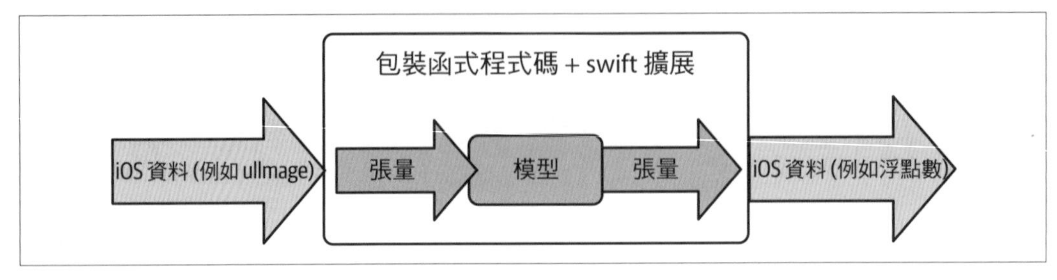

圖 11-1　在 iOS App 中使用模型

舉例來說，如果考慮我們在第 8 章所使用的那個簡單模型，它已透過學習知道數字間的關係為 y = 2x − 1，只要送入一個浮點數，它就會推測出相應的結果。舉例來說，只要把 10 這個值送進去，它就會送回 18.98 或某個很接近的值。雖然所送進去的值是一個浮點數，但實際上我們必須把浮點數的四個 Byte 載入到一個記憶體緩衝區，再把相應的 Pointer 指針送入模型中。舉例來說，假設我們的輸入放在 data 這個變數中，就必須使用下面這樣的程式碼，把它轉換成一個名為 buffer 的 UnsafeMutableBufferPointer：

```
let buffer: UnsafeMutableBufferPointer< Float > =
            UnsafeMutableBufferPointer(start: &data, count: 1)
```

這樣就會建立一個指針，指向 data 在記憶體內所存放的位置，而且由於我們把它的型別指定為 `<Float>`，並把 count 設定為 1，因此這個 buffer 就是指向 data 所在位址開始的 4 個 Byte。現在你應該明白我之前說「要在記憶體內針對 Byte 進行一些低階操作」這句話是什麼意思了吧！

接下來我們會把這個 buffer 轉換成 `Data` 型別，再把它複製到 interpreter 直譯器中，以做為第一個輸入張量，做法如下：

```
try interpreter.copy(Data(buffer: buffer), toInputAt: 0)
```

接著只要調用 interpreter 直譯器的 invoke 方法，就可以進行推測：

```
try interpreter.invoke()
```

如果想取得推測的結果，則必須查看輸出張量：

```
let outputTensor = try interpreter.output(at: 0)
```

我們知道 `outputTensor` 裡包含了一個 `Float32` 的結果，因此必須把 `outputTensor` 裡的資料（data）轉換成一個 `Float32`：

```
let results: [Float32] = [Float32](unsafeData: outputTensor.data) ?? []
```

現在我們總算可以取得推測的結果了。在這個例子中，它就只是一個很簡單的單一值。稍後我們也會看到多個神經元輸出的例子（例如圖片分類器）。

雖然這個範例非常簡單，但就算是比較複雜的應用場景，採用的還是相同的做法，因此在閱讀本章時請記住這裡所介紹的概念。

我們會先把輸入的資料轉換成一個指向記憶體緩衝區的指針變數（buffer），而相應的資料就存放在這塊記憶體緩衝區內。然後我們會把 buffer 所指向的所有資料，全部複製到直譯器的輸入張量中。接著我們會調用直譯器的 invoke 方法。最後我們會以記憶體串流（memory stream）的方式，從輸出張量讀取出資料，再把它轉換成可使用的資料型別。如果你想再仔細探索一下第 8 章那個採用 $y = 2x - 1$ 模型的迷你 App，在本書的程式碼儲存庫中就可以找到相應的程式碼。接著我們打算來看一個更複雜的範例——也就是使用到圖片的情況。雖然這個例子比我們剛才所討論的單一浮點數輸入更複雜，不過做法上大致都是相同的，因為圖片的資料其實非常結構化，而且要讀取相應記憶體進行轉換也沒有那麼困難。本章最後還會建立一個使用到 NLP（自然語言處理）模型的 App，我們會在那個例子中探索最後一種做法。在那個例子中，模型的輸入資料（一個字串）與模型所能理解的張量（一個 token 化的單詞列表）有很大的不同，因此我們會在那裡更詳細探索資料轉換的方法。不過，一開始就先來看一個運用自定義模型來辨識圖片的圖片分類器。

自定義模型圖片分類器

本書之前（第 6 章）介紹過如何在 iOS 使用 ML Kit 打造圖片分類器。當時我們使用的是預訓練過的基礎模型，可辨認出圖片中好幾百種不同的類別標籤；只要給它一張狗的圖片，它就能認出圖中可能有一隻狗（也有可能是一隻貓）！不過，在大多數情況下，我們需要的並不只是這種一般的圖片辨識能力；我們或許還需要更具體、更有針對性的結果。我們希望所構建的 App，可識別出葉子所呈現的不同類型農作物病害。我們也想構建出一種 App，只要拍下一隻鳥的照片，就能分辨出它是什麼類型的鳥類。

我們在第 8 章已學會如何透過 Python，用 TensorFlow Lite Model Maker 快速訓練出一個可分辨圖片中五種不同類型花朵的模型。這裡就以這個模型做為範本，探討一下 App 如何運用這個自定義模型。

由於這裡討論的是圖片類模型，因此實際上只要利用 ML Kit 的自定義模型載入功能，就可以做為打造 App 的一種簡易做法，不過在採用這種做法之前，我認為先探討一下無法使用 ML Kit 的情況下，透過 iOS 的 Swift 來使用模型會遇到哪些狀況，這應該也是個很好的練習。在接下來的幾個步驟中，我們會進行一些低階的操作，所以請記得先綁好安全帶喲！

第 1 步：建立 App 並添加 TensorFlow Lite Pod

請按照一般的流程，用 Xcode 建立一個簡單的 App。如果你一翻開本書，就從本章開始閱讀，建議還是先回頭看一下第 3 章的內容。建立好 App 之後，請先關閉 Xcode，然後在所建立的資料夾內添加一個名為 *Podfile*（無副檔名）的文字檔案，其內容如下：

```
# 如果你並未使用 Swift，而且不想使用動態框架，
# 請把下一行註解掉
use_frameworks!

target 'Chapter11Flowers' do
  # Chapter11Flowers 的 Pods
  pod 'TensorFlowLiteSwift'

end
```

在這個例子中，我把 App 取名為 *Chapter11Flowers*，正如你所見，我們添加了一個名為 *TensorFlowLiteSwift* 的 pod。接著請執行 **pod install**，讓 CocoaPods 幫你安裝所需的依賴項目。完成之後請載入新建立的 *.xcworkspace* 檔案（不是 *.xcproject* 檔案喲！），重新開啟 Xcode。

第 2 步：建立使用者介面與圖片 Assets 資源

我們可以先來看一下這個自定義圖片分類功能，在使用者介面非常簡單的一個 App 中運行的情況。圖 11-2 就是這樣的一個 App 執行時的螢幕截圖。

圖 11-2　採用自定義圖片分類模型的一個 App

這個 App 預先載入了好幾張不同類型花朵的圖片，只要按下「Previous」（上一張）與「Next」（下一張）的按鈕，就可切換到不同的圖片。如果按下「Classify」（分類）按鈕，它就會告訴你模型根據這張圖片所推測出的花朵類型。如果想讓這個 App 從你的照片或相機讀取圖片，程式修改起來應該也很簡單，但為了讓 App 盡量保持簡單，我們在這裡只預先載入幾張花朵的圖片。如果你想設計一下這個 App 的 Layout 版面，可直接開啟 *Main.storyboard*，然後把 Storyboard 設計成如圖 11-3 所示。

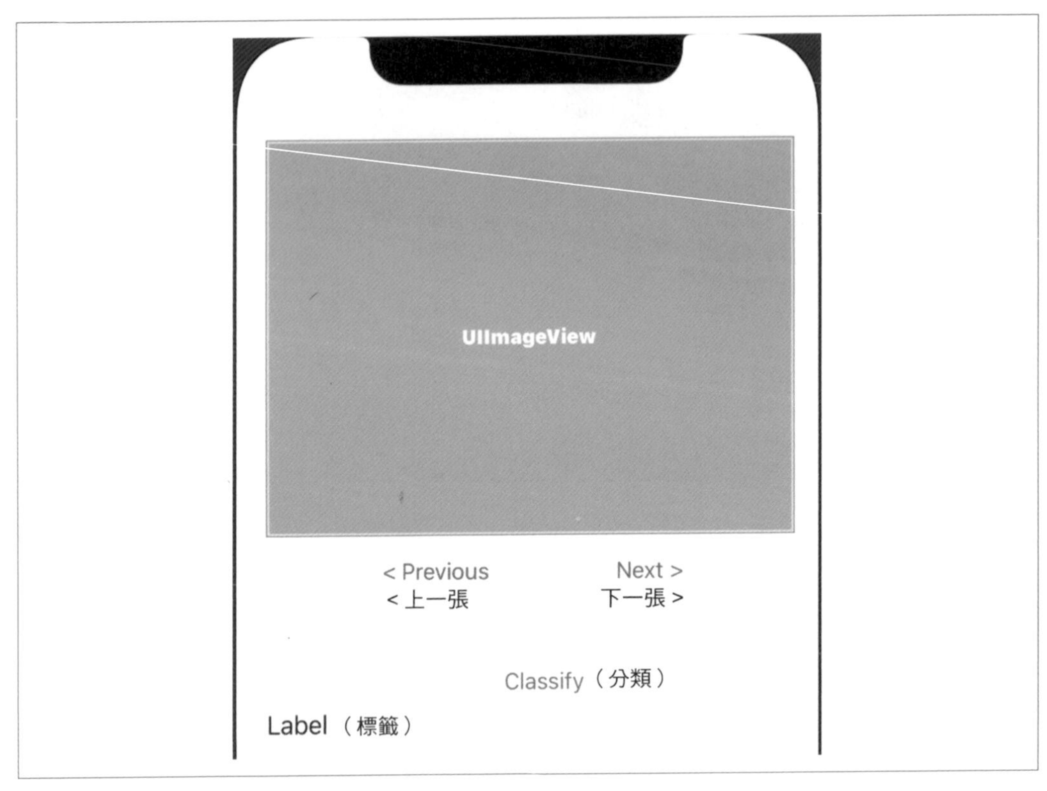

圖 11-3　設計這個 App 的 Storyboard

只要使用 Ctrl+ 拖動的方式，就可以把控制元件拖到 *ViewController.swift*，以建立相應的 outlet 與 action。

請針對三個按鈕，分別建立三個 action，並分別取名為 `prevButton`、`nextButton` 與 `classifyButton`。

我們還要針對 UIImageView，建立一個名為 `imageView` 的 outlet，然後再針對 UILabel 建立一個名為 `lblOutput` 的 outlet。

這個自定義模型的設計，主要是用來識別以下五種類型的花朵——daisy（雛菊）、dandelion（蒲公英）、rose（玫瑰）、sunflower（向日葵）、tulip（鬱金香）。因此，我們可以隨意下載這幾種花朵的一些圖片，然後直接放入 App 之中。為了讓程式編寫起來更容易一點，在把圖片放入 App 之前，請先把圖片重新命名為 *1.jpg*、*2.jpg*（其餘以此類推）。你也可以直接使用我放在 GitHub 程式碼儲存庫裡的圖片。

如果要把圖片添加到 App，請開啟 *Assets.xcassets* 資料夾，然後把圖片拖到 assets 資源瀏覽器中。舉例來說，請看一下圖 11-4。如果想把圖片添加為 assets 資源，只要把圖片拖到右邊顯示著 AppIcon 的下方區域，其餘的工作 Xcode 就會自動完成了。

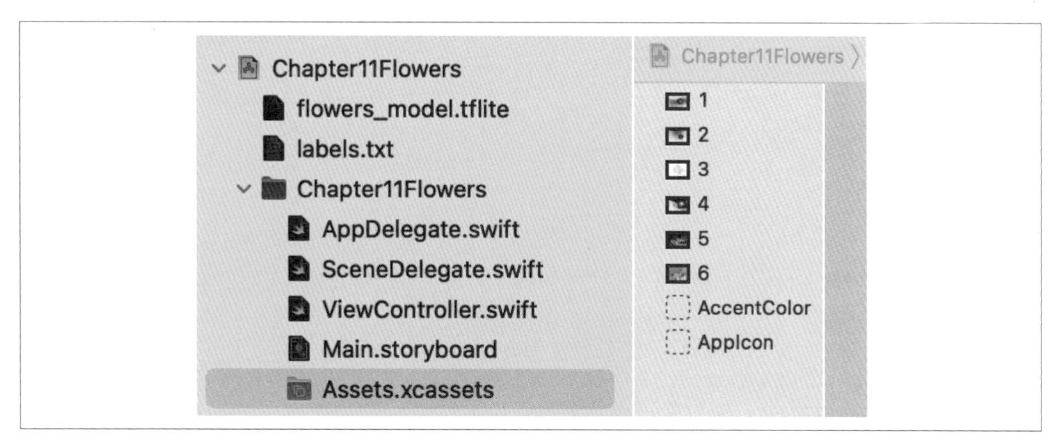

圖 11-4　把 assets 資源添加到你的 App

我們可以看到這裡有六張圖片，分別命名為 *1.jpg*、*2.jpg* ...，添加好圖片之後，它們就會變成名稱為 1、2 ... 的圖片資源。現在我們已經準備好，可以開始寫程式了。

第 3 步：圖片 Assets 資源的載入與瀏覽

由於圖片資源已經被一一編號，因此要使用 Previous 與 Next 按鈕來載入與瀏覽圖片就很容易了。只要在物件類別內，利用一個叫做 `currentImage` 的變數，讓 Previous 與 Next 按鈕改變其值，然後添加一個叫做 `loadImage` 的函式，再從 `viewDidLoad` 裡調用該函式，就可以瀏覽 assets 資源裡的圖片，並把圖片顯示出來了：

```
var currentImage = 1
// previous 按鈕會改變 currentImage 的值。
// 如果值 <=0，就把它設為 6 （我們有 6 張圖片）
@IBAction func prevButton(_ sender: Any) {
    currentImage = currentImage - 1
    if currentImage<=0 {
        currentImage = 6
    }
    loadImage()
}
// next 按鈕會改變 currentImage 的值。
// 如果值 >=7，就把它設為 1 （我們有 6 張圖片）
@IBAction func nextButton(_ sender: Any) {
```

```
        currentImage = currentImage + 1
        if currentImage>=7 {
            currentImage = 1
        }
        loadImage()
    }

    override func viewDidLoad() {
        super.viewDidLoad()
        // 載入 View 之後，可進行一些額外的設定。
        loadImage()
    }
```

然後這個 `loadImage` 函式就會根據 `currentImage` 的值，載入相應名稱的圖片資源：

```
// 這個載入圖片的函式，會從一堆圖片中取出一張圖片。
// 這堆圖片的名稱，分別是 "1", "2" ... 這樣的名稱。
// 因此只要使用 UIImage(named: "1") 就可以取得圖片了。
// String(currentImage) 就是所需要的圖片名稱
func loadImage(){
    imageView.image = UIImage(named: String(currentImage))
}
```

第 4 步：載入模型

來到這裡，就要使用到模型了。你可以按照第 8 章的步驟，建立一個自己的花朵模型，也可以直接使用我所建立的模型（就放在本書的程式碼儲存庫中）。請把模型放在這個 App 的資料夾內（我把這個資料夾取名為 *Chapter11Flowers*）。

如果想載入模型，就要先告訴直譯器，在哪裡可以找到模型。這個模型應該要和 App 綁在同一個 bundle 內，這樣才能像下面這樣，用程式碼來直接進行指定：

```
let modelPath = Bundle.main.path(forResource: "flowers_model",
                                 ofType: "tflite")
```

TensorFlow Lite 的 interpreter 直譯器屬於之前所安裝的 pod 其中一部分，因此我們必須先匯入相應的函式庫才能使用：

```
import TensorFlowLite
```

接著要建立一個直譯器的實體，並讓它載入你之前所指定的模型，程式碼如下：

```
var interpreter: Interpreter
do{
    interpreter = try Interpreter(modelPath: modelPath!)
} catch _{
```

```
        print("Error loading model!")
        return
    }
```

現在已經把直譯器載入到記憶體，可以準備進行後續的工作了。接下來要做的就是提供一張圖片，讓模型可以對它進行解譯！

第 5 步：把圖片轉換成輸入張量

這個步驟非常複雜，因此在深入研究程式碼之前，我們先用比較直觀的方式，探索一下相關的概念。回頭看一下圖 11-1，你就會注意到 iOS 可以把圖片儲存為 UIImage，不過這樣的形式與模型可辨識的張量有很大的不同。首先我們來瞭解一下，圖片通常是如何保存在記憶體中的。

圖片中的每個像素，都是用 32 個 bit（也就是 4 個 Byte）來表示。這些位元組裡保存的是紅、綠、藍與 alpha 的強度。參見圖 11-5。

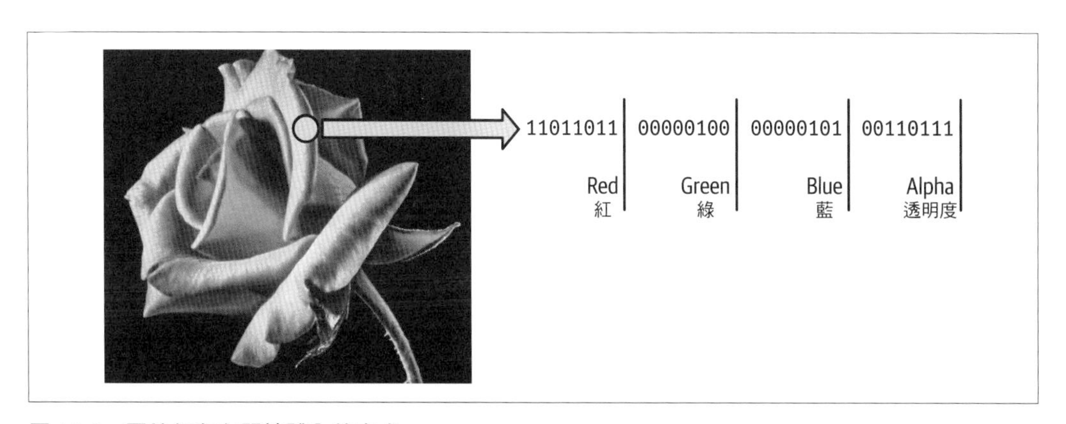

圖 11-5　圖片保存在記憶體內的方式

舉例來說，如果你的圖片是 1000 × 1000 像素，那麼保存這一張圖片的記憶體，就會是一百萬組的 4 個 Byte。整塊記憶體裡的第一組 4 個 Byte，就是最左上角的那個像素，然後下一個像素就是下一組的 4 個 Byte，其餘依此類推。

當我們（透過 Python 使用 TensorFlow）訓練模型來辨識圖片時，我們其實是利用一個可代表此圖片的張量來訓練模型。這樣的張量通常只包含紅、綠、藍三個通道，不包含 alpha。此外，張量的紅、綠、藍通道裡保存的並不是原始的 Byte 內容，而是歸一化過的 Byte 內容。舉例來說，圖 11-5 裡的那個像素，紅色通道為 11011011，也就是 219。歸一化有很多種不同的做法，不過我們選擇的是最簡單的做法，也就是直接除以 255，因為一個 Byte 值的範圍必定落在 0 到 255 之間，因此我們如果想把數值對應到 0 到 1 之間的範圍，只要除以 255 就可以了。因此，這個像素的紅色通道，就可以用 219/255 這個浮點數來表示。同樣的，綠、藍通道則可以分別用 4/255 與 5/255 來表示。（只要看一下圖 11-5，你就會看到綠色通道值為 100，藍色通道則為 101，這分別就是 4 與 5 的二進位表示方式）

不過 iOS 無法直接把資料化為 TensorFlow 那樣的張量結構，因此我們必須把張量的值直接寫入到原始記憶體，並用一個 `Data` 資料型別（*https://oreil.ly/BOO2S*）來進行映射（map）[譯註]。以圖片來說，我們必須針對每個像素逐一進行處理，把紅 / 綠 / 藍各通道的值提取出來，各自除以 255 之後，再轉換成三個並列的浮點數值。我們會針對圖片中的每個像素執行此操作，並把所生成的 `Data` blob 送入直譯器，直譯器就會自動把它切分成適當的張量！不過在此之前，還需要做另一件事，那就是確認圖片的尺寸確實符合模型需求。以這裡的 1000 × 1000 圖片來說，我們必須先把它調整成模型可識別的大小。以行動模型來說，通常就是 224 × 224。

現在就回頭來看看相應的程式碼吧！首先，我們可以根據 `currentImage` 變數建立一個 `UIImage`：

```
let image = UIImage(named: String(currentImage))
```

這個 `UIImage` 型別對外公開了一個 `CVPixelBuffer` 屬性，我們可以用類似下面的方式取得這個屬性，再執行一些像是裁剪圖片之類的操作：

```
var pixelBuffer:CVPixelBuffer
pixelBuffer = image!.pixelBuffer()!
```

如果想把圖片調整為 224 × 224，做法有很多種（例如用縮放的方式），不過為了簡單起見，這裡會利用 pixel Buffer 的 `centerThumbnail` 屬性，以圖片中心為準切出最大的正方形圖片，然後再把它重新縮放成 224 × 224：

```
// 以圖片中心為準，把圖片裁切成最大的正方形
// 並把圖片縮放至模型所需要的維度。
let scaledSize = CGSize(width: 224, height: 224)
let thumbnailPixelBuffer =
        pixelBuffer.centerThumbnail(ofSize: scaledSize)
```

到此為止我們已經取得一張 224 × 224 的圖片，不過它的每個像素依然是 32 bit。我們想拆分出其中的紅、綠、藍通道，然後再載入到記憶體的另一塊資料緩衝區。這塊記憶體緩衝區的大小應該是 224 × 224 × 3 Byte；我們會先建立一個名為 `rgbDataFromBuffer` 的

[譯註] Data 型別可用來對應記憶體內一連串的 Byte

輔助函式，從原本存放著所有像素完整通道資料的記憶體緩衝區中，取出每個像素並切出各通道的資料，然後再把資料重新組合成一連串的 Byte。只要像下面這樣調用這個函式，最後就會送回一個 `Data` 型別的 rgbData：

```
let rgbData = rgbDataFromBuffer(
    thumbnailPixelBuffer!, byteCount: 1 * 224 * 224 * 3)
```

這裡會進行一些非常低階的操作，所以請記得先綁好安全帶！從這個輔助函式的簽名（signature）來看，它可以接受一個 `CVPixelBuffer`，然後送回來一個 Data，看起來應該就像下面這樣：

```
private func rgbDataFromBuffer(
    _ buffer: CVPixelBuffer, byteCount: Int) -> Data? {
}
```

它所送回來 `Data?`，就是我們想要送進直譯器的東西（稍後我們就會看到）。

首先，我們要取得一個指針（在本例中叫做 `mutableRawPointer`），指向一塊記憶體緩衝區所在的位址。這塊記憶體緩衝區（buffer）裡的資料，就是我們之前裁剪成 224 × 224 的那張圖片（thumbnailPixelBuffer）：

```
CVPixelBufferLockBaseAddress(buffer, .readOnly)
defer { CVPixelBufferUnlockBaseAddress(buffer, .readOnly) }
guard let mutableRawPointer =
            CVPixelBufferGetBaseAddress(buffer)
               else {
                     return nil
               }
```

我們也需要知道這塊記憶體緩衝區的大小（size），這裡姑且取名為 `count`。之所以取名為 `count` 而不是 `size` 之類的名稱，或許看起來有點奇怪，不過到了隨後的程式碼就可以看到，當我們建立一個 `Data` 物件時，需要的正是一個名為 `count` 的參數，代表的就是 Byte 的數量！總之，只要使用 `CVPixelBufferGetDataSize`，就可以取得記憶體緩衝區的大小了：

```
let count = CVPixelBufferGetDataSize(buffer)
```

我們既然有了指向記憶體緩衝區的指針，也知道它的大小，就可以像下面這樣建立一個 `Data` 物件：

```
let bufferData = Data(bytesNoCopy: mutableRawPointer,
                      count: count, deallocator: .none)
```

接著我們會從中提取出每一個 Byte（也就是每一個通道的值）、轉換成浮點數，然後再除以 255 進行歸一化轉換。我們會先建立一個 `Float` 陣列，用來存放每個像素 RGB 各通道的值（不必存放 alpha 通道的值）。還記得嗎？其大小就是 224 × 244 × 3，這個值是透過 `byteCount` 參數傳送進來的：

```
var rgbBytes = [Float](repeating: 0, count: byteCount)
```

這樣我們就可以逐一針對每一個 Byte，遍歷 buffer 這整個記憶體緩衝區裡頭每個像素的通道資料。每當遇到第四個 Byte 時，就會遇到 alpha 通道的資料，因此我們可以跳過這部分的資料。其他的 Byte 資料都要進行讀取，然後把值除以 255 進行歸一化轉換，再把歸一化之後的值，根據當下的索引保存到 `rgbBytes` 裡相應的位置：

```
var index = 0
for component in bufferData.enumerated() {
  let offset = component.offset
  let isAlphaComponent = (offset % 4) == 3
  guard !isAlphaComponent else { continue }
  rgbBytes[index] = Float(component.element) / 255.0
  index += 1
}
```

一旦取得這一大串所有像素 RGB 通道的歸一化數值，對於直譯器來說，它就像是一個包含圖片資料的張量，因此我們可以像下面這樣，把它轉換成 `Data` 的形式：

```
return rgbBytes.withUnsafeBufferPointer(Data.init)
```

下一步就可以把這個 `Data` 物件送入直譯器，以取回推測的結果。

第 6 步：取得張量相應的推測結果

到目前為止，我們已經把圖片中的資料格式化成一個 `Data` 物件，其中包含了紅、綠、藍通道的 `Float` 浮點數值，存放著每個像素在每個通道裡的歸一化資料。直譯器只要讀取這個 `Data` 物件，就會把它識別為輸入張量，並且一個一個讀取出其中的浮點數。一開始我們先來初始化直譯器，並為輸入與輸出張量配置記憶體。在 App 的 `getLabelForData` 函式中，就可以找到這段程式碼：

```
// 為模型輸入張量配置記憶體。
try interpreter.allocateTensors()
```

直譯器會讀取原始資料，因此我們必須把資料複製到直譯器為輸入張量所配置的記憶體位置：

```
// 把 RGB 資料複製到輸入張量。
try interpreter.copy(data, toInputAt: 0)
```

請注意，這裡只處理單一個圖片輸入與單一個推測輸出，這就是為什麼我們把輸入設定在索引 0 這個位置的理由。如果想要進行批量推測也是可以的，這樣的話我們就會一次載入一大堆圖片，而且一次就取得所有的推測結果，到時候第 *n* 張圖片就要把這裡的 0 改成 *n* 了。

現在只要調用直譯器的 invoke 方法，它就會載入資料、進行分類，然後把結果寫入到輸出張量中：

```
// 調用 Interpreter 執行推測。
try interpreter.invoke()
```

我們可以利用直譯器的 `.output` 屬性，取得輸出張量。與輸入很類似的是，在這裡的例子中，由於我們一次只處理一張圖片，因此其輸出結果就在索引 0 的位置。如果我們以整批圖片的方式進行處理，第 *n* 張圖片的推測結果就會在索引 *n* 的位置。

```
// 取得輸出張量，以取得推測的結果。
outputTensor = try interpreter.output(at: 0)
```

還記得嗎？這個模型是針對五種不同類型的花朵來進行訓練的，所以模型的輸出會有五個值，每個值都是圖片中包含特定類型花朵的機率。其順序是按照字母順序排列，因此我們所識別出來的花朵順序就是 daisy（雛菊）、dandelion（蒲公英）、rose（玫瑰）、sunflower（向日葵）與 tulip（郁金香），結果分別會有五個值與其相對應。舉例來說，第一個輸出值代表的就是圖片中包含雛菊（daisy）的機率，其餘依此類推。

這些值全都是機率值，數值會介於 0 到 1 之間，因此要用浮點數來表示。我們可以像下面這樣讀取輸出張量，並把它轉換成一個陣列：

```
let resultsArray =
    outputTensor.data.toArray(type: Float32.self)
```

現在你如果想要判斷圖片中最有可能包含哪一種花朵，就可以回到純 Swift 的程式碼，只要取得其中的最大值，找出該值相應的索引，再找出該索引所對應的標籤就可以了！

```
// 取出陣列中最大的值
let maxVal = resultsArray.max()
// 取得最大值相應的索引
let resultsIndex = resultsArray.firstIndex(of: maxVal!)
// 把結果設定為該索引所對應的標籤
let outputString = labels[resultsIndex!]
```

然後就可以在使用者介面中，把所推測的輸出字串顯示出來了（如圖 11-2 所示）。

全部也就是這樣了！這裡有一些關於指針、記憶體緩衝區之類的低階操作，製造了不少麻煩，不過對於理解原生型別與張量之間的資料轉換複雜度來說，這確實是一個很好的練習。

如果你不想進行太低階的操作，但還是需要使用到圖片，其實還有另一種選擇，那就是使用 ML Kit；而且它還可以讓你使用自定義的模型，不必再受限於標準的基本模型。這種做法其實非常簡單！接下來你就會知道怎麼做了。

透過 ML Kit 使用自定義模型

我們曾在第 6 章看到如何使用 ML Kit 的圖片標記 API，打造一個可識別好幾百種圖片類別的 App，不過在前面的範例中也可以看到，它還是無法處理一些比較具體的東西（例如花朵的類型）。為了解決這個問題，我們就需要用到自定義模型。ML Kit 確實可以提供一定程度的支援，只需要進行一些小小的調整，就可以載入我們的自定義模型（而不必再使用最基本的模型），並使用我們的自定義模型來執行推測。本書的程式碼儲存庫裡不但有原始 App 的程式碼（放在第 6 章的資料夾），也有改換成自定義模型之後的 App 程式碼（放在第 11 章的資料夾）。

首先就是要修改一下我們的 Podfile，改用 *GoogleMLKit/ImageLabelingCustom* 而不是 *GoogleMLKit/ImageLabeling*：

```
platform :ios, '10.0'
# 如果你並未使用 Swift，而且不想使用動態框架，
# 請把下一行註解掉
use_frameworks!

target 'MLKitImageClassifier' do
        pod 'GoogleMLKit/ImageLabelingCustom'
end
```

執行過 **pod install** 之後，我們的 App 就會改用 `ImageLabelingCustom` 函式庫，而不再使用比較通用的 `ImageLabeling` 函式庫了。如果要使用新的函式庫，還是必須先進行匯入，因此我們會在 ViewController 的最上方添加下面的程式碼：

```
// 匯入 MLKit Vision 和 Image Labeling 函式庫
import MLKit
import MLKitVision
// 如果你想換掉基礎模型範本，就要
// 把這裡改成 MLKitImageLabelingCustom
import MLKitImageLabelingCommon
import MLKitImageLabelingCustom
```

如果要使用自定義模型，就會用到 MLKit 的 `LocalModel` 型別。我們可以用下面這段程式碼，從 Bundle 載入自定義模型（*flowers_model.tflite* 就是之前用過的那個模型）：

```
// 加入這段程式碼，以使用自定義模型
let localModelFilePath = Bundle.main.path(
        forResource: "flowers_model", ofType: "tflite")
let localModel = LocalModel(path: localModelFilePath!)
```

使用基礎模型時，我們會設定一個 `ImageLabelerOptions` 物件。如果使用的是自定義模型，就必須改用 `CustomImageLabelOptions`：

```
// 為圖片標記器建立設定選項，把門檻值設定為 0.4
// 這樣就會忽略掉機率小於等於 0.4 的所有類別
let options = CustomImageLabelerOptions(
                        localModel: localModel)
options.confidenceThreshold = 0.4
```

我們會利用這個自定義選項來建立 `ImageLabeler` 物件，進而載入前面所設定的自定義模型 LocaoModel：

```
// 用這些選項初始化 labeler
let labeler = ImageLabeler.imageLabeler(options: options)
```

其他部分的運作方式，全都和之前一樣！相較於前一節的範例，這次我們使用的程式碼少了很多，因為在之前的範例中，我們必須靠自己把原始圖片轉換成一個 `Data` 物件，以呈現出張量的形式，而且我們必須直接從記憶體讀取模型的輸出，並重新轉換成陣列的形式，才能取得輸出的結果。因此，如果你想建構圖片分類器，我還是強烈建議盡量使用 ML Kit，以避開那些麻煩的工作。就算你無法使用 ML Kit，我希望這裡所介紹的兩種做法還是對你有一點幫助！

在圖 11-6 中就可以看到 App 修改之後的螢幕截圖。這裡使用的是一張雛菊的圖片，而這次 ML Kit 使用的則是自定義模型，它推測這張圖片有 96% 的機率是一朵雛菊！

圖 11-6　透過 ML Kit 使用自定義花朵模型的一個 App

如果想要在行動裝置上建構機器學習模型，瞭解相應的資料結構肯定是很有用的練習。我們接著還會再探索另一個應用場景，看看另一個運用到自然語言處理的 App，藉此更進一步深入瞭解在 Swift 中使用自定義模型的做法。這裡會再次使用原始資料的做法，就像我們之前在圖片分類範例中所採用的做法一樣，不過這一次我們所要探索的模型，其設計的目的則是識別出文字內所包含的情感！

用 Swift 打造一個自然語言處理 App

在打造這個 App 之前，最好先瞭解一下自然語言處理模型的工作原理，這樣我們才能瞭解裝置裡的字串與模型所需的張量，兩種資料間互相轉換的做法。

首先，當我們用一組所謂的語料庫（corpus）來訓練模型時，我們會把模型所能理解的詞彙，限制在「最多不超出」該語料庫的單詞範圍。舉例來說，我們打算在這個 App 所使用的模型，就是在第 8 章利用好幾千則推文進行過訓練的那個模型。這個模型只能認得這些推文裡出現過的單詞。舉個例子來說，假設我們的 App 想對一句內文使用到「antidisestablishmentarianism」這個單詞的句子進行分類，由於語料庫裡並沒有出現過這個單詞，因此模型就會忽略掉這個單詞。我們所需要的第一個東西，就是這個模型在訓練時所使用的詞彙表（vocabulary）——也就是模型所認得的單詞集合。在第 8 章的 notebook 檔案裡就可以找到匯出詞彙表的程式碼，只要直接下載所匯出的詞彙表，即可在 App 中使用。還有，我之所以說「最多不超出」語料庫裡所用過的單詞，是因為你可以想想看，語料庫裡有很多單詞其實只會用到一兩次。我們通常可以忽略掉那些很少用到的單詞，進而把模型調整得更小、更好、更快。不過這有點超出我們的討論範圍，因此這裡姑且假設我們的詞彙表就是語料庫裡所有的單詞，而這些單詞當然只是全世界所有單詞其中一個小小的子集合而已！

第二，模型並不是直接針對單詞（*word*）進行訓練，而是針對單詞相應的 token 來進行訓練。這些 token 全都是數字，因為神經網路可處理的就是數字！詞彙表裡的每個單詞都有相應的索引，而且 TensorFlow 還會把詞彙表內所有的單詞，按照單詞出現的頻率進行排序。舉例來說，在 Twitter 語料庫中，「today」（今天）這個單詞就是排名第 42 的常見單詞。所以它就用數字 44 來表示，因為 0 到 2 這幾個 token 被保留起來，用來表示幾個比較特殊的意義（例如「填充」（padding）和「不在詞彙表內的單詞」）。因此，如果你想對使用者所輸入的字串進行分類，就必須先把字串裡的每個單詞轉換成相應的 token。這裡就要運用到單詞字典，才能找出單詞相應的 token 數字。

第三，由於單詞全都是用 token 來表示，因此實際上並不是把一串單詞送入模型，而是送入一個 token 列表；我們通常稱之為一串「序列」（*sequence*）。模型在訓練時採用的是固定長度的序列，因此句子如果比較短，就必須先填充到相應的長度。如果句子比較長，則必須截掉一部分才能套入模型。

完成所有這些動作之後，才能把 token 序列轉換成相應的張量！這裡會有好幾個步驟，所以我們會在打造 App 時一步一步探索相應的做法。

圖 11-7 顯示的就是 App 實作出來的樣子。使用者介面有個可編輯的文字欄位，使用者可以在其中輸入一些像是「Today was a really fun day! I'm feeling great ! :)」（今天真是有趣的一天！我感覺很棒！:)）這樣的句子，然後使用者只要一點擊 Classify（分類）的按鈕，模型就會針對文字進行解析，並推測出其中所帶有的情感。推測的結果會顯示在畫面的下方——在這個例子中，我們可以看到負面情感的機率約為 7%，而正面情感的機率則為 93% 左右。

我們接著就來看看，要打造出這樣的 App 需要哪些東西！假設你已經建立好一個 App，也添加了前面所提到的 TensorFlow Lite pod，而且還建立了一個 Storyboard，其中包含一個可用來輸入文字的 UITextView（對應一個名為 `txtInput` 的 outlet）、一個可用來輸出推測結果的 UILabel（對應一個名為 `txtOutput` 的 outlet），以及一個按鈕（對應一個名為 classifySentence 的 action）。這個 App 的完整程式碼全都放在本書的程式碼儲存庫，因此這裡只打算介紹一些有必要瞭解的 NLP 相關程式碼。

Today was a really fun day! I'm feeling great! :)
（今天真是有趣的一天！我感覺很棒！ :)）

Classify
（分類）

Negative Sentiment: 0.066828154（負面的情感）
Positive Sentiment: 0.9331718（正面的情感）

圖 11-7 解析出一段文字所帶有的情感

第 1 步：載入 Vocab

如果我們是運用 Model Maker 來建立模型（參見第 8 章），就可以從 Colab 環境下載一個模型和一個 vocab 檔案。vocab 檔案的名稱就是 *vocab*，沒有副檔名，所以請把它重新命名為 *vocab.txt*，然後把它添加到 App 中。請務必確認此檔案確實包含在 bundle 內，否則 App 就無法在執行階段讀取到這個檔案了。

如果要使用這個 vocab 詞彙表，就需要建立一個字典（dictionary），也就是一組鍵值對（key-value pair）。其中的 key 鍵應該是一個字串（單詞），value 值則是一個整數 Int（單詞相應的索引值，也就是 token 值），程式碼如下：

```
var words_dictionary = [String : Int]()
```

接著就要把詞彙表載入這個字典；我們可以編寫一個叫做 loadVocab() 的輔助函式。這裡就來探索一下它做了哪些事情。首先它會定義一個 filePath，把 *vocab.txt* 指定為所要載入的檔案：

```
if let filePath = Bundle.main.path( forResource: "vocab",
                                    ofType: "txt") {}
```

如果確實有找到檔案，就會執行大括號內的程式碼，這樣就可以把整個檔案載入到一個 String 字串中：

```
let dictionary_contents = try String(contentsOfFile: filePath)
```

然後可以再利用「新行」（NewLine）這個常數值，把字串拆分成許多行：

```
let lines = dictionary_contents.split(whereSeparator: \.isNewline)
```

我們可以用迭代的方式對每一行進行處理，用空格把每一行裡的資料分隔開來。在這個 vocab 檔案中，我們可以看到每一行都有一個單詞，後面跟著相應的 token，兩者之間以空格相隔。這樣就可以取得 key 鍵與 value 值，接著只要載入到 `words_dictionary` 就可以了：

```
for line in lines{
    let tokens = line.components(separatedBy: " ")
    let key = String(tokens[0])
    let value = Int(tokens[1])
    words_dictionary[key] = value
}
```

為了方便起見，下面列出了完整的函式：

```
func loadVocab(){
// 這個函式會取得 vocab.txt 這個檔案，並把檔案內容載入到一個叫做
// words_dictionary 的雜湊表（hash table；譯註：其實就是字典）。每一個
// 單詞在被送進 TensorFlow Lite Model Maker 訓練過的模型之前，
// 都會先利用這個字典，把單詞轉換成相應的 token
    if let filePath = Bundle.main.path(
                        forResource: "vocab",
                        ofType: "txt") {
        do {
            let dictionary_contents =
               try String(contentsOfFile: filePath)
            let lines =
               dictionary_contents.split(
                      whereSeparator: \.isNewline)
            for line in lines{
                let tokens = line.components(separatedBy: " ")
                let key = String(tokens[0])
                let value = Int(tokens[1])
                words_dictionary[key] = value
            }
        } catch {
            print("Error vocab could not be loaded")
        }
    } else {
        print("Error -- vocab file not found")
    }
}
```

現在字典已載入到記憶體，下一步就是把使用者的輸入字串轉換成 token 序列。接下來我們就會看到相應的做法。

接下來的幾個步驟，會用到一些比較複雜的 Swift 擴展（extension），以針對不安全的資料緩衝區進行一些低階的記憶體操作。詳細介紹這些擴展的運作方式，已超出本書的範圍，不過一般來說，這些程式碼多半只需要很少的修改（甚至無需修改），就可以在你的 App 重複使用。

第 2 步：把句子轉換成一個序列

如前所述，在建立語言類模型時，都是針對 token 序列來進行訓練。而且序列的長度都是固定的，所以句子如果比較長，就要先把它修剪至所需的長度。如果句子比較短，則必須填充至所需的長度。

這個語言類模型的輸入張量，就是由 4 Byte 整數所組成的一個序列；要建立這個序列，就必須先初始化一個 `Int32` 序列，其中所有的值皆為 0；而在 vocab 中，0 代表的就是 `<Pad>`，它只是一個用來做為填充之用的 token！（注意：如果使用的是本書程式碼儲存庫裡的程式碼，就可以在 `convert_sentence` 函式內看到下面這行程式碼。）

```
var sequence = [Int32](repeating: 0, count: SEQUENCE_LENGTH)
```

下面這些 Swift 程式碼可以把字串拆分成多個單詞，同時刪除掉標點符號與多個連續的空格：

```
sentence.enumerateSubstrings(
    in: sentence.startIndex..< sentence.endIndex,
    options: .byWords) {
        (substring, _, _, _) -> () in words.append(substring!)
    }
```

這樣就可以得到一個單詞列表，放在一個名為 `words` 的資料結構中。接下來就可以用迴圈來遍歷這個列表，只要其中的單詞確實是 `words_dictionary` 裡的一個 key 鍵，就可以把相應的值添加到 sequence 這個序列中。請注意，我們會以 `Int32` 的形式把它添加到序列中：

```
var thisWord = 0
for word in words{
    if (thisWord>=SEQUENCE_LENGTH){
        break
    }
    let seekword = word.lowercased()
```

```
        if let val = words_dictionary[seekword]{
            sequence[thisWord]=Int32(val)
            thisWord = thisWord + 1
        }
    }
```

這部分完成後，sequence 裡就會包含所有已被轉換成 Int32 的一連串單詞 token 了。

第 3 步：對 Array 進行擴展，以處理不安全的資料

我們的 sequence 是一個由 Int32 所組成的陣列（Array），但 Swift 對於 Array 結構有一套原本的處理做法。TensorFlow Lite 在讀取 Array 裡的內容時，實際上想要讀取的是 sequence 裡的 Byte 原始資料；為了達到這樣的效果，最簡單的做法就是對 Array 型別進行擴展，這樣它才有能力直接處理不安全的（unsafe）資料。Swift 其中一個很棒的特點，就是可以針對型別進行擴展。下面就是完整的程式碼：

```
extension Array {

init?(unsafeData: Data) {
    guard unsafeData.count % MemoryLayout< Element>.stride == 0 else
      { return nil }
    #if swift(>=5.0)
    self = unsafeData.withUnsafeBytes
      { .init($0.bindMemory(to: Element.self)) }
    #else
    self = unsafeData.withUnsafeBytes {
      .init(UnsafeBufferPointer< Element>(
        start: $0,
        count: unsafeData.count / MemoryLayout< Element>.stride
      ))
    }
    #endif  // swift(>=5.0)
  }
}
```

我並不打算詳細介紹上面這段程式碼，不過其終極想法就是在 Swift 的 init 函式中，用 Data 裡的 unsafeBytes 來初始化一個新陣列。如果是 Swift 5.0 以上的版本，我們可以用 bindMemory 把相應記憶體內的資料複製到新陣列中；如果是 5.0 以下的版本，我們則可以用 UnsafeBufferPointer，從記憶體緩衝區開頭處開始進行複製，並根據 unsafeData 的大小計算出 count 的值，以決定要複製多少資料。

如此一來，如果想把之前所建立的 sequence 轉換成輸入張量，我們只要採用下面的做法：

```
let tSequence = Array(sequence)
```

這樣的一個 Array，就可以用來建立一個可直接送入直譯器的 Data 型別。下一個步驟我們就會看到相應的做法。

第 4 步：把 Array 裡的資料，複製到 Data 的記憶體緩衝區

現在我們已經取得了一堆 Int32 相應的 Byte 所組成的陣列，它的名稱為 tSequence。我們必須把它複製到 Data 型別中，TensorFlow 才能對它進行解析。最簡單的做法就是對 Data 進行擴展，讓它有能力處理所要複製的記憶體緩衝區。下面就是相應的擴展程式碼：

```
extension Data {
  init(copyingBufferOf array: [T]) {
    self = array.withUnsafeBufferPointer(Data.init)
  }
}
```

這樣一來在初始化 Data 時，就會根據這個名叫 array 的輸入陣列，從相應的記憶體緩衝區內複製不安全的資料[譯註]。如果想利用這種方式來建立一個新的 Data，可以採用下面這樣的程式碼：

```
let myData = Data(copyingBufferOf: tSequence.map { Int32($0) })
```

如你所見，這裡會透過 tSequence.map 的方式，用 Int32 型別把 myData 建立起來。如此一來，這個 Data 型別的資料就可以送入 TensorFlow Lite 進行解析了！

第 5 步：針對資料進行推測，並處理相應的結果

完成第 4 步之後，我們就取得了 myData，其中所包含的每一個 Int32，就對應到句子裡的每一個 token。接著我們只要配置好張量，再把 myData 複製到第一個輸入張量，就可以完成直譯器初始化的工作了。如果你使用的是本書程式碼儲存庫中的程式碼，就可以在 classify 函式中找到下面的程式碼：

```
try interpreter.allocateTensors()
try interpreter.copy(myData, toInputAt: 0)
```

[譯註] 也就是複製記憶體緩衝區內所存放的 Byte 資料。

然後我們可以調用直譯器的 invoke 方法，接著再取得輸出張量 outputTensor：

```
try interpreter.invoke()
outputTensor = try interpreter.output(at: 0)
```

張量會輸出一個包含兩個值的陣列，其中一個代表負面情感，另一個則代表正面情感。這些值全都介於 0 到 1 之間，因此必須把陣列轉換成 Float32 才能進行存取：

```
let resultsArray = outputTensor.data
let results: [Float32] = [Float32](unsafeData: resultsArray) ?? []
```

現在要存取這些值就相對容易許多（總算輕鬆一點了！），只要讀取陣列的前兩個項目即可：

```
let negativeSentimentValue = results[0]
let positiveSentimentValue = results[1]
```

然後可以再對這些值做進一步的處理，或是單純只輸出這些值（這個 App 就是採用這種做法）；圖 11-7 顯示的就是輸出的結果。

總結

iOS 透過 Swift 使用 TensorFlow 的機器學習模型時，為了把資料載入模型取得推測結果以進行解析，必須做一些很低階的記憶體寫入寫出管理工作。本章探討了一些圖片相關的做法；我們必須先從圖片切出 RGB 三色通道的 Byte 資料，並進行歸一化轉換，然後以浮點數的形式寫入 Data 型別的記憶體緩衝區，再載入到 TensorFlow Lite 直譯器中。我們也看到了解析模型輸出的做法，更瞭解到對於模型架構的理解為何如此重要的理由——範例中的模型架構有五個輸出神經元，可代表圖片中包含五種不同花朵的機率。相較之下，我發現 ML Kit 可透過比較高階的 API 來使用自定義模型，讓整個應用場景變得更容易進行實作，因此我強烈建議，如果你所建構的模型符合 ML Kit 應用場景所涵蓋的範圍，那就盡可能使用它來進行實作，而不要自己去進行那些原始的低階操作！另一個範例是一個簡單的 NLP App，可針對字串進行分類，我們也看到如何把字串拆成單詞再轉換成 token 序列的做法，還有把這類的序列映射到記憶體緩衝區的做法；唯有採用這樣的做法，才能把字串資料送入模型中。ML Kit 或任何其他的高階 API，都無法支援這樣的應用場景，因此必須親自動手解決並探索相應的做法，而這個範例也可算是一個很重要的練習！我希望這兩個演練的過程，以及過程中所建立的相應擴展，可以讓你在建立自己的 App 時更輕鬆一些。隨後到了第 13 章，我們還會再換個檔，從 TensorFlow Lite 轉向 iOS 專用的 API——Core ML 與 Create ML。

第十二章

用 Firebase 來協助 App 產品化

本書到目前為止已探索過如何建立機器學習模型，也研究過如何使用各種技術，把這些模型整合到 Android 或 iOS App 中。我們可以使用 TensorFlow Lite 搭配一些低階操作，直接使用模型，並且處理好資料進出模型的一些轉換程序。針對許多常見的應用場景，我們也可以利用 ML Kit 裡一些高階 API 的優勢，透過非同步程式設計方式輕鬆打造出響應式（responsive）應用。不過，所有例子全都只是製作出一些很簡單的 App，只能在單一 Activity 或 View 中進行推測。

如果你想讓 App 成為真正的產品，當然必須走得更遠，而 Firebase 設計的目的，就是想成為一種跨平台解決方案，協助我們建構、發展自己的 App 並從中獲利。

雖然針對 Firebase 全面性的討論已超出本書的範圍，但 Firebase 的免費方案（free tier，也叫 Spark 方案）有個重要又好用的功能可供我們使用：自定義模型架設服務（custom model hosting）。

為何要使用 Firebase 來架設自定義模型？

正如你在本書中所看到的，建立一個 ML 機器學習模型來為使用者解決問題並不困難。像 TensorFlow 或 TensorFlow Lite Model Maker 這類的工具，可以根據你的資料快速訓練模型，運用起來也相對簡單。比較困難的其實是如何建立「正確」的模型；要能夠做到這一點，我們就必須不斷與使用者共同進行測試並更新你的模型，以驗證相應的表現，而且不只要從速度或準確度的角度來看，還要觀察使用者對於你 App 的使用，在這些改變與調整下出現了什麼樣的影響。比較正確的模型，真的能讓使用者更積極參與嗎？錯誤的模型，是否就代表使用者會拋棄你的 App？不同的做法，是否會更促進使用者與廣告進行更多的互動，或是在 App 進行更多內購的動作？

Firebase 的目標就是透過各種分析、A/B 測試、遠端設定等方式，協助你回答所有這些問題。

不過在使用 ML 模型時，為了能更有效「提出」這些問題，我們當然需要一種方式，可同時部署多個模型，並根據不同模型對你的受眾進行細分。假設你已經建立了模型的 v1 版本，而且這個版本確實可以正常運作。你也已經從使用者身上學習到很多相關的知識，收集了很多新資料，可用來建立一個新的模型。你很想把新模型部署給你的某些使用者使用，以進行一些測試，並進行仔細的監控。

你會如何處理這樣的問題呢？

嗯，對於你這個使用 ML 模型的開發者來說，這就是自定義模型架設服務可發揮作用之所在（而且你也可以藉此機會瞭解一下 Firebase 的其他服務）。我們會在本章探討一種所謂的「遠端設定」（remote configuration）做法；如果你真的很有興趣的話，也可以從這裡做為起點，進一步嘗試平台所提供的其他服務。

為了開始進行相關的討論，我們必須先建立一個多模型的應用場景；因此，我們先回到 TensorFlow Lite Model Maker。

在使用 Firebase 控制台時你或許會注意到，每個不同 API 都有許多像瓷磚一樣的小面板。這些其實都是 ML Kit 的相關功能，我們在前面的章節也都曾經介紹過！ML Kit 在獨立出來之前曾經是 Firebase 的一部分，而且在這裡的控制台中還是有一些連往 ML Kit 的鏈結。

建立多個模型版本

我們可以用 TensorFlow Lite Model Maker 建立多個模型，以進行簡單的測試。這裡並不是用不同的資料集，觀察模型會有什麼不同的行為，而是採用不同的規格，來建立多個不同的模型。由於 Model Maker 其實是使用轉移學習的做法，因此它可以說是建立不同模型的完美工具，理論上我們可以把不同版本的模型，部署給不同的使用者使用，再觀察看看哪一種架構，在我們的應用場景下有最好的表現。

如果回到之前的「花朵」範例，我們可以在取得資料之後，把它拆分成「訓練組資料」與「驗證組資料」如下：

```
url = 'https://storage.googleapis.com/download.tensorflow.org/' + \
  'example_images/flower_photos.tgz'

image_path = tf.keras.utils.get_file('flower_photos.tgz', url,
                                     extract=True)
image_path = os.path.join(os.path.dirname(image_path),
                          'flower_photos')
data = DataLoader.from_folder(image_path)
train_data, validation_data = data.split(0.9)
```

然後，只要使用 TensorFlow Lite Model Maker，就可以建立一個圖片分類器，並像下面這樣進行匯出：

```
model = image_classifier.create(train_data,
                                validation_data=validation_data)
model.export(export_dir='/mm_flowers1/')
```

現在 *mm_flowers1* 目錄中已經有了一個 TensorFlow Lite 模型，還有相關聯的詮釋資料，接著就可以下載模型並在 App 中使用，如第 9 章所述。

你應該有注意到，我們只是很單純調用 `image_classifier.create`，而沒有定義任何規格。在這樣的做法下，就會以 EfficientNet 模型做為預設的模型類型，建立一個圖片分類器模型。之所以選擇這種模型架構，是因為它被認為是目前最先進的圖片分類器，而且只要非常小的模型就能正常運作，對行動裝置來說特別有效率。你也可以自行到 *https://tfhub.dev/google/collections/efficientnet/1* 瞭解更多關於 EfficientNet 的相關訊息。

不過，另外還有一套名為 MobileNet 的模型架構，顧名思義，它也非常適合行動應用。如果我們「也」建立一個使用 MobileNet 架構的模型，並把它當成第二個模型呢？我們可以把採用 EfficientNet 架構的模型，部署給某一些使用者使用，同時把採用 MobileNet 架構的模型，部署給另一些使用者使用。這樣一來我們就能衡量不同模型的功效，進而協助我們判斷，應該向所有使用者推出哪一個模型。

因此，如果想用 TensorFlow Lite Model Maker 來建立 MobileNet 模型，我們可以用 spec 參數覆寫掉預設值，做法如下：

```
spec=model_spec.get('mobilenet_v2')

model = image_classifier.create(train_data, model_spec=spec,
                                validation_data=validation_data)
model.export(export_dir='/mm_flowers2/')
```

模型訓練完畢之後，我們就擁有了另一個 TFLite 模型，這個模型是以 MobileNet 做為其基礎，就放在 *mm_flowers2* 目錄中。下載之後記得要和第一個模型分開放。下一節我們就會把這兩個模型全都上傳到 Firebase。

使用 Firebase 模型架設服務

Firebase 模型架設服務（Firebase Model Hosting）可以讓我們在 Google 的基礎架構下，架設自己的模型服務。我們可以讓 App 下載並使用這些架設起來的模型，因此，只要使用者有連線能力，我們就可以針對哪些使用者使用哪一個模型，還有下載模型的方式，進行一些管理的工作。本節會探索相應的做法，不過我們必須先建立一個專案。

第 1 步：建立 Firebase 專案

如果要使用 Firebase，就必須在 Firebase 控制台建立一個 Firebase 專案。只要直接前往 *http://firebase.google.com*，就可以開始使用。你可以先嘗試一下其中的示範，或是觀看一段關於 Firebase 的影片。準備好之後，請點擊「Get started」（開始使用）。參見圖 12-1。

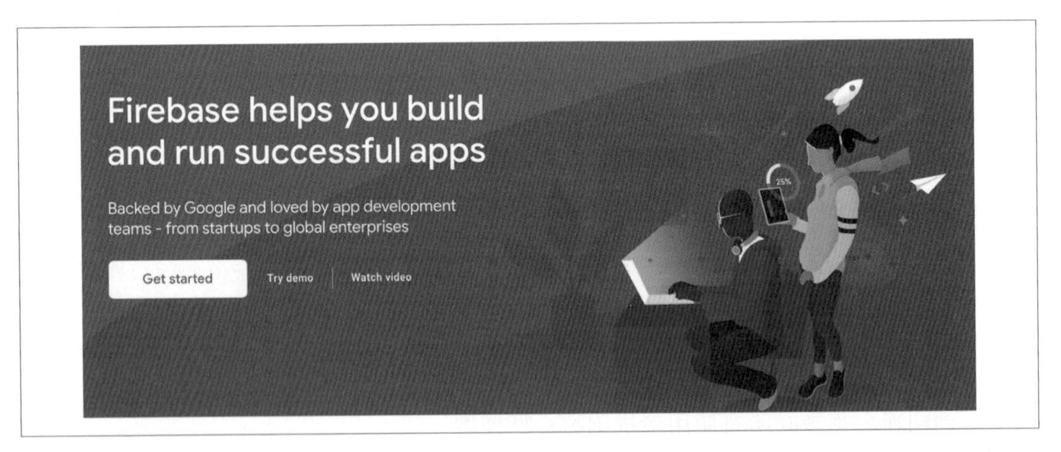

圖 12-1　開始使用 Firebase

點擊按鈕之後，就會進入控制台頁面，這裡會列出現有的專案。如果你是第一次使用，就只會看到「Add project」（添加專案）的按鈕，如圖 12-2 所示。

圖 12-2　Firebase 控制台

請注意，這些螢幕截圖全都是採用美國版 Firebase 控制台所擷取的畫面；你看到的畫面也許略有不同，不過概念上應該是大同小異才對。

點擊「Add project」（添加專案）按鈕，就會進入一個精靈引導程序，逐步引導你建立一個專案。一開始就是要建立專案的名稱。參見圖 12-3。

圖 12-3　為你的專案取個名字

正如你所看到的，我把專案取名為「multi-flowers」，不過你也可以自由選擇自己喜歡的名字！按「Continue」繼續，它就會詢問你是否要針對此專案啟用 Google Analytics。我建議保留預設值即可（也就是啟用這個選項）。在圖 12-4 中可以看到這些分析功能的一個完整列表。

下一步就是重新建立或直接使用一個 Google Analytics 帳號，如圖 12-5 所示。

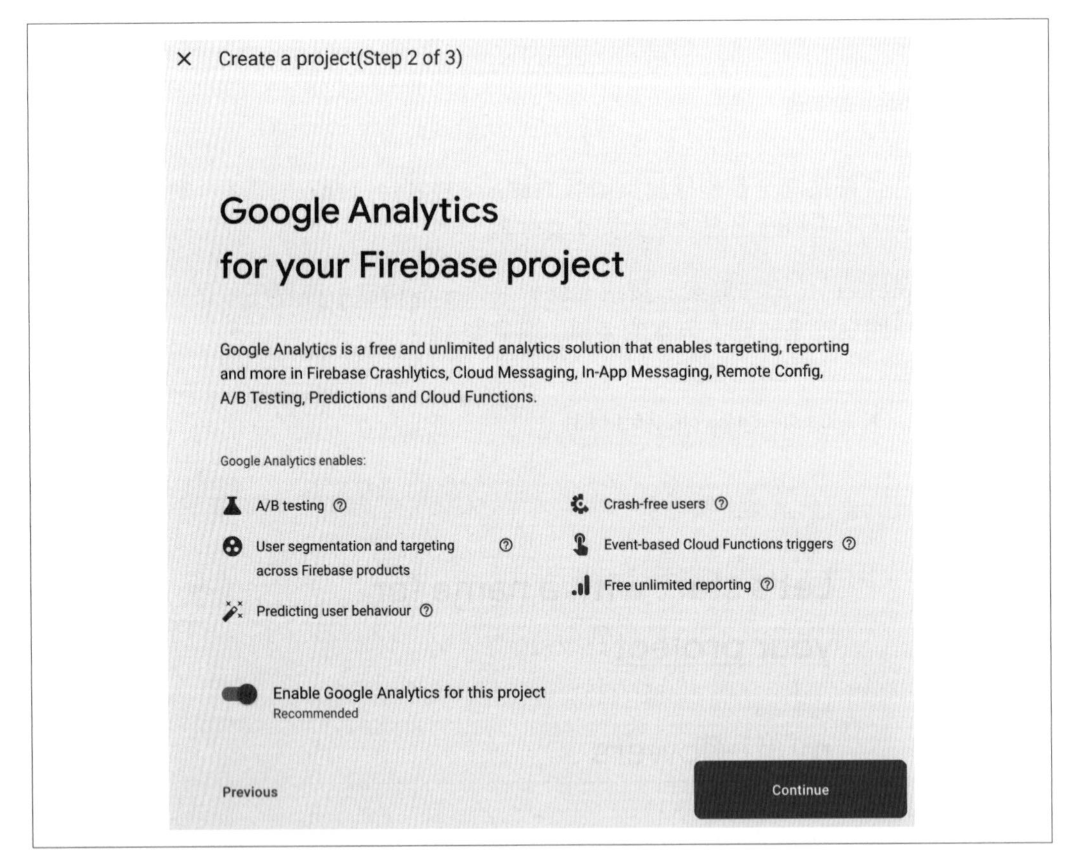

圖 12-4　添加 Google Analytics

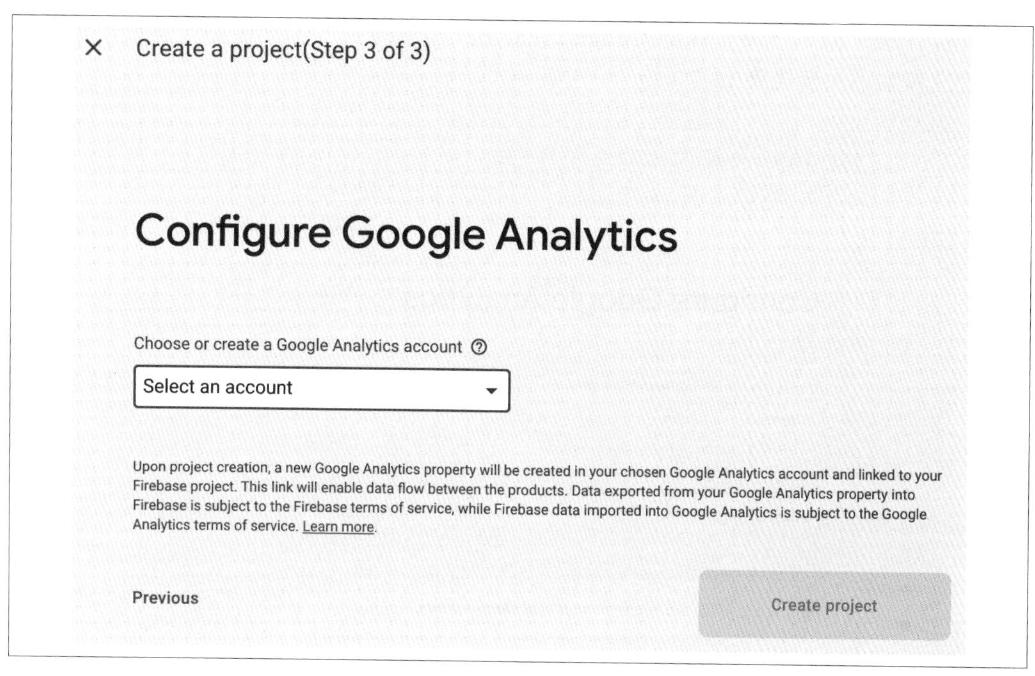

圖 12-5　設定 Google Analytics

如果你還沒有帳號，請點擊「Select an Account」（選擇一個帳號），這個下拉式選單裡就有一個「Create a new account」（建立一個新帳號）的選項。參見圖 12-6。

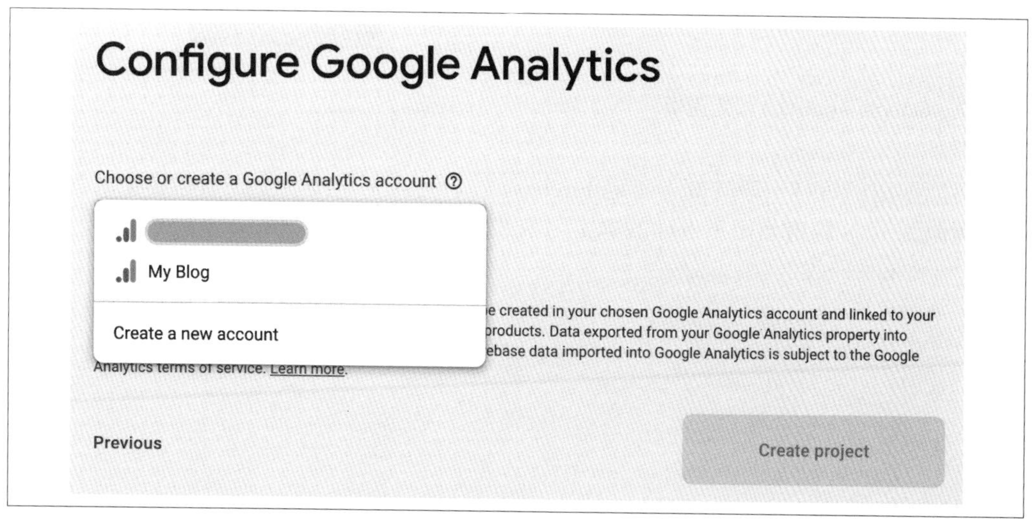

圖 12-6　建立一個新的 Google Analytics 帳號

完成此操作後，你可以檢查你的 Google Analytics 相關設定，然後在接受條款之後，就可以建立專案了。參見圖 12-7。

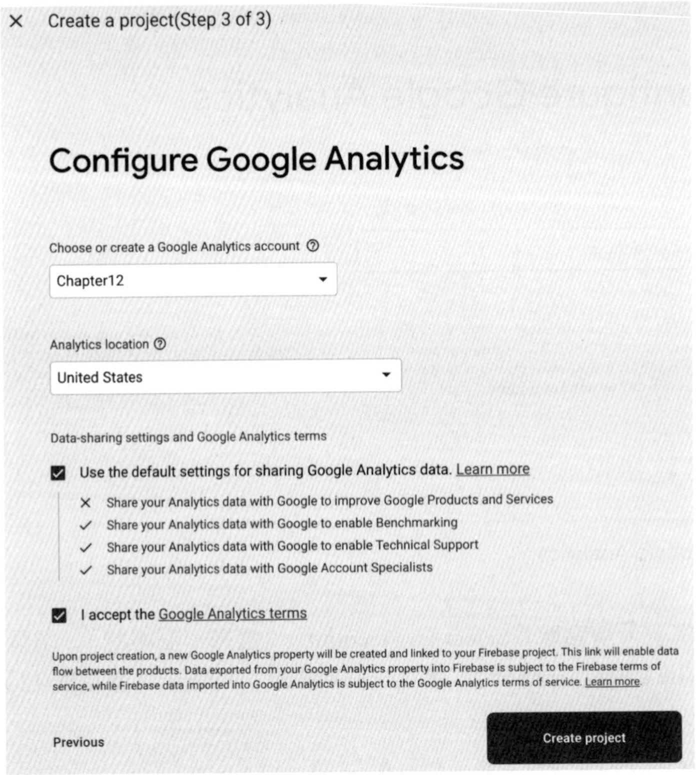

× Create a project(Step 3 of 3)

Configure Google Analytics

Choose or create a Google Analytics account

Chapter12

Analytics location

United States

Data-sharing settings and Google Analytics terms

Use the default settings for sharing Google Analytics data. Learn more

× Share your Analytics data with Google to improve Google Products and Services

✓ Share your Analytics data with Google to enable Benchmarking

✓ Share your Analytics data with Google to enable Technical Support

✓ Share your Analytics data with Google Account Specialists

I accept the Google Analytics terms

Upon project creation, a new Google Analytics property will be created and linked to your Firebase project. This link will enable data flow between the products. Data exported from your Google Analytics property into Firebase is subject to the Firebase terms of service, while Firebase data imported into Google Analytics is subject to the Google Analytics terms of service. Learn more

Previous

Create project

圖 12-7　Google Analytics 設定選項

這裡可能要稍微等待一段時間，不過 Firebase 一旦完成工作並建立好你的專案，就可以看到類似圖 12-8 的畫面（不過你的專案名稱或許並不是「multi-flowers」）。

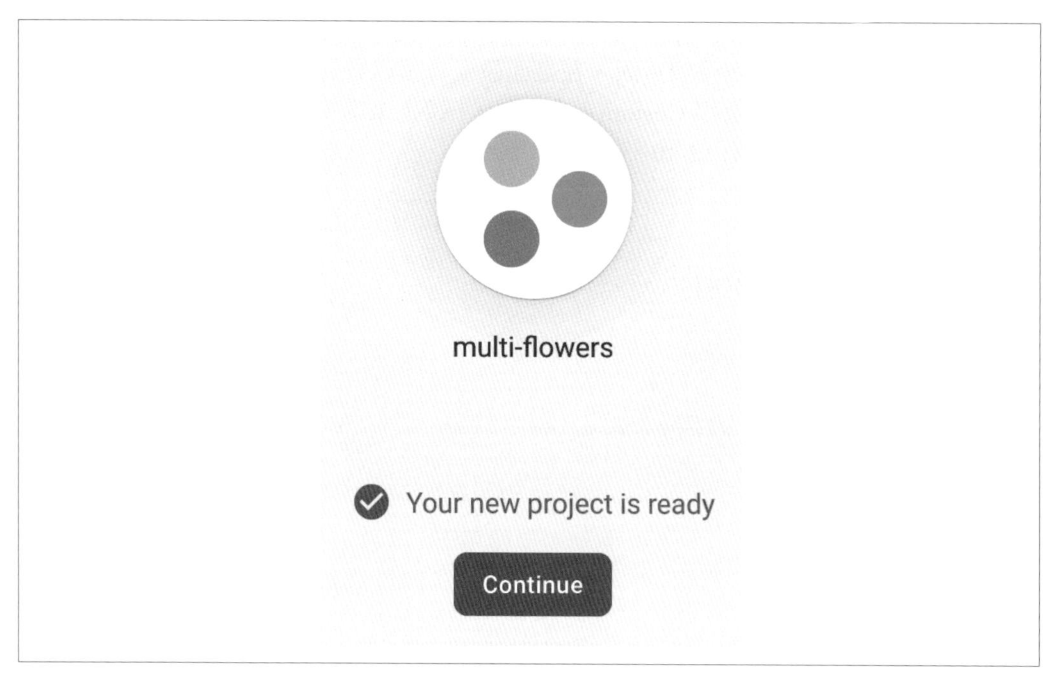

圖 12-8　Firebase 專案建立完成

現在你可以在這個專案中使用 Firebase 了！下一步我們就來設定模型架設服務吧！

第 2 步：使用自定義模型架設服務

我們在上一節完成了建立 Firebase 新專案的步驟，這個專案就可以用來架設多個模型。接下來我們首先要在 Firebase 控制台中，找出 Machine Learning（機器學習）的頁面。畫面的右側應該可以看到一個黑色的工具列，其中就包含了 Firebase 所有的工具。其中有一個看起來像是小機器人的頭。參見圖 12-9。

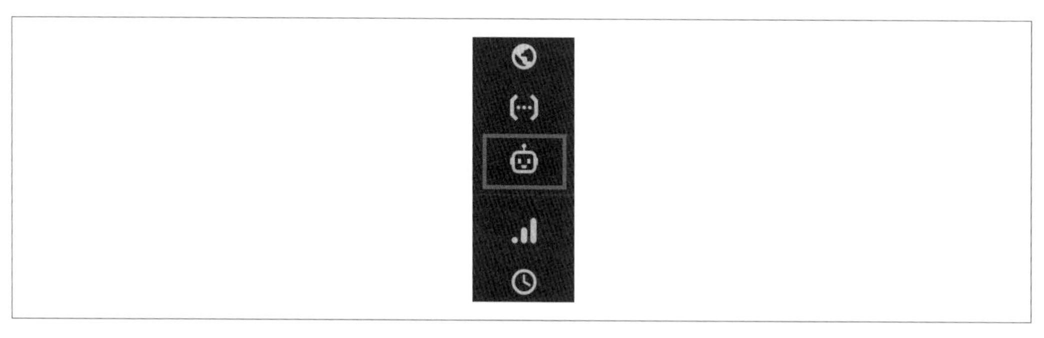

圖 12-9　在 Firebase 控制台中，找出 Machine Learning（機器學習）的相應項目

點選這個項目，就可以看到一個「Get Started」（開始使用）的選項。然後就會把我們帶到 Firebase 控制台的機器學習頁面。在畫面最上方可以看到三個頁籤：APIs、Custom（自定義）、AutoML。請選擇 Custom（自定義），接下來就可以看到 TensorFlow Lite 模型架設服務的畫面。參見圖 12-10。

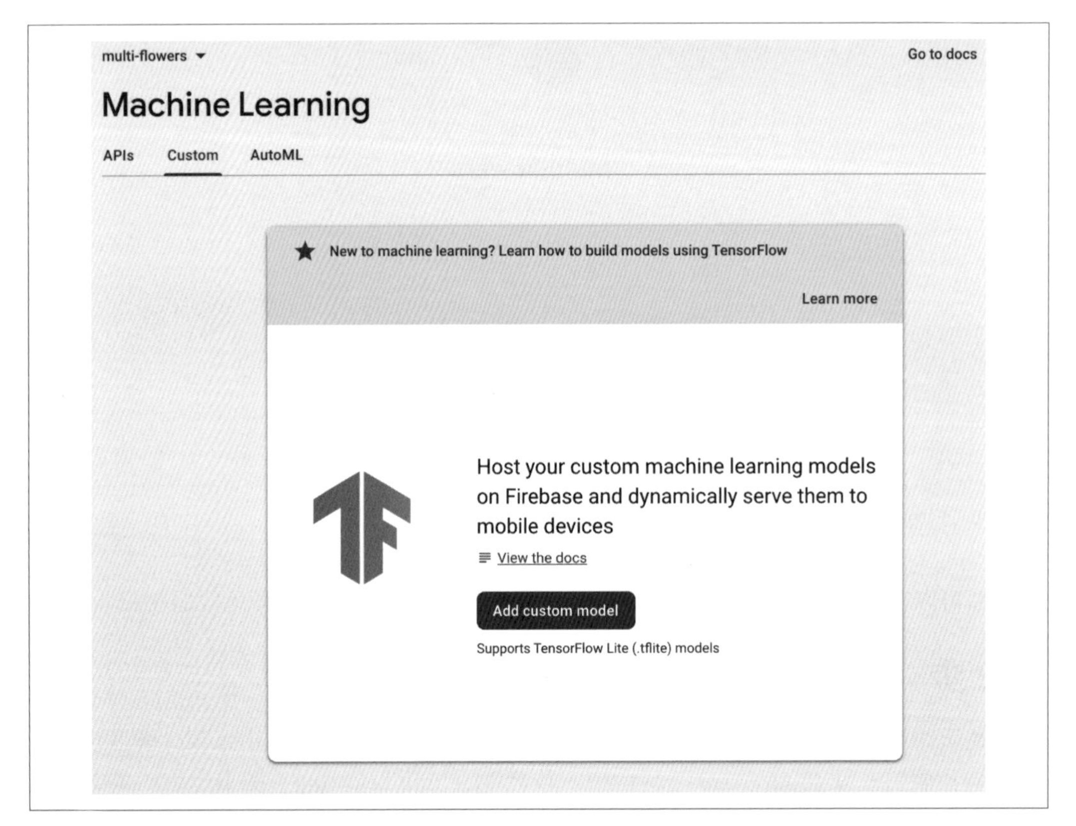

圖 12-10　自定義模型架設服務

在畫面的中央有一個藍色的大按鈕，可用來添加自定義模型。點擊按鈕就會進入一系列的步驟，以完成模型架設的工作。此時請再確認一下，已準備好之前那兩個模型檔案，接著就來陸續完成這些步驟。

舉例來說，我們可以把採用 EfficientNet 架構的模型，用「flowers1」這個名稱來上傳。參見圖 12-11。

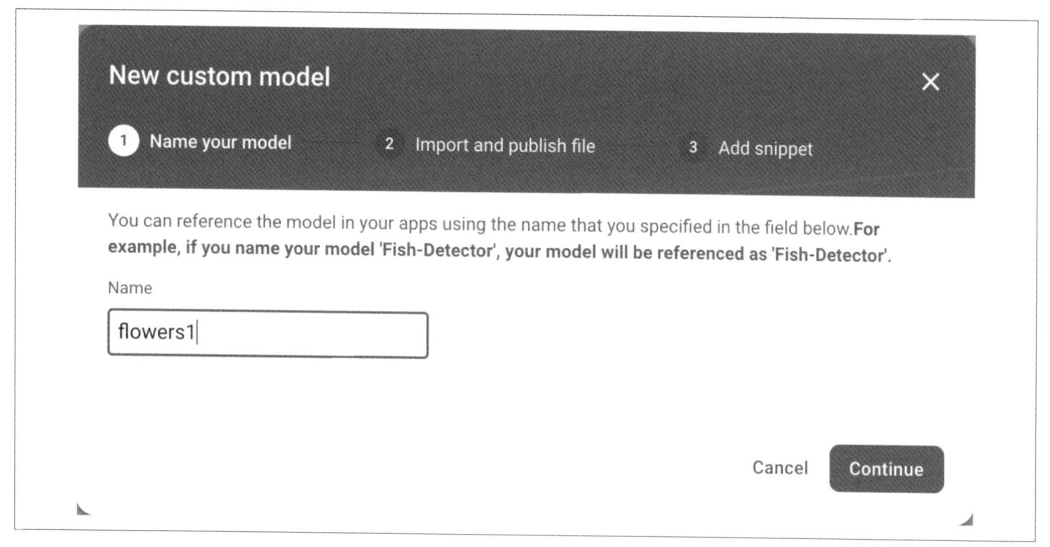

圖 12-11 開始架設模型

點擊「Continue」繼續，就可以把所建立的第一個模型拖放到表單中。做完這個動作，就可以看到一段可用來存取模型的程式碼。我們稍後就會用到它。接著再對第二個模型重複此操作，並把它取名為「flowers2」，就會看到類似圖 12-12 的畫面。

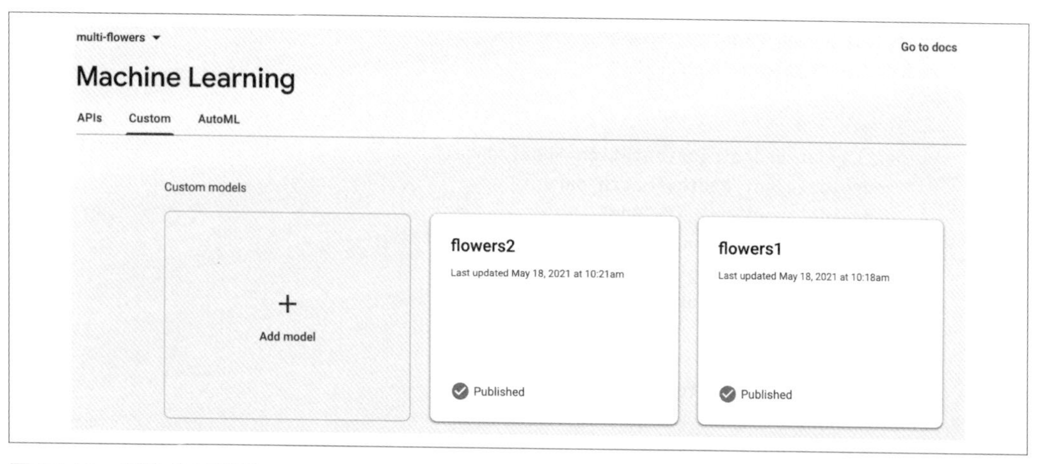

圖 12-12 架設多個模型

現在你已經把模型架設好，可以開始在 App 中使用這些模型了。下一步就會介紹如何把 Firebase 整合到 Android App 中，讓 App 可以運用這裡所架設的 flowers1 模型。之後我們還會利用遠端設定（remote configuration）的方式來進行擴展，這樣就可以讓我們的某一些使用者使用 flowers1，同時讓另一些使用者使用 flowers2 了。

第 3 步：建立一個基本的 Android App

我們會在這個步驟建立一個簡單的 Android App，讓它使用我們所架設的模型，對花朵進行最基本的模型推測。首先用 Android Studio 建立一個採用 Empty Activity 範本的全新 App。請把它取名為「milti-flowers」。本章並不會詳細說明此 App 的所有程式碼，但如果需要的話，你可以直接到本書的程式碼儲存庫取得這個 App 的完整程式碼。

為了讓此範例可顯示出六張不同的花朵圖片，我們會稍微修改下面這個檔案（請注意，這裡和第 10 章花朵範例（*https://oreil.ly/KqJrM*）的做法是相同的）。

為簡潔起見，這裡只列出其中的一些片段：

```
<?xml version="1.0" encoding="utf-8"?>
<LinearLayout
    xmlns:android="http://schemas.android.com/apk/res/android"
    android:layout_width="match_parent"
    android:layout_height="match_parent"
    android:orientation="vertical"
    android:padding="8dp"
    android:background="#50FFFFFF"
    >

    <LinearLayout android:orientation="horizontal"
        android:layout_width="match_parent"
        android:layout_height="0dp"
        android:gravity="center"
        android:layout_marginBottom="4dp"
        android:layout_weight="1">

        <ImageView
            android:id="@+id/iv_1"
            android:layout_width="0dp"
            android:layout_weight="1"
            android:scaleType="centerCrop"
            android:layout_height="match_parent"
            android:src="@drawable/daisy"
            android:layout_marginEnd="4dp"
            />
```

```
        <ImageView android:layout_width="0dp"
            android:id="@+id/iv_2"
            android:layout_weight="1"
            android:layout_height="match_parent"
            android:scaleType="centerCrop"
            android:layout_marginStart="4dp"
            android:src="@drawable/dandelion"/>

    </LinearLayout>

  ...

</LinearLayout>
```

你或許有注意到，這些 ImageView 控制元件分別參照到一些像 dandelion（蒲公英）、daisy（雛菊）等等的圖片。你應該要把這些圖片，自行添加到 App 的 layout 目錄中。這些圖片全都可以從本書的程式碼儲存庫（*https://oreil.ly/8oqnb*）中取得。

如果現在就啟動這個 App，它除了會顯示花朵圖片之外，並不會做其他的事情。在繼續往下之前，我們先來探索一下如何把 Firebase 添加到 App 之中！

第 4 步：把 Firebase 添加到 App 中

Android Studio 其實已經整合了 Firebase，讓你可以在 Android App 中輕鬆使用 Firebase 的功能。只要在「Tools」（工具）選單中，就可以找到它。參見圖 12-13。

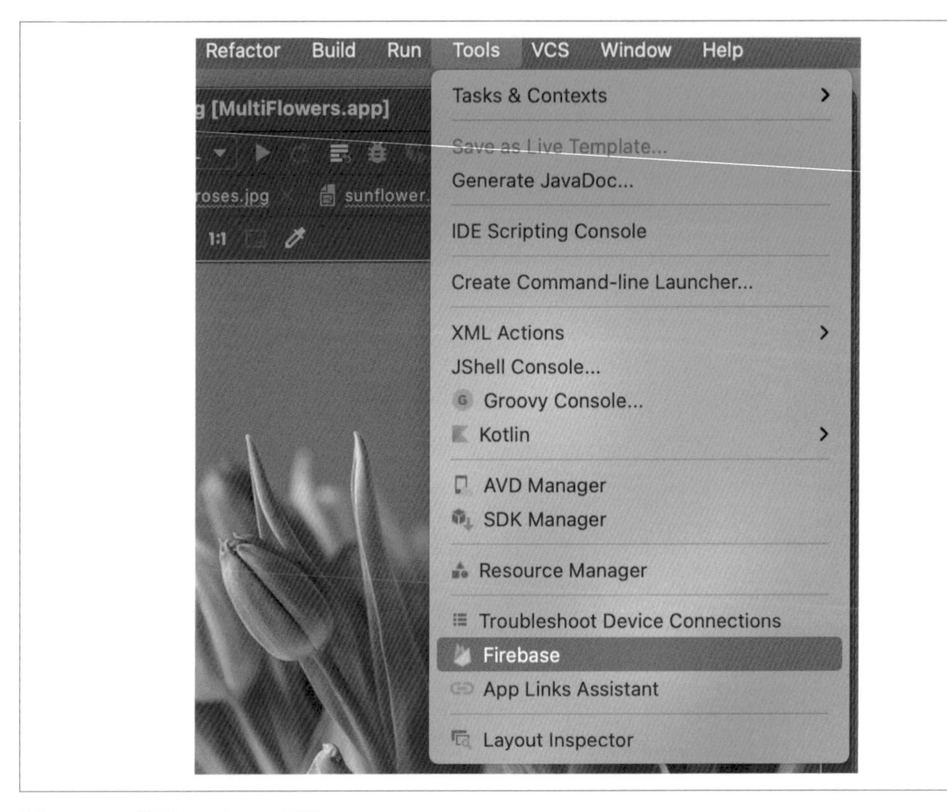

圖 12-13　使用 Firebase 工具

選擇這個項目之後，你就會被帶到畫面右側的 Firebase Assistant 輔助窗格中。我們可以在這裡把 Firebase 添加到 App，或是進行 Firebase 遠端設定。請在 Assistant 輔助窗格內，找到「Remote Config」（遠端設定）的選項。接著請選擇「Set up Firebase Remote Config」（設定 Firebase 遠端設定），如圖 12-14 所示。

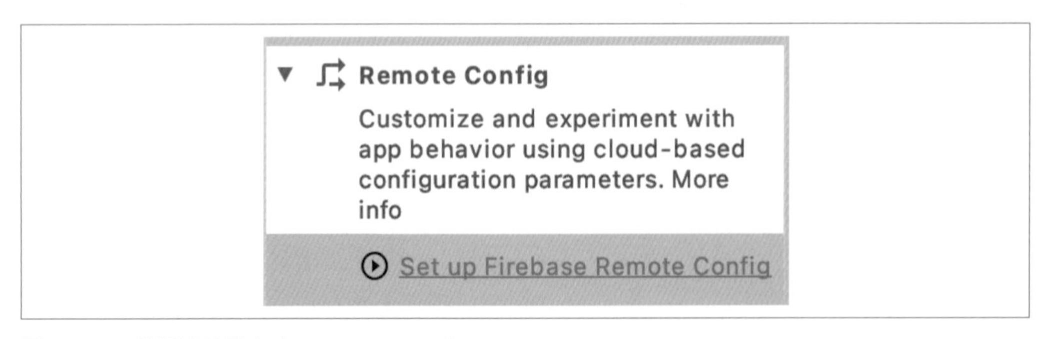

圖 12-14　使用遠端設定（Remote Config）

然後這個窗格就會變成一步一步進行的多步驟程序，第一個步驟就是連接到 Firebase。請點擊按鈕。這時瀏覽器就會被開啟，並進入 Firebase 控制台。請在頁面中選取之前所建立的專案。接著應該可以看到如圖 12-15 所示的畫面，說 Firebase Android App 已連接到 Firebase。

圖 12-15　把你的 App 連接到 Firebase

按下 Connect（連接）按鈕，等它準備好之後，就可以回到 Android Studio，這時應該就會看見 App 已連接完成。Assistant 輔助窗格的第二個選項，就是「Add Remote Config to your app」（把遠端設定添加到你的 App）。請按下這個按鈕。這樣就會彈出一個對話框，告訴你如果想把遠端設定包含進來，需要進行哪些修改。它會在 build.gradle 裡添加一些項目，然後再同步 Gradle 檔案。

繼續往下之前，也要把 TensorFlow Lite、Vision Task 函式庫與其他 Firebase 函式庫添加到 App 的 build.gradle 中：

```
implementation platform('com.google.firebase:firebase-bom:28.0.1')
implementation 'com.google.firebase:firebase-ml-modeldownloader-ktx'


implementation 'org.tensorflow:tensorflow-lite:2.3.0'
implementation 'org.tensorflow:tensorflow-lite-task-vision:0.1.0'
```

把 Firebase 連接到 App，其實就是這麼簡單！

第 5 步：從 Firebase 模型架設服務取得模型

之前我們已經把模型上傳到 Firebase 模型架設服務，其中採用 EfficientNet 架構的模型名稱為 flowers1，採用 MobileNet 架構的模型名稱則為 flowers2。

這裡所介紹的範例 App，其完整程式碼全都放在 *https://github.com/lmoroney/odmlbook/tree/main/BookSource/Chapter12/MultiFlowers*。

接下來我們可以建立一個函式，從 Firebase 模型架設服務載入模型。在這個函式中，應該先設定一個 `CustomModelDownloadConditions` 物件如下：

```
val conditions = CustomModelDownloadConditions.Builder()
    .requireWifi()
    .build()
```

在 GitHub 程式碼儲存庫裡，我們的範例 App 把這個函式取名為 `loadModel`。

只要做好這個動作，就可以用 `FirebaseModelDownloader` 來取得模型了。我們只要用一個公開的 `getModel` 方法，送入模型的名稱（也就是「flowers1」或「flowers2」），還有下載模型的方式，以及預先設定好的條件（conditions），就可以根據所設定的條件取得模型。它會用一個 `addOnSuccessListener` 來做為呼應，只要模型下載成功，就會調用其中的程式碼：

```
FirebaseModelDownloader.getInstance()
      .getModel(modelName,
              DownloadType.LOCAL_MODEL_UPDATE_IN_BACKGROUND,
              conditions)
          .addOnSuccessListener { model: CustomModel ->
          }
```

`onSuccessListener` 的 callback 回調函式中，我們可以利用所取得的模型（model），建立一個 `ImageClassifier` 的實體（`ImageClassifier` 是來自 TensorFlow Lite Task 函式庫，我們已經在 *build.gradle* 把它包含進來了）：

```
val modelFile: File? = model.file
if (modelFile != null) {

  val options: ImageClassifier.ImageClassifierOptions =
    ImageClassifier.ImageClassifierOptions.builder().setMaxResults(1).build()

  imageClassifier = ImageClassifier.createFromFileAndOptions(modelFile, options)
```

```
    modelReady = true

    runOnUiThread { Toast.makeText(this, "Model is now ready!",
                    Toast.LENGTH_SHORT).show() }
}
```

這個 callback 回調函式所拿到 model 其實是一個 CustomModel 實體，只要把它與其他設定選項（options）送入 ImageClassifier.createFromFileAndOptions，就可建立模型的實體。為了讓後續的程式碼簡單一點，這裡設定的選項只會送回一個結果。完成前面的動作之後，模型就算是準備完成，我們可以用它來進行推測了。

使用 task API 來進行推測，是非常簡單的事。首先把圖片轉換成一個 TensorImage，然後再把它送進 imageClassifier 的 classify 方法。它會送回來一組結果，其中第一個項目就包含所需的答案，我們可以從中提取出標籤與分數：

```
override fun onClick(view: View?) {
  var outp:String = ""
  if(modelReady){
    val bitmap = ((view as ImageView).drawable as
                                BitmapDrawable).bitmap
    val image = TensorImage.fromBitmap(bitmap)
    val results:List< Classifications> =
              imageClassifier.classify(image)

    val label = results[0].categories[0].label
    val score = results[0].categories[0].score
    outp = "I see label with confidence score"
  } else {
    outp = "Model not yet ready, please wait or restart the app."
  }

  runOnUiThread {
      Toast.makeText(this, outp, Toast.LENGTH_SHORT).show() }
}
```

現在你可以執行一下這個 App，只要選取其中一朵花，就可以看到 Toast 彈出推測的結果。下一步就是要進行遠端設定，讓不同的使用者取得不同的模型。

第 6 步：使用遠端設定

Firebase 有許多可用來改進機器學習 App 的服務，其中一個就是所謂的「遠端設定」（remote configuration）。我們現在就來探索一下如何進行設定，讓你的某一些使用者取得 flowers1 模型，另一些使用者則取得 flowers2 模型。

首先請在 Firebase 控制台中，找出 Remote Configuration（遠端設定）的選項。它的圖標看起來就像是兩個散開的箭頭，如圖 12-16 所示。

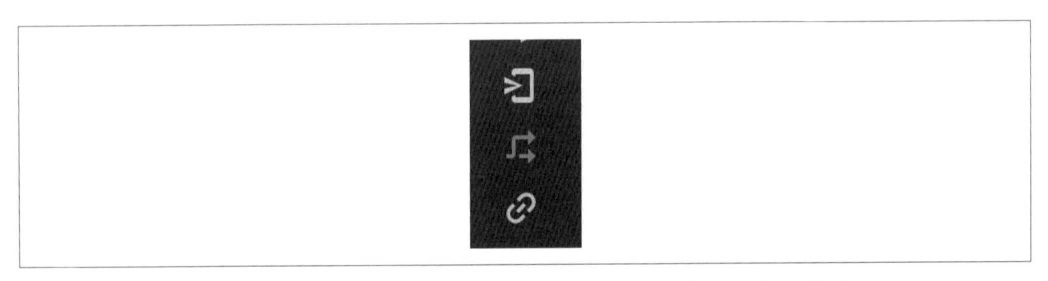

圖 12-16　在 Firebase 控制台中，找出 Remote Configuration（遠端設定）的選項

找到圖標並點選之後，就可以看到「Add parameter」（添加參數）的功能，你可以在其中指定參數的鍵（key）與預設的值（value）。舉例來說，我們可以分別使用「model_name」與「flowers1」來做為參數的鍵與預設的值，如圖 12-17 所示。

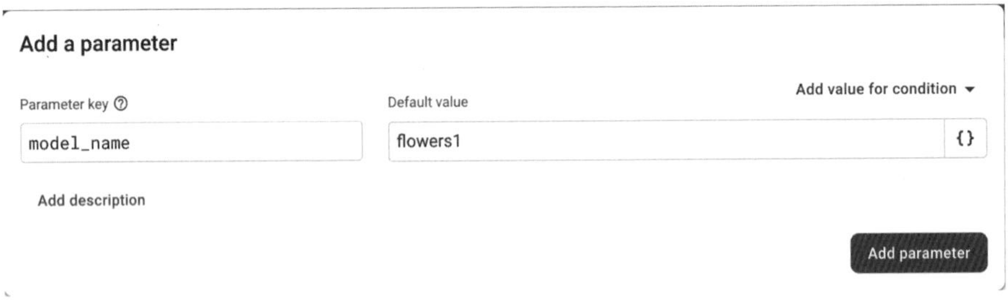

Add a parameter
Parameter key
model_name
Default value
flowers1
Add value for condition
Add description
Add parameter

圖 12-17　初始化遠端設定

這樣一來，就不用把「flowers1」當成模型名稱直接寫入程式碼，而是在需要的時候，再從遠端設定讀取即可。但這樣還不是很有用。我們還要選取畫面右上角的「Add value for condition」（針對條件添加值），這樣才能讓遠端設定真正開始展現其威力。

選取了這個項目之後，我們就可以看到一個「Define new Condition」（定義新條件）的按鈕。選擇它之後，就可以看到一個條件對話框。參見圖 12-18。

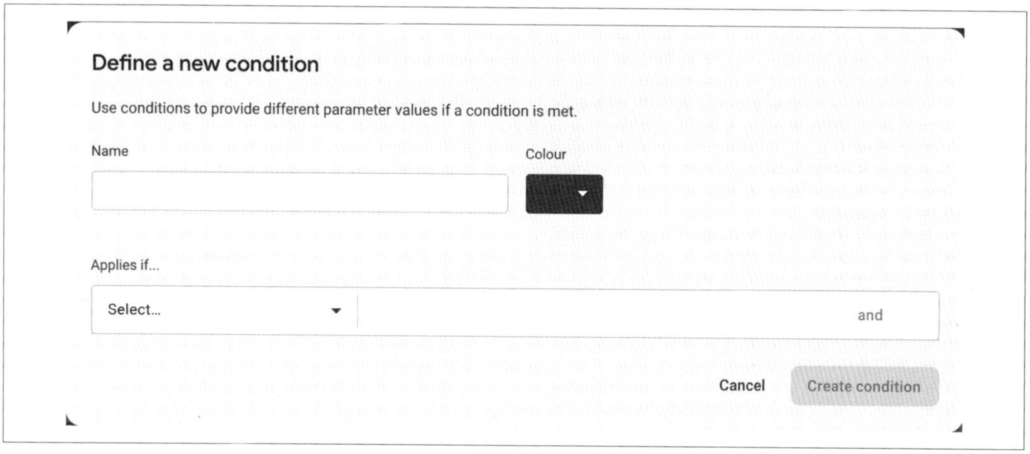

圖 12-18　定義新條件

幫條件取好名字之後，就可以選取「Applies if...」（適用於 ...）下面的下拉式選單，來指定相應的條件。舉例來說，如果想讓特定國家 / 地區的使用者取得不同的值，就可以在「Applied if...」對話框中選取「Country / Region」（國家 / 地區），然後選取想要選擇的國家 / 地區。在圖 12-19 中，可以看到我們選取了兩個國家（Ireland 愛爾蘭與 Cyprus 賽普勒斯），並為這個條件取了一個相應的名稱。

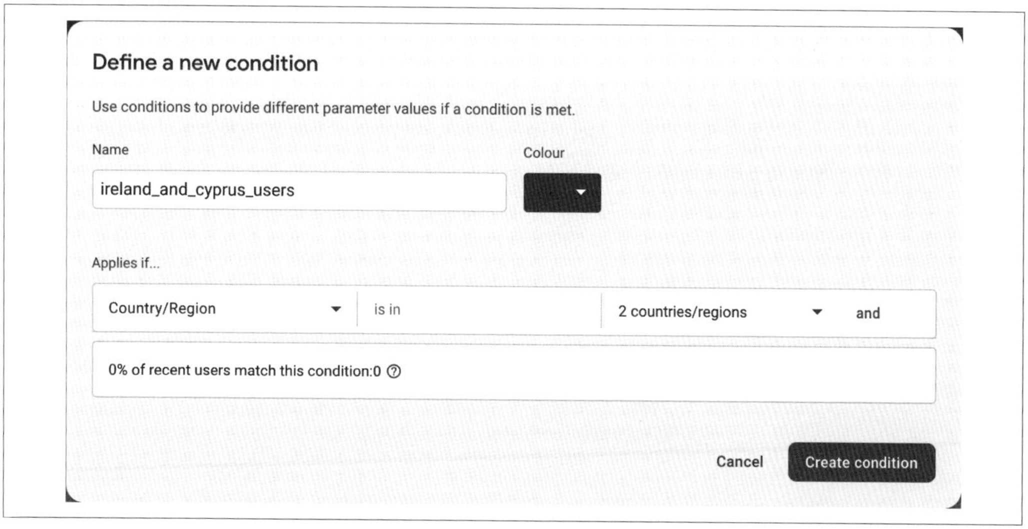

圖 12-19　按照不同的國家設定相應的條件

點擊了「Create Condition」（建立條件）之後，就會被送回「Add a parameter」（添加參數）的對話框，然後就可以針對不同條件下的使用者指定相應的值。舉例來說，參見圖 12-20，我指定 `ireland_and_cyprus_users` 群組裡的使用者取得 flowers2，而其他所有人則取得 flowers1。

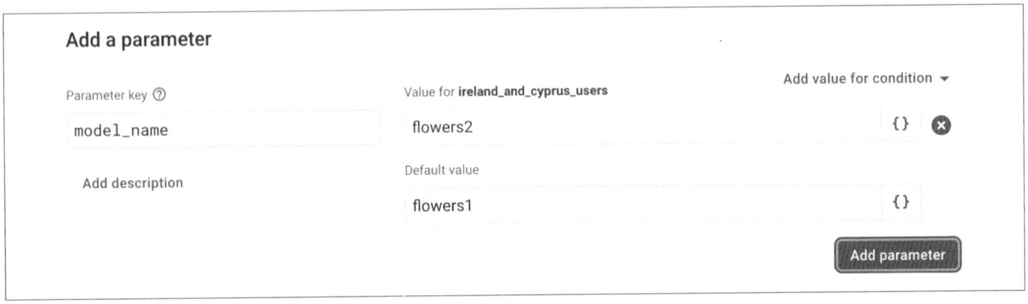

Add a parameter

Parameter key

model_name

Add description

Add value for condition

Value for **ireland_and_cyprus_users**

flowers2

Default value

flowers1

Add parameter

圖 12-20　針對不同條件下的使用者採用不同的值

像這樣的測試，感覺上有點愚蠢，因為我其實並沒有任何使用者，更不用說來自愛爾蘭或塞普勒斯的使用者了。所以我們還是來稍微改變一下做法。首先點擊條件右側的黑色「x」刪除掉 ireland_and_cyprus_users 這個群組，如圖 12-20 所示。然後再點擊添加新參數。你可能會被要求「publish the changes」（發佈變更），如果遇到這樣的要求，請接受之後繼續往下執行。

發佈變更之後，遠端設定的設定對話框看起來就會變得有點不同，不過沒關係，它還是可以正常運作。請用「Add parameter」（添加參數）按鈕添加一個新參數，並命名為「random_users」。然後添加一個「users in a random percentile」（隨機使用者百分比）的條件，並指定其值為 50%。參見圖 12-21。

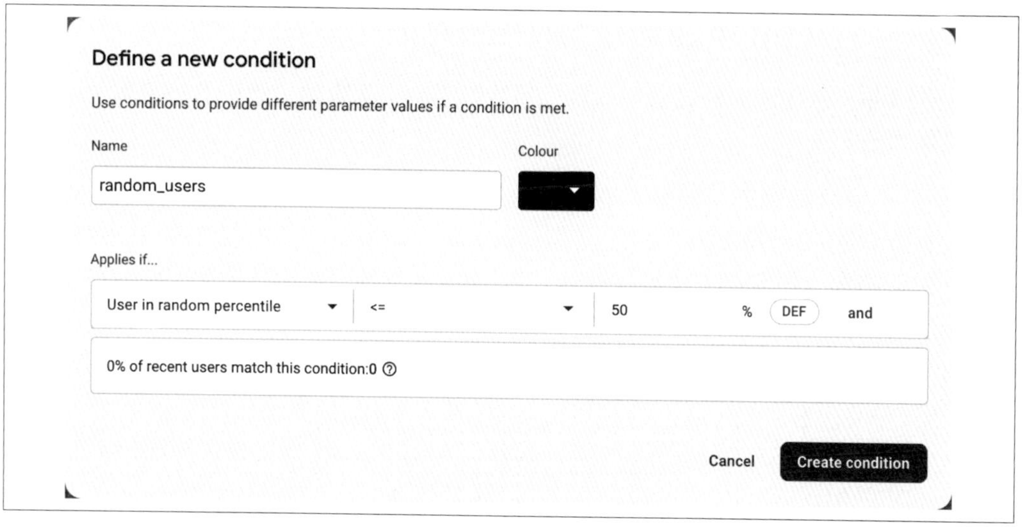

圖 12-21　添加「隨機使用者百分比」條件，並把百分比設為 50%

針對符合條件的使用者，把他們的值設為 flowers2，其餘則設為 flowers1。你的對話框應該就如圖 12-22 所示。

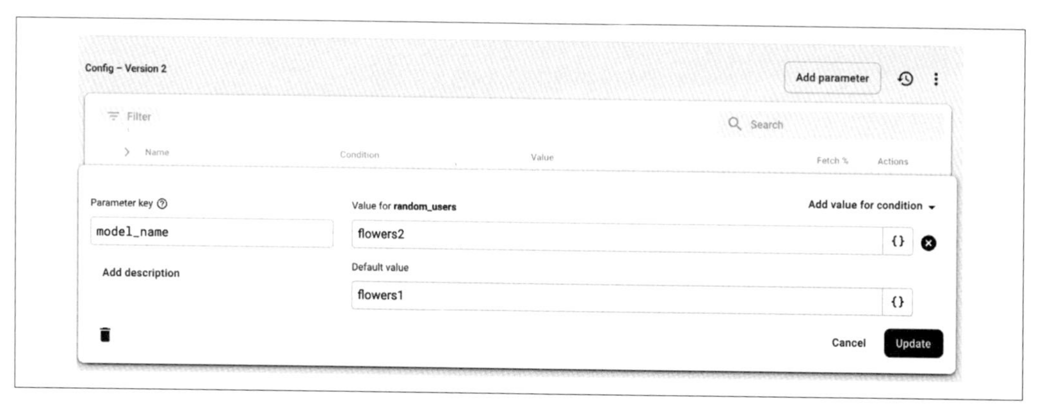

圖 12-22　針對你一半的使用者，讓他們取得 flowers2 模型

確認這個設定已發佈之後，就可以進行下一步了。

第 7 步：在 App 中讀取遠端設定

回到你的 App，添加下面的方法，以取得遠端設定的一個實體，然後進行讀取，以取得模型名稱的值。

這裡會先針對遠端設定，設定一個 FirebaseRemoteConfigSettings 物件；在這個例子中，它被設定成一個小時後就失效。然後 fetchAndActivate 方法再根據這個設定物件，從遠端設定讀取一個變數。在執行階段，Firebase 會先判斷使用者屬於哪個群組，然後再為使用者提供 flowers1 或 flowers2 做為遠端變數的值：

```
private fun initializeModelFromRemoteConfig(){
  mFirebaseRemoteConfig = FirebaseRemoteConfig.getInstance()
  val configSettings = FirebaseRemoteConfigSettings.Builder()
    .setMinimumFetchIntervalInSeconds(3600)
    .build()

  mFirebaseRemoteConfig.setConfigSettingsAsync(configSettings)
  mFirebaseRemoteConfig.fetchAndActivate()
    .addOnCompleteListener(this) { task ->
      if (task.isSuccessful) {
        val updated = task.result
        Log.d("Flowers", "Config params updated: $updated")
        Toast.makeText(this@MainActivity,
                       "Fetch and activate succeeded",
                       Toast.LENGTH_SHORT).show()

        modelName = mFirebaseRemoteConfig.getString("model_name")
      } else {
        Toast.makeText(this@MainActivity,
                       "Fetch failed - using default value",
                        Toast.LENGTH_SHORT).show()
        modelName = "flowers1"
      }
      loadModel()
      initViews()
    }
  }
```

完成前面的動作後，loadModel() 與 initViews() 方法就會被調用。還記得嗎？我們之前是在 onCreate 事件內調用這些方法，所以現在要去把它們刪除掉，改成調用這個新方法：

```
override fun onCreate(savedInstanceState: Bundle?) {
    super.onCreate(savedInstanceState)
    setContentView(R.layout.activity_main)
```

```
        initializeModelFromRemoteConfig()
    }
```

現在只要啟動 App，就會以隨機的方式取得 flowers1 或 flowers2 來做為你的模型了！

下一步

由於現在有一半的使用者會取得 flowers1，另一半使用者會取得 flowers2，因此，舉個例子來說，你就可以開始分析並查看推測的表現，並用日誌記錄下來。哪一邊的使用者比較快取得推測的結果呢？或者再舉個例子，你也可以觀察使用者的反應，看看有哪些使用者放棄了你的 App，並追蹤看看是不是因為不同模型所造成的結果。除了可以進行各種分析之外，你也可以執行 A/B 測試，或是根據不同的行為進行預測，其實各式各樣不同的應用方式，還有很大的想像空間喲！

雖然每個 App 的需求都不相同，但我們希望這裡的討論可以給你一點啟發，讓你瞭解在發展 ML App 時，可多加善用 Firebase 所帶來的各種可能性。對於一個能夠進行各種分析、預測與遠端設定的 App 來說，如果你想進一步針對各種擴展應用方式得到一些靈感或啟發，請查看 *https://firebase.google.com/use-cases*。

總結

本章介紹了如何把 TensorFlow Lite 模型運用到 Firebase 模型架設服務中，並以遠端設定做為起點，探索如何善用 Firebase 基礎架構的一些功能。舉例來說，只要運用這種技術組合，我們就可以管理不同使用者的多個模型版本或類型，並可進一步探索哪一種模型才是可以交付到使用者手中的最佳做法。這裡其實只介紹了一些皮毛，但我非常鼓勵你繼續探索其他的選項！此外，雖然這裡只透過 Android 來探索 Firebase 的功能，但其實我們也可以透過 iOS 或透過網站來使用這些 API。

說到 iOS，如果沒談到 iOS 專屬的技術 Core ML 與 Create ML，本書內容就不算完整，所以接下來第 13 章就來探索這個主題吧！

使用 Create ML 與 Core ML 的 iOS App

本書到目前為止，一直在研究如何把 ML 機器學習導入各種裝置，讓我們可透過單一的 API，進入到 Android、iOS、內嵌式系統、微控制器等裝置。這全是因為有 TensorFlow 這個生態體系才能得以實現，尤其是 TensorFlow Lite，它可支援 ML Kit，讓我們可直接使用比較高階的 API。雖然我們並沒有真正討論到內嵌式系統與微控制器的相關做法，但概念其實都是相同的，只是硬體上更加受限而已。如果你想瞭解更多該領域的資訊，請參閱 Pete Warden 與 Daniel Situnayake 所編寫的這本好書《*TinyML | TensorFlow Lite 機器學習：應用 Arduino 與低耗電微控制器*》（O'Reilly 出版）。

不過，如果我沒有介紹 iOS 專屬的 Create ML 工具與 Apple 的 Core ML 函式庫，那就是我的失職了；這些東西主要是讓我們在 iOS、iPadOS 或 MacOS 建立 App 時，可以運用 ML 機器學習模型。其中 Create ML 尤其是一個非常好的視覺化工具，它可以讓我們在沒有任何 ML 程式設計經驗的情況下，輕鬆建立 ML 機器學習模型。

我們就來看一些應用實例好了；首先我們會建立一個辨識花朵的模型（也就是類似我們之前用 TensorFlow 與 TensorFlow Lite 所做的那個模型）。

用 Create ML 構建 Core ML 圖片分類器

我們就從建立自己的模型開始吧！只要使用 Create ML 工具，完全不需要任何程式碼就可以完成這項工作。我們可以用滑鼠右鍵點擊 Dock 裡的 Xcode 圖示，然後在 Open Developer Tool（開啟開發者工具）的選單中，就可以找到 Create ML 的選項。參見圖 13-1。

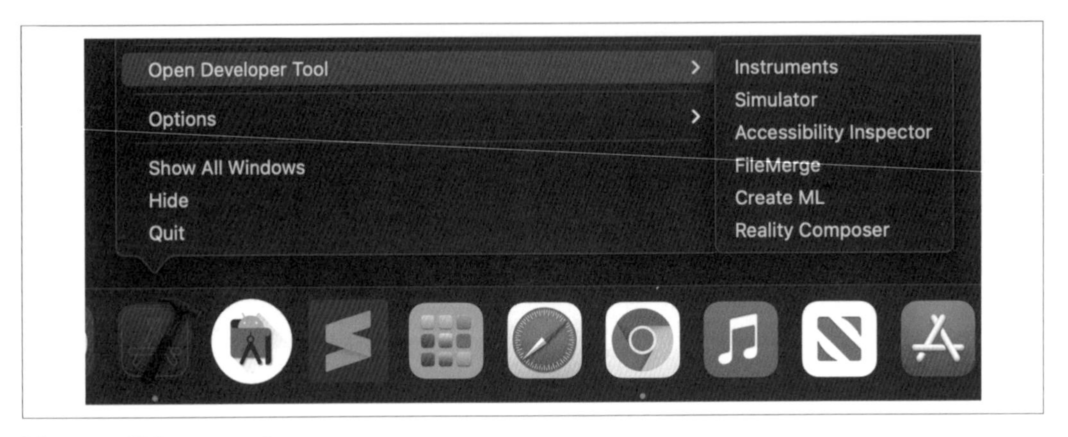

圖 13-1 啟動 Create ML

只要一啟動這個工具，它就會先詢問你要把完成的模型保存在哪個位置。你可能會覺得有點不大習慣，因為之前的做法通常都是先選取某種類型的範本，再決定保存的位置。其實我自己也被愚弄好幾次，因為我一直誤以為這是另一個 App 開啟的檔案對話框！請在這個對話框中，選取左下角的「New Document」（新建文件，如圖 13-2 所示）。

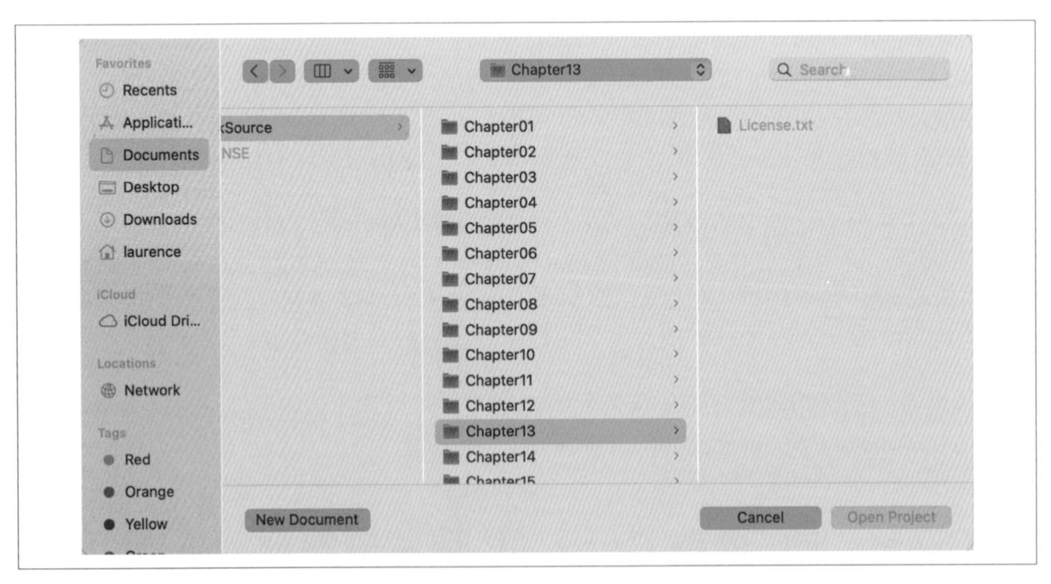

圖 13-2 用 Create ML 建立一個新模型

選好位置並點擊「New Document」（新建文件）之後，就可以看到範本列表，其中列出了可以用 Create ML 建立的各種模型類型。參見圖 13-3。

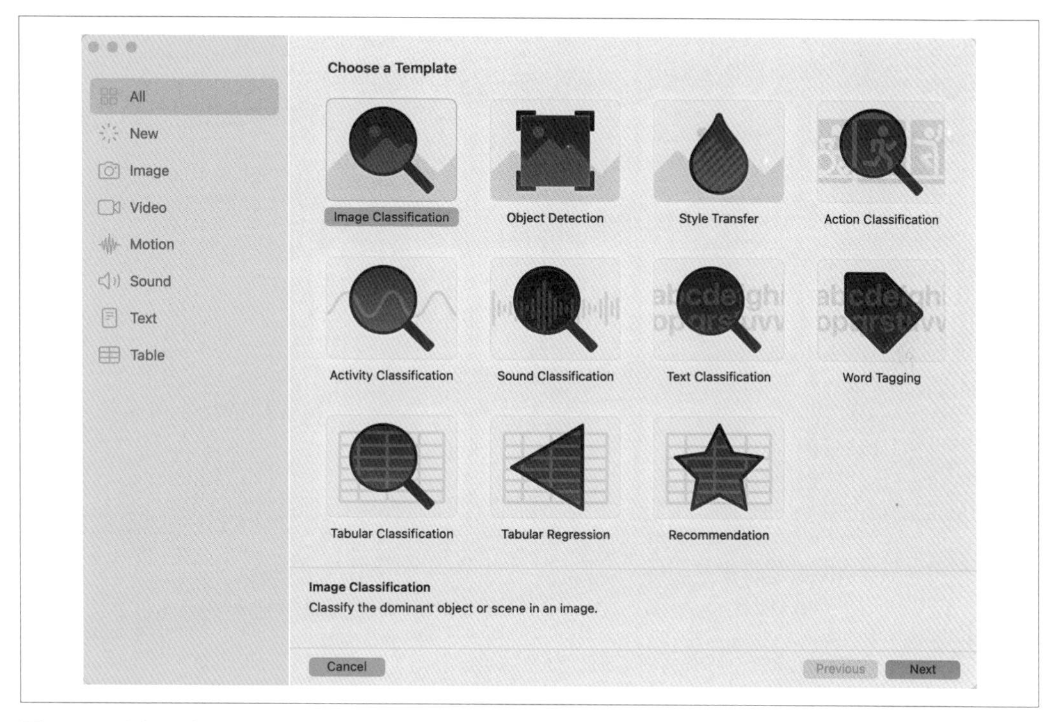

圖 13-3　選擇一個 Create ML 範本

我們打算建立一個圖片分類模型，所以請選擇「Image Classification」（圖片分類）並點擊 Next（下一步）。系統會要求為專案取個名字，並填入一些像是作者（Author）、許可證（License）、說明（Description）之類的其他詳細資訊。填寫完之後請點擊 Next（下一步）。

然後系統會「再次」詢問我們要把模型保存在哪個位置。我們可以建立一個新資料夾，並把模型放到這個資料夾內，或者也可以單純只點擊「Create」（建立）。接下來模型設計工具（model designer）就會被開啟。圖 13-4 就可以看到相應的畫面。

如果想用 Create ML 的模型設計工具來訓練模型，就需要用到一組圖片。我們必須把這些圖片，根據我們想分類的不同類型（也就是不同的標籤），放置到不同的子目錄中；因此，如果我們採用的是本書之前所使用過的花朵資料集，目錄結構看起來應該就如圖 13-5 所示。如果是從 Google API 目錄直接下載這些花朵圖片並進行解壓縮，這些圖片應該就已經自動放在這樣的目錄結構中了。你只要到 *https://oreil.ly/RunN2o* 就可以找到這些資料了。

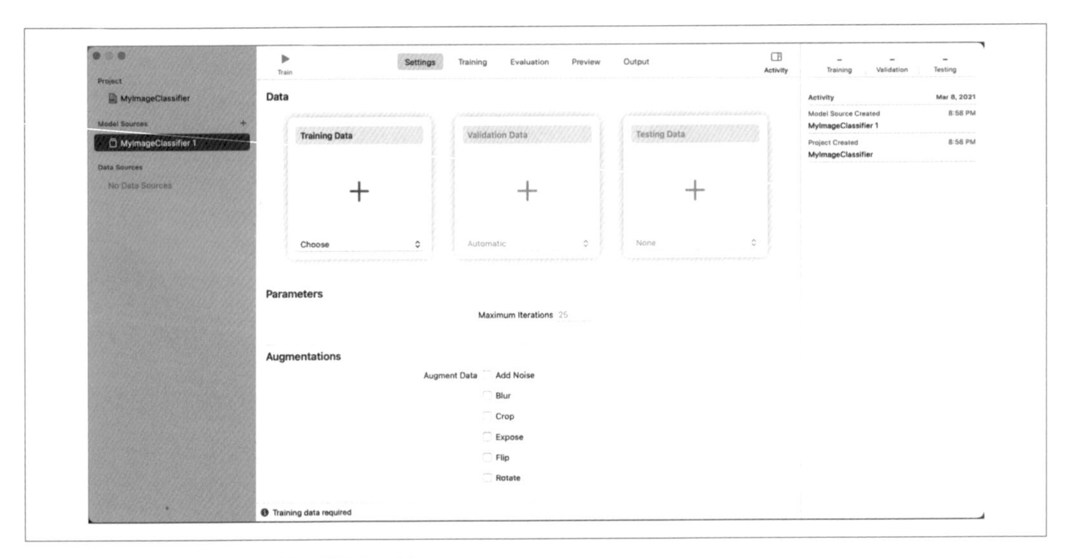

圖 13-4 model disigner 模型設計工具

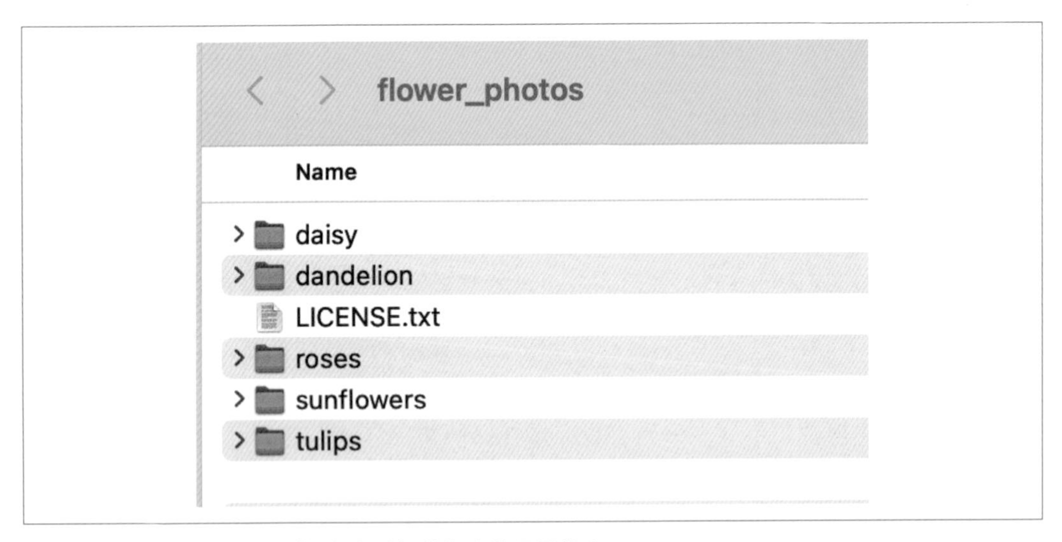

圖 13-5 各類圖片皆已分別保存在以標籤為名的子目錄中

因此，在這個例子中，名為 *daisy* 的資料夾裡放的就是雛菊的圖片，*dandelion* 資料夾裡則是蒲公英的圖片，其餘依此類推。如果想用這個資料集來進行訓練，就把這個資料夾拖到模型設計工具裡的「Training Data」（訓練資料）區塊中。這個動作完成後，畫面應該就如圖 13-6 所示。

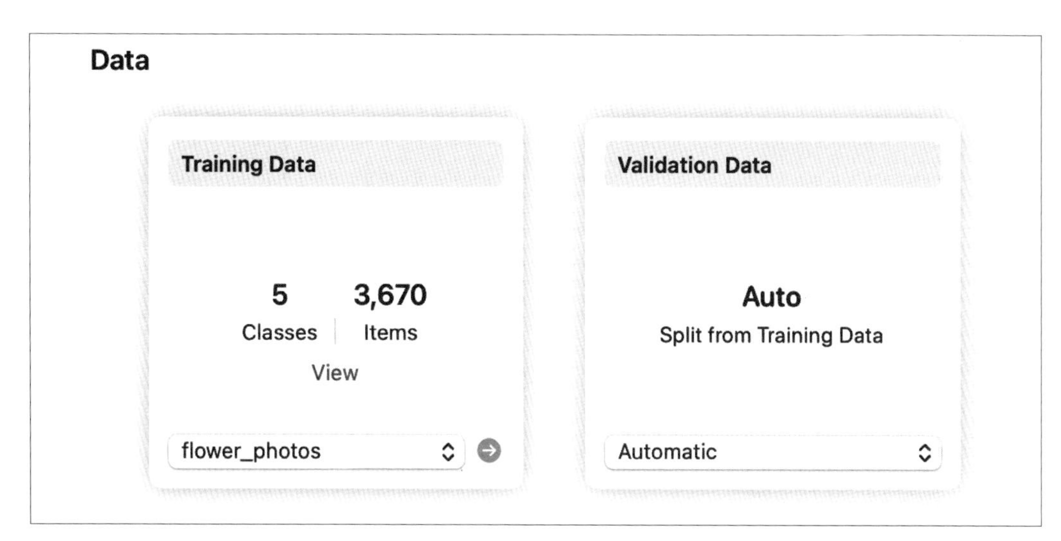

圖 13-6　把資料添加到模型設計工具中

請注意，圖 13-5 裡有五個資料夾，這與圖 13-6 所看到的五個類別是有對應關係的。而且我們可以看到，總共有 3,670 張圖片。另外還要注意的是，這個工具會自動從訓練組資料中切分出一部分資料，用來做為驗證組資料。這樣就可以幫我們省下很多的工作！在這裡的例子中，會有一定比例的圖片被挪出訓練組資料另外保留起來，如此一來每個訓練回合就可以用這些沒見過的圖片來測試模型。這樣的做法可以讓我們對準確度做出更好的評估。

請注意畫面的底部，有一個 Augmentations（強化）的選項可供選擇。它可以讓我們在訓練的階段，以人工即時修改的方式，擴展資料集的作用。舉例來說，一般在拍攝花朵照片時，通常都是莖在下方、花瓣在上方。如果我們的訓練資料全都依循這樣的方向，那麼就只有以相同方式拍攝的圖片，才能獲得準確的推測結果。如果你給的是一張側倒橫放的花朵圖片，或許就無法準確進行分類了。面對這樣的情況，我們就可以選擇使用強化（augmentation）的做法，而不是採取其他代價更高的做法，去拍攝更多其他方向的花朵照片，以獲得更有效的訓練效果。舉例來說，如果勾選了 Rotate（旋轉），在訓練時就會以隨機的方式旋轉其中某些圖片，藉此模擬我們用不同角度拍攝花朵圖片的效果。如果你的模型過度套入訓練資料（也就是非常擅長辨識訓練資料，但辨識其他圖片的效果很差），或許可以稍微研究一下不同的強化設定，這應該是很值得一試的做法。不過現在我們還不需要用到這個功能。

準備好之後，請按下畫面左上角的「Train」（訓練）按鈕。Create ML 會處理圖片中的各種特徵，幾分鐘之後就可以向我們展示一個已訓練過的模型。要注意的是，這裡採用的是轉移學習的做法，而不是從頭開始進行訓練，這一點與 Model Maker 比較類似，因此，訓練的效果可說是既準確又快速。

如果模型在好幾個訓練回合中都可以維持穩定的準確度，通常就會被認為它已經收斂；在這樣的情況下，繼續訓練也不太可能變得更好了，所以訓練程序就會提前停止下來。Create ML 用來訓練模型的預設回合數為 25，不過這個花朵模型可能在 10 回合左右就收斂了，我們可以看到它的準確度指標，看起來應該就有點像圖 13-7 的樣子。

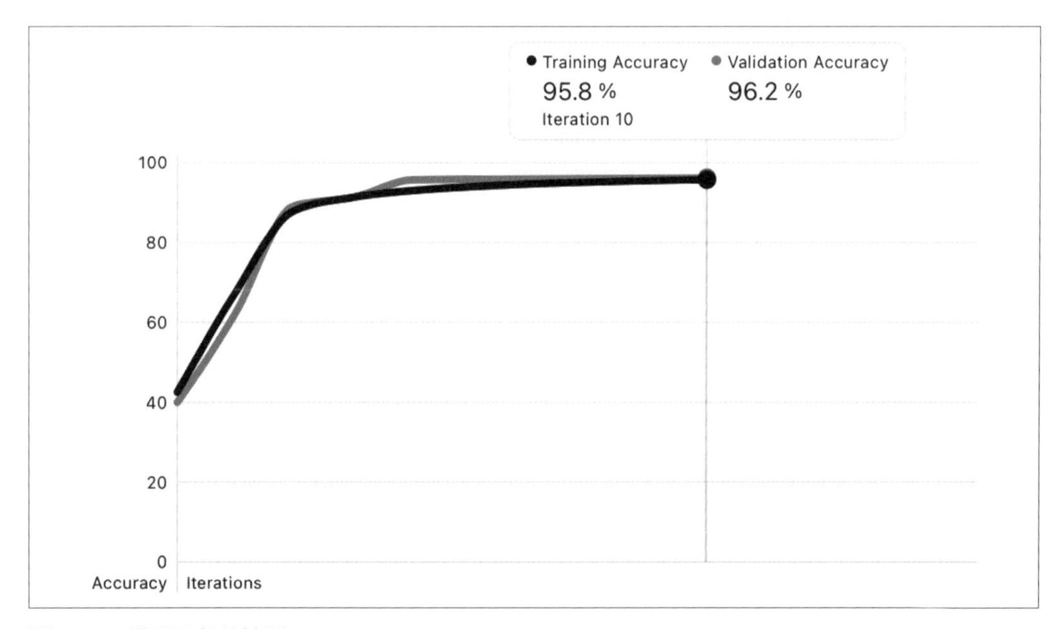

圖 13-7　模型收斂的情況

你可以點擊「Evaluation」（評估）頁籤，稍微探索一下這個模型針對每一種不同類別的表現。在畫面左側，我們可以選擇「Training Set」（訓練組資料）、「Validation Set」（驗證組資料）或「Testing Set」（測試組資料）。由於我們在這個例子中並沒有建立測試組資料，因此只有前兩組資料，在圖 13-8 中就可以看到訓練的結果。

在這個例子中，可以看到有 594 張雛菊圖片被用來進行訓練，39 張則用來進行驗證。其他種類的花朵也是採用類似的切分方式。請注意「precision」（精確率）與「recall」（召回率）這兩個欄位；其中「精確率」就是分類器判斷為該分類的圖片，確實屬於該分類的百分比；舉例來說，所有被判斷為雛菊的圖片，其中有 95% 確實是雛菊的圖片[譯註]。

[譯註]也就是 95%「沒抓錯」，但 5%「抓錯」了。

至於「召回率」則是 594 張的雛菊圖片，被分類器正確判斷為雛菊的百分比[譯註]；在這個例子中這兩個值非常接近；通常只有在圖片裡除了特定花朵之外還有其他元素時，才會出現誤判的情況。由於這個資料集是一個很簡單的資料集，也就是雛菊的圖片「只」包含一朵雛菊，玫瑰的圖片也「只」包含一朵玫瑰，因此不太會出現誤判的情況。你也可以直接到維基百科（*https://oreil.ly/4dscv*）瞭解更多關於精確率與召回率的相關資訊。

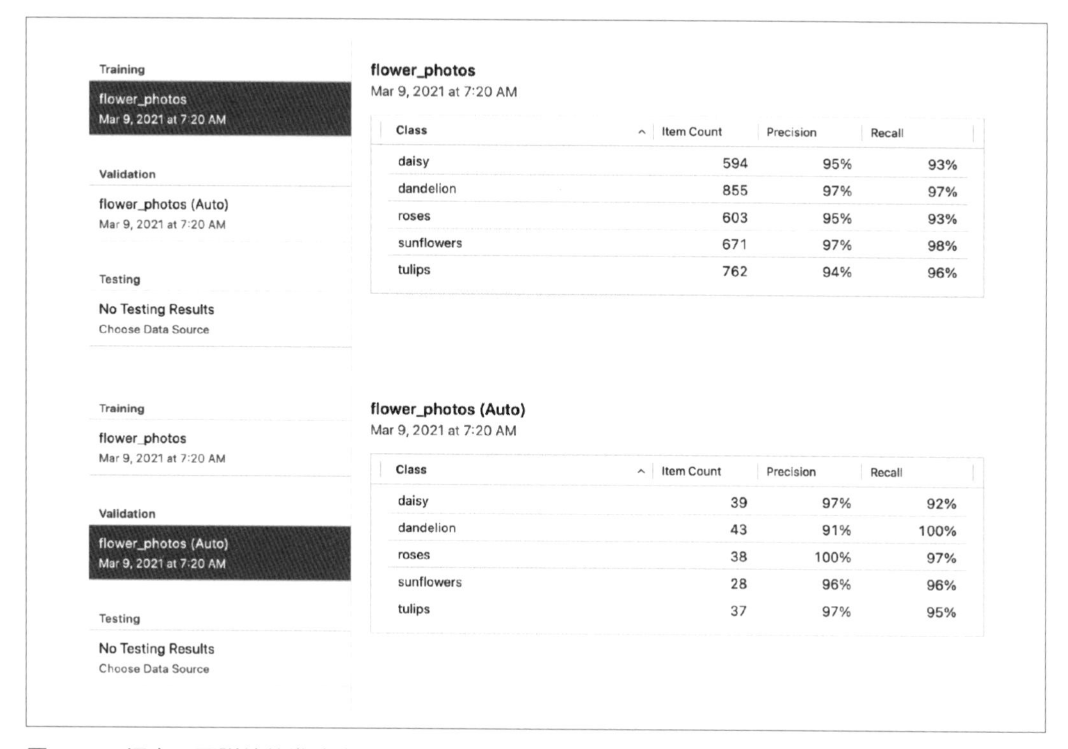

flower_photos
Mar 9, 2021 at 7:20 AM

Class	Item Count	Precision	Recall
daisy	594	95%	93%
dandelion	855	97%	97%
roses	603	95%	93%
sunflowers	671	97%	98%
tulips	762	94%	96%

flower_photos (Auto)
Mar 9, 2021 at 7:20 AM

Class	Item Count	Precision	Recall
daisy	39	97%	92%
dandelion	43	91%	100%
roses	38	100%	97%
sunflowers	28	96%	96%
tulips	37	97%	95%

圖 13-8　探索一下訓練的準確度

我們也可以前往「Preview」（預覽）頁籤，並把圖片拖放到畫面中，測試一下模型的效果。舉例來說，在圖 13-9 中，我把一張既不在訓練組資料內、也不在驗證組資料內的圖片放進 Create ML，然後再查看分類的結果。如你所見，它以 99% 的信心度，正確辨識出這是一張鬱金香的圖片。

[譯註] 93%「沒抓漏」，也就是有 7%「抓漏」了。

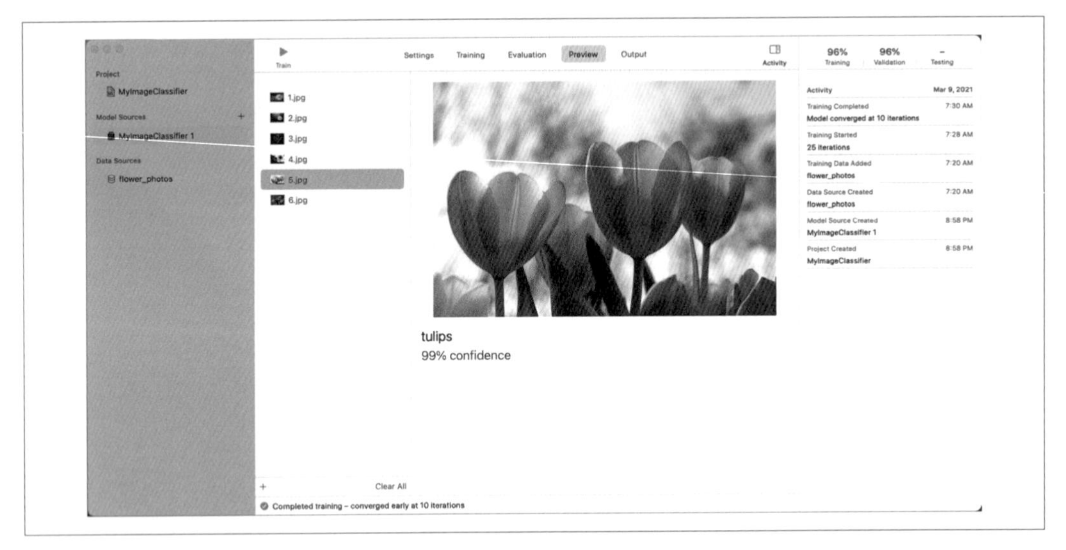

圖 13-9　用「Preview」（預覽）來測試模型

最後在「Output」（輸出）頁籤，我們就可以匯出這個模型。畫面左上角可以看到一個名為 Get 的按鈕。只要點擊它，就可以看到保存 MLModel 檔案的選項。我們先把它保存為 *flowers.mlmodel*，然後在下一步的 iOS App 中就會用到它了。

製作一個使用 Create ML 模型的 Core ML App

緊接著就來探索一下 App 如何使用這樣的模型。本書的程式碼儲存庫就可以取得此 App 的完整程式碼，所以我並不會在這裡詳細介紹如何設定使用者介面。App 裡總共有六張圖片，以「1」到「6」為名保存在 assets 資源目錄中，還有兩個可以讓使用者循環瀏覽圖片的按鈕，以及一個可用來執行推測的分類按鈕。圖 13-10 看到的就是 Storyboard 的設計。

圖 13-10　花朵分類器的 Storyboard

添加 MLModel 檔案

如果想把我們剛才用 Create ML 建立的 MLModel 檔案添加到 App 中，只要把檔案拖進 Xcode 的專案視窗就可以了。Xcode 會直接匯入模型，並把模型包裝起來，自動建立一個相應的物件類別。如果在 Xcode 裡選取這個模型，應該就會看到許多詳細資訊，包括標籤列表、版本、作者等等。參見圖 13-11。

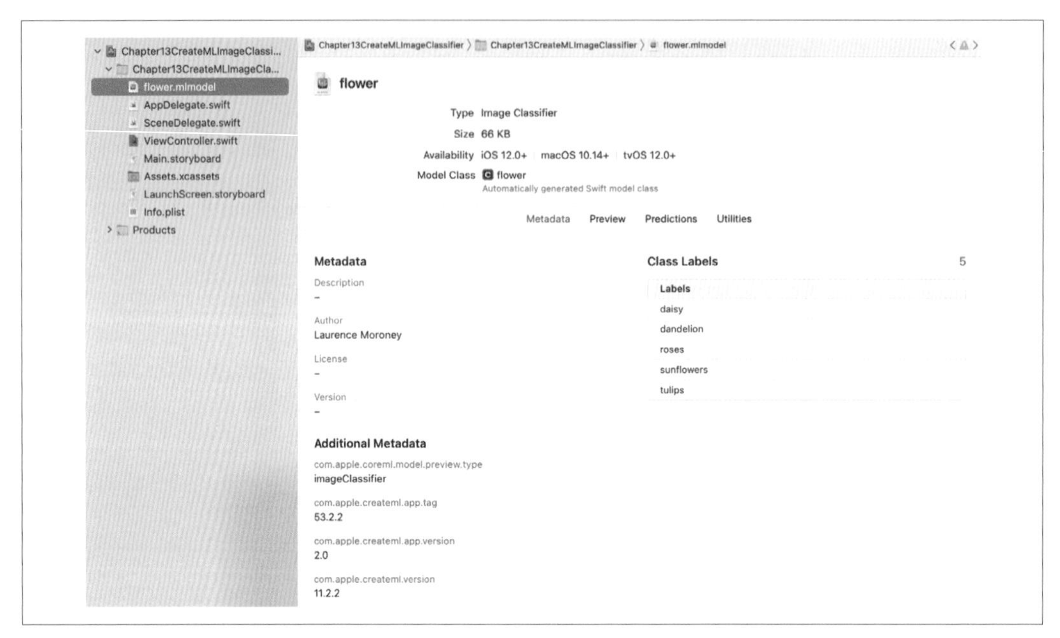

圖 13-11　瀏覽模型的詳細資訊

我們甚至可以在「Preview」（預覽）頁籤內測試一下模型，就像在 Create ML 裡的做法是一樣的！而在「Utilities」（公用程式）頁籤中，我們還可以對模型進行加密，針對雲端部署做好準備。不過這已超出本書的範圍。如果你想看到更多詳細的說明，請前往 Apple 開發者網站（*https://oreil.ly/NZdPM*）。

在繼續往下之前，我們可以在畫面最上方靠中間的「Model Class」（模型物件類別），看到自動生成的 Swift 模型物件類別（在本例中就叫做「flower」）。只要點擊它，就可以看到自動生成的程式碼。其中比較重要的就是物件類別的名稱（在本範例中就是「flower」），我們稍後還會用到它。

執行推測

當使用者按下按鈕時，我們就會載入目前的圖片，然後把它送入 Core ML 以調用模型，再取得相應的推測結果。在正式開始編寫程式碼之前，最好先檢視一下程式碼所採用的獨特做法，因為它確實有點複雜。

Core ML 進行推測的獨特做法

我們可以在 App 中透過 Core ML 使用 Create ML 所製作出來的模型。Core ML API 設計的目的，就是希望能讓 iOS App 更容易使用 ML 模型，但除非我們真正搞清楚 Core ML 運用 ML 模型的特殊做法，要不然這種做法反而會讓人覺得有點像在繞圈圈。

由於模型推測往往是 App 執行時的一個瓶頸，因此 Core ML 的構想，就是希望盡可能確保它會以非同步的方式執行，而不至於影響到 App 的表現。Core ML 在設計上主要是用來做為行動 API，因此它會採用一套獨特的做法，以確保使用者在進行模型推測時，不會體驗到停頓或中斷的感覺。所以，如果要在 Core ML App 使用到這類的圖片模型，往往就會看到一些非同步的步驟。圖 13-12 所看到的就是相應的流程。

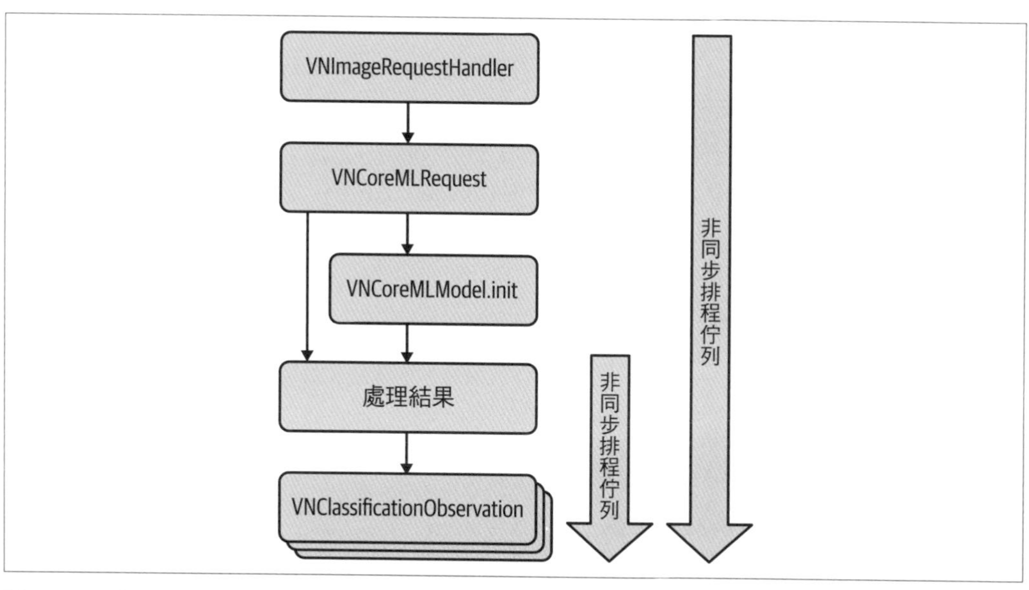

圖 13-12　用 Core ML 來進行非同步圖片推測與 UI 更新

在這個獨特的做法中，我們會建立一個處理程序（handler），然後再放入一個排程佇列（dispatch queue），以確保程式是以非同步的方式執行。這個部分在圖 13-12 中就是用右邊那個比較長的向下箭頭來表示。在進行圖片分類時，所用的 handler 處理程序就是 `VNImageRequestHandler`（VN 代表「VisioN」視覺的意思）。這個處理程序將會執行一個分類請求（classification request）。

這個分類請求（其型別為 VNCoreMLRequest）一開始會先初始化模型，然後再向這個模型發出一個請求，並附上一個 callback 回調函式，用來處理送回來的結果。callback 回調函式會在 VNCoreMLRequest 成功執行完畢之後，接手執行後續的動作。

這個 callback 回調函式通常也會以非同步的方式更新 UI 使用者介面；它會先讀取分類的結果（VNClassificationObservation），再把結果寫入到 UI 使用者介面中。在圖 13-12 中這個部分就是用中間那個比較短的向下箭頭來表示。

編寫程式碼

我們就來探索一下程式碼。使用者按下按鈕時，就會調用一個叫做 interpretImage 的函式，開始啟動推測的流程，這個函式看起來就像下面這樣：

```
func interpretImage(){
    let theImage: UIImage = UIImage(named: String(currentImage))!
    getClassification(for: theImage)
}
```

這裡只是根據當前所選取的圖片建立一個 UIImage，然後再送入 getClassification 函式。這個函式會實作出圖 13-12 的獨特做法，我們就來仔細探索一下。下面已經把整段程式碼做了簡化處理，希望看起來可讀性更高一點：

```
func getClassification(for image: UIImage) {

    let orientation = CGImagePropertyOrientation(
        rawValue: UInt32(image.imageOrientation.rawValue))!
    guard let ciImage = CIImage(image: image)
      else { fatalError("...") }

    DispatchQueue.global(qos: .userInitiated).async {
        let handler = VNImageRequestHandler(
            ciImage: ciImage, orientation: orientation)
        do {
            try handler.perform([self.classificationRequest])
        } catch {
            print("...")
        }
    }
}
```

程式碼會先取得 UIImage，再轉換成一個 CIImage。Core ML 使用的是 Core Image，因此圖片都必須先轉換成 CIImage 的格式。我們一開始就會先進行這個轉換的動作。

然後我們會調用第一個排程佇列（DispatchQueue），也就是圖 13-12 中靠右邊比較長的那個向下箭頭。在這個排程佇列裡，我們會先建立 handler 處理程序，然後再調用它的 perform 方法來執行分類請求 `classificationRequest`。目前這個 classificationRequest 還沒建立起來，我們接著就來看看吧：

```
lazy var classificationRequest: VNCoreMLRequest = {
    do {
        let model = try VNCoreMLModel.init(for: flower().model)
        let request = VNCoreMLRequest(model: model,
          completionHandler: { [weak self] request, error in
            self?.processResults(for: request, error: error)
        })
        request.imageCropAndScaleOption = .centerCrop
        return request
    } catch {
        fatalError("...")
    }
}()
```

這個分類請求 `classificationRequest` 是一個 `VNCoreMLRequest`，它會先初始化一個模型。請注意，其中的 `init` 方法所接受的是 `flower()`，並讀取它的 `model` 屬性。其實它就是我們在匯入 MLModel 時自動建立的模型物件類別。只要回頭看看圖 13-12，就可以看到當時曾提過會有一些自動生成的程式碼。我們在當時特別記下了物件類別的名稱（在本例中就是 flower），而現在這裡所用的就是那個名稱。

有了模型，就可以建立 `VNCoreMLRequest`，只要指定所使用的模型（model）以及執行完成後的處理程序（completion Handler，在本例中就是 `processResults`）就可以了。這樣我們就把 `getClassification` 函式所要執行的 `VNCoreMLRequest` 建構完成了。如果回頭看 `getClassification` 函式，就可以看到當時調用了 `perform` 方法；這裡所實作的程式碼，就是當時所要執行的動作。如果執行成功的話，就會調用 `processResults` 這個 callback 回調函式，接著就來看看它的內容吧：

```
func processResults(for request: VNRequest, error: Error?) {
  DispatchQueue.main.async {
    guard let results = request.results else {
            self.txtOutput.text = "..."
            return
        }

    let classifications = results as! [VNClassificationObservation]

    if classifications.isEmpty {
        self.txtOutput.text = "Nothing recognized."
```

```
        } else {
            let topClassifications = classifications.prefix(self.NUM_CLASSES)
            let descriptions = topClassifications.map { classification in
                return String(format: "  (%.2f) %@",
                              classification.confidence,
                              classification.identifier)
            }
            self.txtOutput.text = "Classification:\n" +
                                  descriptions.joined(separator: "\n")
        }
    }
}
```

這個函式一開始就是另一個排程佇列（DispatchQueue），它負責的是更新使用者介面的工作。它會接收到一開始模型請求所取得的結果，如果結果是正確的，它就會把結果轉換成一組 VNClassificationObservation 物件。接著就是以迭代的方式遍歷這些結果，並取得每個分類的信心度（confidence）與相應的識別標籤，最後再輸出這些結果。這段程式碼還會對分類結果進行排序，根據每個類別的機率值，從機率最高的類別往下排。NUM_CLASSES 是一個常數，代表的是類別的數量，而在這個花朵模型的例子中，這個值就是 5。

全部大概就是這樣了。只要使用 Create ML，就可以簡化模型的製作程序，而且還可以與 Xcode 整合（包括自動生成物件類別檔案），讓推測的工作變得相對簡單。為了讓整個程序盡可能以非同步的方式執行，避免模型在執行推測時破壞了使用者的體驗，因此在做法上勢必會增加一些複雜度！

圖 13-13 顯示的就是這個 App 看到玫瑰圖片之後，做出了推測的結果。

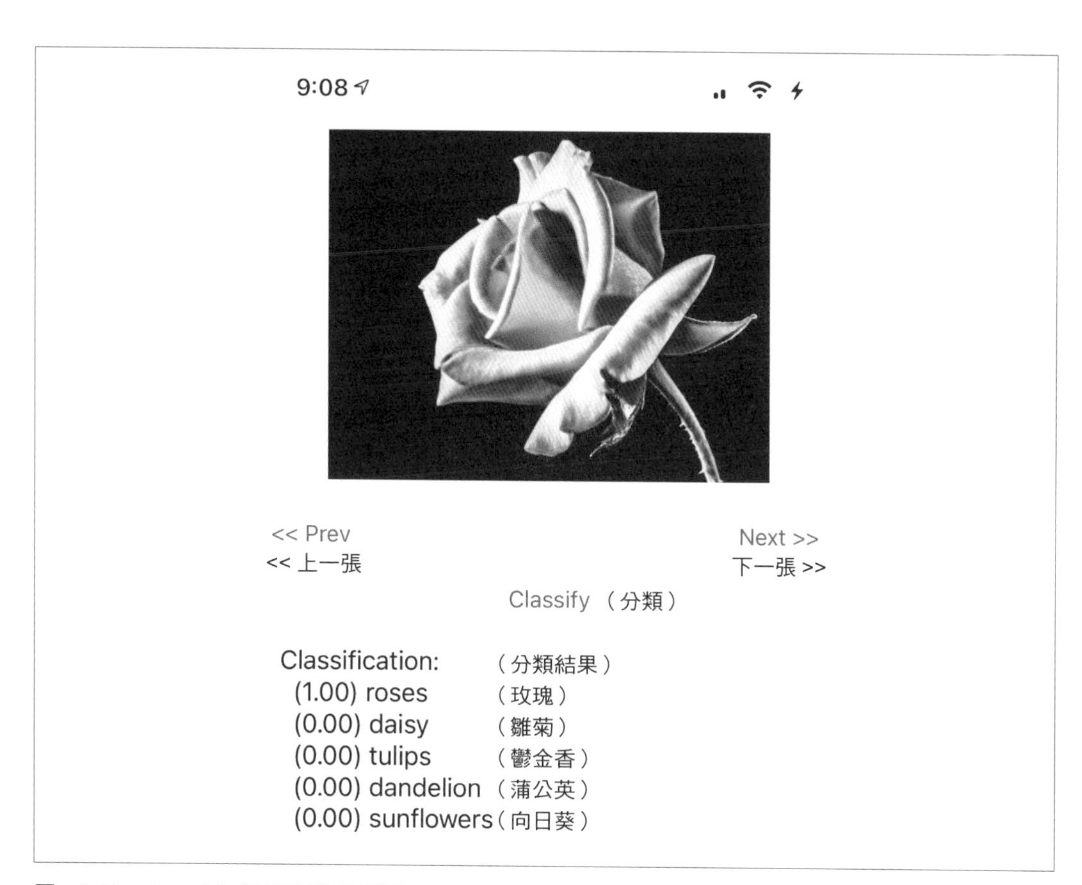

圖 13-13　Core ML 對花朵進行推測

接下來我們會繼續探索另一個自然語言處理（NLP）的範例，一開始就先用 Create ML 來建立一個模型吧！

用 Create ML 構建文字分類器

Create ML 可以讓我們匯入分類資料的 CSV 檔案，不過文字部分必須放在名為「text」的欄位（column）中，所以你若一直跟隨本書的腳步，使用本書所提供的情感資料集，這裡可能就要做一點小小的修改，或是直接使用我放在本章程式碼儲存庫裡的檔案。唯一要做的修改，就是把（存放文字內容的）第一個欄位改名為「text」。

我們可以按照之前所提過的步驟，建立一個新的 Create ML 文件，不過在這個例子中，請選擇「Text Classifier」（文字分類器）範本。和之前一樣，我們只要把資料丟進 Data（資料）區塊，就可以看到有兩個類別（在本例中分別為 positive 正面情感與 negative 負面情感），全部共有超過 35,000 個項目。我們還是應該像之前一樣，從訓練組資料中拆分出一小部分資料，以做為驗證組資料。

在「Parameters」（參數）區塊中，有許多演算法的選項。我發現只要選擇「Transfer Learning」（轉移學習），再選擇「Dynamic Embedding」（動態內嵌）做為特徵提取器（feature extractor），就可以獲得相當出色的結果。這裡會耗費許多時間，因為所有的內嵌（embedding）全都是從頭開始學習，不過最後可以得出非常好的結果。在這樣的設定下，訓練的速度會很慢——以我的情況為例，在 M1 的 Mac Mini 上大約需要花上一個小時，不過一旦完成之後，經過 75 次迭代，訓練準確率就可以來到 89.2%。

「Preview」（預覽）頁籤可以讓我們輸入一個句子，然後就可以自動進行分類！參見圖 13-14，我輸入了一段明顯帶有負面情感的句子，結果就可以看到，它確實以 98% 的信心度，選擇了 0 這個代表負面情緒的標籤！

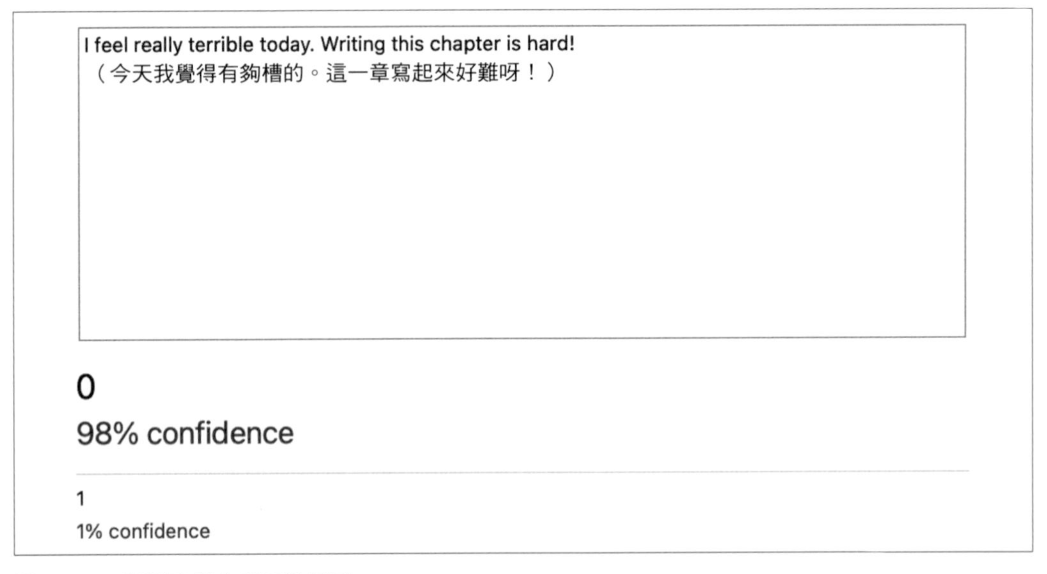

圖 13-14　測試出帶有負面的情感

不過，我的心情其實也沒那麼糟啦。我在運用這項技術撰寫本章的內容時，其實玩得還蠻開心的；現在我們不妨來看看，文字改變之後會發生什麼事！參見圖 13-15。

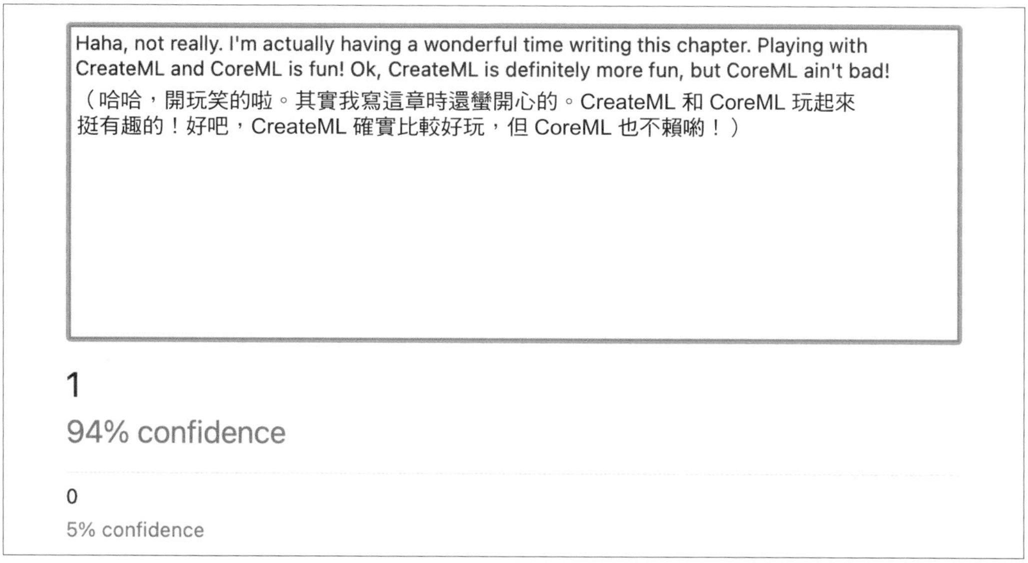

Haha, not really. I'm actually having a wonderful time writing this chapter. Playing with CreateML and CoreML is fun! Ok, CreateML is definitely more fun, but CoreML ain't bad!
（哈哈，開玩笑的啦。其實我寫這章時還蠻開心的。CreateML 和 CoreML 玩起來挺有趣的！好吧，CreateML 確實比較好玩，但 CoreML 也不賴喲！）

1
94% confidence

0
5% confidence

圖 13-15　帶有正面情感的句子

正如你在本例中所見，它以 94% 的信心度給出了 1 這個代表正面情緒的標籤，以做為推測的結果。其中最酷的就是，在輸入文字的當下，分類結果就會以即時的方式，隨時更新推測的結果！

總之，玩也玩夠了。該回頭做點正事了。如果想打造一個使用此模型的 App，就必須先匯出這個模型。我們可以在「Output」（輸出）頁籤中執行此操作。只要使用「Get」按鈕，就可以把這個模型保存起來（記得幫它取個好記的名字）。以我為例，這裡姑且把它取名為 emotion.mlmodel。

在 App 中使用模型

像這樣的語言類模型，在 App 中使用起來非常簡單。只要建立一個全新的 App，並添加一個 UITextView，把它設為 outlet 並取名為 `txtInput`，再添加一個 UILabel，同樣設為 outlet 並取名為 `txtOutput`，最後再添加一個按鈕，為它設定一個 action 並取名為 `classifyText` 就可以了。我們的 Storyboard 應該就如圖 13-16 所示。

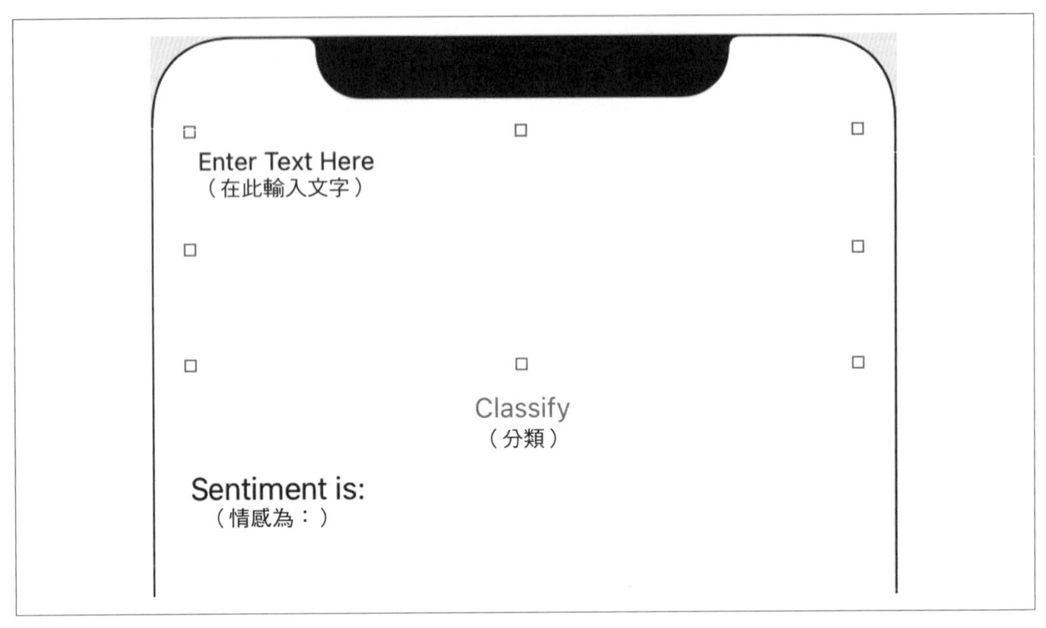

圖 13-16　一個簡單的語言 App 相應的 Storyboard 設計

首先我們會在 classifyText 的 action 中，調用 doInference() 這個函式。目前這個函式還不存在；但我們很快就會把它建立起來了。目前在物件類別中的程式碼，看起來應該就像下面這樣：

```
@IBOutlet weak var txtInput: UITextView!
@IBOutlet weak var txtOutput: UILabel!
@IBAction func classifyText(_ sender: Any) {
    doInference()
}
```

由於會用到 Core ML 與自然語言處理的功能，因此必須先用以下的方式，把兩個相應的函式庫匯入進來：

```
import NaturalLanguage
import CoreML
```

接下來就可以進行推測的工作了。只要把之前所建立的模型拖進 Xcode 中，就會生成一個與模型同名的物件類別。以我為例，由於我把它取名為「emotion」，因此我就有了一個名為 emotion 的物件類別。

一開始先用這個 emotion 建立一個 ML 模型（mlModel），做法如下：

```
let mlModel = try emotion(
                  Configuration: MLModelConfiguration()).model
```

一旦有了這個 ML 模型，就可以用它來建立一個 NLModel（NL 代表 Natural Language 自然語言的意思）：

```
let sentimentPredictor = try NLModel(mlModel: mlModel)
```

然後我們可以從 txtInput 讀取輸入字串，再把它送入 sentimentPredictor 以取得模型所預測的標籤：

```
let inputText = txtInput.text
let label = sentimentPredictor.predictedLabel(for: inputText!)
```

這個標籤應該是一個字串，代表模型所預測的類別。正如你所見，它應該不是「0」就是「1」。因此，我們可以像下面這樣，簡單輸出預測的結果：

```
if (label=="0"){
    txtOutput.text = "Sentiment: Negative"
} else {
    txtOutput.text = "Sentiment: Positive"
}
```

全部也就是這樣了！正如你所看到的，一旦使用了自然語言函式庫，這一切就變得非常簡單！我們根本不用處理 token 或 embedding（內嵌向量）的轉換；只要給一個字串，所有的工作就會自動完成了！

圖 13-17 顯示的就是這個 App 運行的情況。

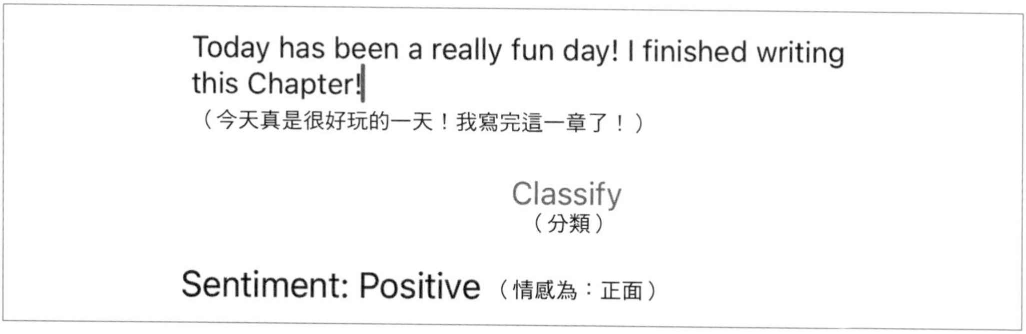

Today has been a really fun day! I finished writing this Chapter!
（今天真是很好玩的一天！我寫完這一章了！）

Classify
（分類）

Sentiment: Positive（情感為：正面）

圖 13-17　使用情感分類器

這是個功能非常單純的 App，不過我們還是可以看到，只要善加利用此模型，就可以為 App 建立新的功能；舉例來說，我們可以用它來偵測 App，是否被用來發送垃圾郵件或有害的訊息，並進一步阻止使用者發送這樣的東西。這樣的功能可搭配後端安全性的相關做法一起使用，以保障使用者獲得最佳的體驗。

總結

本章介紹了 Create ML 裡的兩個範本（圖片分類與文字情感分析），並引導我們如何在沒有 ML 經驗的情況下訓練自己的模型，再把它運用到簡單的 App 中。我們可以看到，Create ML 為我們提供了一個訓練模型的工具（通常是運用轉移學習的做法，所以速度非常快），而且我們也學會如何把模型放入 Xcode 並自動生成程式碼，這樣的做法等於是把 ML 模型的複雜性封裝起來，所以我們就可以更專注於使用者介面的設計了。我們在進行圖片分類的過程中，討論到一些比較複雜的處理方式，並採用了一種獨特做法，這樣在模型進行推測時，就可以確保使用者不至於碰到程式被卡住、感覺頓頓的情況。除此之外，模型預測相關的程式碼，對我們來說也算是相當容易；我們不用再擔心圖片的格式，也不需要把圖片先轉換成張量再送入推測引擎中，這方面使用起來尤其方便。因此，如果你只需要編寫 iOS App，不必考慮其他的平台，Create ML 與 Core ML 就是個不錯的選擇，它絕對值得你好好深入研究。

## 第十四章

行動 App 存取雲端模型

我們整本書都在介紹如何建立模型，並把模型轉換成 TensorFlow Lite 格式，以便把模型運用到你的行動 App 中。在第 1 章討論了一些理由（如減少延遲、強化隱私），說明直接在行動裝置中使用模型確實是很好的一種做法。不過，有時你或許並不想直接把模型部署到行動裝置中——也許模型對行動裝置來說太過龐大或太複雜，或許你想經常更新模型，或者你不想承擔被人逆向工程的風險，留給他人隨意濫用你智慧財產權的機會。

在那樣的情況下，我們就會把模型部署在伺服器中，並運用伺服器執行推測，再以某種伺服器的形式管理客戶端的請求；調用模型進行推測之後，再把推測的結果當成回應送回來。圖 14-1 顯示的就是這種做法的高階概念圖。

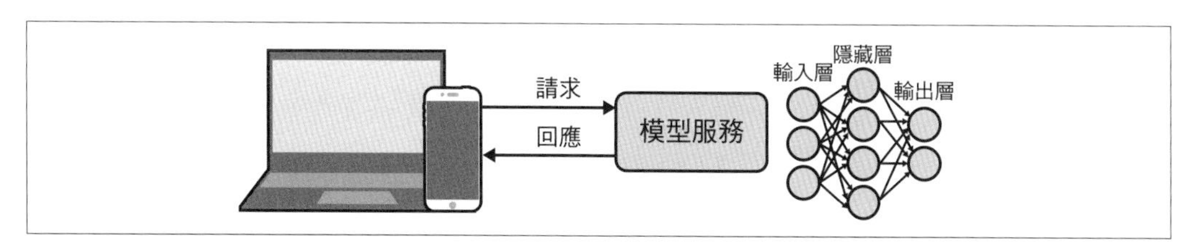

圖 14-1　模型伺服器架構的高階概念圖

這種架構的另一個好處，就是可以針對模型漂移（model drift）的情況進行管理。如果我們把模型部署在裝置中，萬一大家不去更新 App（或是無法更新 App），就無法取得最新的模型，到最後免不了會有多種模型同時存在的情況。另外有時候我們反而希望，多種不同版本的模型可以同時存在；例如使用的硬體設備比較高階的人，也許可以採用比較大又比較準確的模型版本，而其他人則可以採用比較小但準確度稍低的模型版本。原本這類的管理工作，或許相當困難！但如果把模型架設在伺服器中，就不必擔心這個問題了，因為我們完全可以控制，讓哪一種硬體平台執行哪一個模型。讓模型在伺服端進行推測的另一個優點就是，我們可以輕易針對不同的使用者，測試不同的模型版本。參見圖 14-2。

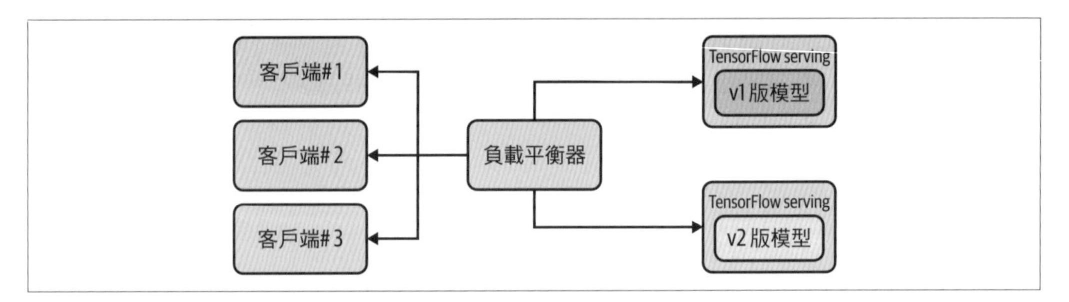

圖 14-2　在伺服端進行推測，即可輕鬆管理不同的模型

我們在這裡可以看到兩種不同版本的模型（分別叫做 v1 版模型、 v2 版模型），並利用負載平衡器部署到不同的客戶端。在這張圖中可以看到，我們採用了所謂的 TensorFlow Serving 來進行管理——接下來我們就會探索如何安裝與使用，並介紹如何訓練與部署一個簡單的模型。

安裝 TensorFlow Serving

TensorFlow Serving 可安裝成兩種不同的伺服器架構。第一種就是 `tensorflow-model-server`，它是一個已完全最佳化的伺服器，也就是針對各種不同架構採用各平台專屬的編譯器選項。一般來說，這應該是首選的選項，除非你的伺服器找不到相應的架構。第二種替代方案則是 `tensorflow-model-server-universal`，它是採用最基本的最佳化方式來進行編譯，因此應該可適用於所有的機器，如果遇到 `tensorflow-model-server` 無法正常運作的情況，這就是一個很好的替代選項。TensorFlow Serving 有很多種不同的安裝方式，不但可以使用 Docker，也可以使用 `apt` 直接安裝套件。接著我們就來研究這兩種不同的做法。

用 Docker 進行安裝

Docker 是個很好用的工具，它可以把作業系統以及軟體依賴項目全都封裝到一個簡單好用的 image 映像。如果想快速啟動與執行某個東西，使用 Docker 或許就是最簡單的做法。首先，我們可以用 `docker pull` 來取得 TensorFlow Serving 套件：

```
docker pull tensorflow/serving
```

完成此動作之後，再到 GitHub 以 clone（克隆）的方式取得 TensorFlow Serving 的程式碼：

```
git clone https://github.com/tensorflow/serving
```

這裡頭包含一些範例模型，其中包括一個名為 Half Plus Two 的模型，只要給一個值，就會送回該值的一半加二的結果。如果想使用此模型，就要先設定一個名為 TESTDATA 的變數，然後把它的值設定為範例模型的路徑：

```
TESTDATA="$(pwd)/serving/tensorflow_serving/servables/tensorflow/testdata"
```

然後就可以用 Docker image 映像來執行 TensorFlow Serving：

```
docker run -t --rm -p 8501:8501 \
    -v "$TESTDATA/saved_model_half_plus_two_cpu:/models/half_plus_two" \
    -e MODEL_NAME=half_plus_two \
    tensorflow/serving &
```

這樣就會在 8501 這個通訊埠，建立一個伺服器的實體（本章隨後還會更詳細說明這是怎麼做到的），然後在伺服器中執行所指定的模型。如此一來，我們就可以透過 *http://localhost:8501/v1/models/half_plus_two:predict* 來存取模型了。

如果想把資料送入模型執行推測，我們可以把一個包含值的張量，用 POST 的方式送往這個網址。下面就是利用 curl 來執行的一個範例（如果是在你開發程式的電腦中執行，請另外打開一個獨立的終端機程式來執行下面的指令）：

```
curl -d '{"instances": [1.0, 2.0, 5.0]}' \
    -X POST http://localhost:8501/v1/models/half_plus_two:predict
```

圖 14-3 顯示的就是相應的結果。

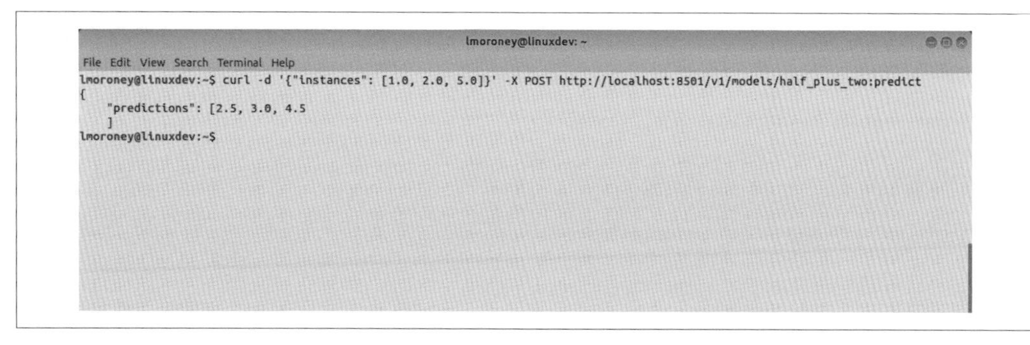

圖 14-3　執行 TensorFlow Serving 的結果

雖然 Docker image 映像確實很方便，但也許你想直接安裝在自己的電腦中，以掌握完整的控制權。接著我們就來探索一下該怎麼做。

直接安裝在 Linux

無論你想用的是 `tensorflow-model-server` 還是 `tensorflow-model-server-universal`，套件的名稱都是相同的。因此，一開始最好先移除一下 `tensorflow-model-server`，以確保你用到的是正確的套件。如果你想在自己的電腦中嘗試，本書的程式碼儲存庫提供了一個可在 Colab 執行的 notebook 檔案（*https://oreil.ly/CYiWc*），其中就包含了相應的程式碼：

```
apt-get remove tensorflow-model-server
```

然後再把 TensorFlow 套件原始碼（*https://oreil.ly/NDwab*）添加到你的系統中：

```
echo "deb http://storage.googleapis.com/tensorflow-serving-apt stable tensorflow-model-
server tensorflow-model-server-universal" |
tee /etc/apt/sources.list.d/tensorflow-serving.list && \
curl https://storage.googleapis.com/tensorflow-serving-apt/tensorflow-serving.release.
pub.gpg | apt-key add -
```

如果你需要在本機系統使用 `sudo`，只要像下面這樣下指令就可以了：

```
sudo echo "deb http://storage.googleapis.com/tensorflow-serving-apt stable tensorflow-
model-server tensorflow-model-server-universal" |
sudo tee /etc/apt/sources.list.d/tensorflow-serving.list && \
curl https://storage.googleapis.com/tensorflow-serving-apt/tensorflow-serving.release.
pub.gpg | sudo apt-key add -
```

接下來要更新 `apt-get`：

```
apt-get update
```

完成此操作之後，就可以用 `apt` 來安裝模型伺服器（model server）：

```
apt-get install tensorflow-model-server
```

只要使用下面的指令，就可以確保所採用的是最新的版本：

```
apt-get upgrade tensorflow-model-server
```

現在這個套件應該已經準備就緒，可以使用了。

建立模型 & 提供模型服務

本節打算針對如何建立模型、如何提供模型服務、如何運用 TensorFlow Serving 來部署模型，以及如何用它來執行推測，探討整套完整的程序。

這裡使用的是本書一直提到的那個簡單的「Hello World」模型：

```
import numpy as np
import tensorflow as tf
xs = np.array([-1.0,  0.0, 1.0, 2.0, 3.0, 4.0], dtype=float)
ys = np.array([-3.0, -1.0, 1.0, 3.0, 5.0, 7.0], dtype=float)
model = tf.keras.Sequential([tf.keras.layers.Dense(units=1, input_shape=[1])])
model.compile(optimizer='sgd', loss='mean_squared_error')
history = model.fit(xs, ys, epochs=500, verbose=0)
print("Finished training the model")
print(model.predict([10.0]))
```

這個模型訓練起來應該很快，若想預測 x = 10.0 對應的 y 值是多少，它就會給出 18.98 左右的結果。接著我們還要把模型保存起來。這裡會把模型保存在一個臨時資料夾：

```
export_path = "/tmp/serving_model/1/"
model.save(export_path, save_format="tf")
print('\nexport_path = {}'.format(export_path))
```

其實也可以把模型匯出到其他任何的目錄，但我還是比較喜歡使用臨時目錄。請注意，這裡雖然是把模型保存在 */tmp/serving_model/1/*，但稍後提供模型服務時，使用的則是 */tmp/serving_model/*——這是因為 TensorFlow Serving 會自動根據數字找出模型版本，而且在預設的情況下，它會自動去找版本 1 的模型。

如果保存模型的目錄中還有任何其他的東西，最好先把它刪除乾淨。（這就是我喜歡用臨時目錄的其中一個理由！）

TensorFlow Serving 工具包含了一個叫做 `saved_model_cli` 的公用程式，可用來對模型進行檢查。在使用這個公用程式時，可搭配 show 指令，只要給它模型的目錄，就能取得完整的模型詮釋資料：

```
$ > saved_model_cli show --dir {export_path} --all
```

這個指令的輸出結果很長，不過其中應該包含如下的詳細資訊：

```
signature_def['serving_default']:
  The given SavedModel SignatureDef contains the following input(s):
    inputs['dense_input'] tensor_info:
        dtype: DT_FLOAT
```

```
        shape: (-1, 1)
        name: serving_default_dense_input:0
  The given SavedModel SignatureDef contains the following output(s):
    outputs['dense'] tensor_info:
        dtype: DT_FLOAT
        shape: (-1, 1)
        name: StatefulPartitionedCall:0
```

請注意 signature_def 的內容，在本例中就是 serving_default。稍後我們還會用到它。

另外要注意的是，輸入與輸出全都定義了形狀與資料型別。在這裡的例子中，資料型別全都是浮點數，而且形狀都是 (–1, 1)。我們可以先忽略 –1，只要記得模型的輸入是一個浮點數，輸出也是一個浮點數就可以了。

如果想用指令行來執行這個 TensorFlow 模型伺服器，可以使用 tensorflow_model_server 這個指令。使用這個指令時，還要指定好幾個參數。其中 rest_api_port 這個參數，就是伺服器執行時所使用的通訊埠號。這裡把它設定為 8501。然後再利用 model_name 這個參數，幫模型取一個名字——這裡姑且取名為 helloworld。最後再透過 model_base_path 這個參數，把我們保存在 MODEL_DIR 這個作業系統環境變數裡的模型路徑，傳遞給模型伺服器。下面就是相應的指令碼：

```
$ > tensorflow_model_server --rest_api_port=8501 --model_name="helloworld" --
model_base_path="/tmp/serving_model/" > server.log 2>&1
```

指令行的最後面，就是把結果輸出到 *server.log* 的指令碼。只要開啟此檔案稍作觀察，應該就可以看到伺服器已成功啟動，並顯示一則說明，告訴我們它會在 *localhost:8501* 提供 HTTP/REST API 的服務：

```
2021-02-19 08:56:22.271662:
  I tensorflow_serving/core/loader_harness.cc:87] Successfully loaded
  servable version {name: helloworld version: 1}
2021-02-19 08:56:22.303904:
  I tensorflow_serving/model_servers/server.cc:371] Running gRPC ModelServer
  at 0.0.0.0:8500 ...
2021-02-19 08:56:22.315093:
  I tensorflow_serving/model_servers/server.cc:391] Exporting HTTP/REST API
  at:localhost:8501 ...
[evhttp_server.cc : 238] NET_LOG: Entering the event loop ...
```

如果啟動失敗，應該也可以在這裡看到失敗相關的通知。萬一出現這樣的情況，你或許可以重新開機再試試看。

如果想測試一下伺服器，我們可以用 Python 來做這件事：

```
import json
xs = np.array([[9.0], [10.0]])
data = json.dumps({"signature_name": "serving_default",
                   "instances": xs.tolist()})
print(data)
```

資料發送到伺服器之前，必須先轉為 JSON 的格式。如果用 Python 來做這件事，可以先建立一個 NumPy 陣列，然後在裡頭放入我們所要發送的值——上面的例子，就是放了兩個值（9.0 與 10.0）的一個列表。準備要送入模型的這些值，本身都要用一個陣列來表示，因為之前我們已經看到，輸入的形狀必須是（-1, 1）才行。我們要送入模型的應該都是單一個值，因此如果想一次送入好幾個值，就必須使用一個由列表所構成的列表，其中每個內部列表中，全都只有單一個值。

Python 可利用 `json.dumps` 來建立負載資料（payload），其內容就是兩組用「名稱」與「值」配成對所組成的資料。第一組資料就是所要調用的模型相應的簽名（signature name），在本例中就是 `serving_default`（還記得嗎？這就是我們之前在檢查模型時所記下的那個名稱）。第二組資料則是資料實體（`instances`），也就是我們所要送入模型的值所構成的列表。

請注意，在使用模型服務時，如果想把值輸入到模型中，就必須把輸入值放在一個列表中，就算只有單一個輸入值也是如此。舉例來說，如果想利用這個模型來取得 9.0 這個值的推測結果，就必須使用像 [9.0] 這樣的一個列表。如果你想讓模型針對兩個值進行兩次推測，或許你會以為要送入一個像 [9.0, 10.0] 這樣的列表，但其實這樣是不對的！兩個單獨的輸入，預期應該會有兩個單獨的推測結果，所以我們應該要輸入兩個單獨的列表，也就是 [9.0] 和 [10.0]。不過，如果我們想要一次就把這些輸入資料以批量的方式送入模型進行推測，批量本身也應該用列表來表示，因此我們真正要送入模型的資料，就會變成由列表所構成的一個列表——也就是 [[9.0], [10.0]]。特別要注意的是，就算只送入一個值去進行推測，也必須這麼做才行。輸入值必須放在一個列表中，而這個列表又必須放在一個列表中，所以最後就會變成像 [[10.0]] 這樣的東西了。

如果想讓這個模型執行兩次推測，計算出 x 值等於 9.0 與 10.0 時相應的 y 值，負載資料（payload）就必須寫成下面這樣：

```
{"signature_name": "serving_default", "instances": [[9.0], [10.0]]}
```

接著可以用 requests 函式庫來執行 HTTP POST，調用伺服器所提供的服務。請特別注意 URL 網址的組成結構。這個模型叫 `helloworld`，我們想用它來執行預測（predict）。使用 POST 指令時，必須提供資料（也就是我們剛剛所建立的負載資料），另外還要提供標頭（`headers`）的規格，我們可藉此告訴伺服器，資料的內容型別為 JSON：

```
import requests
headers = {"content-type": "application/json"}
json_response = requests.post(
    'http://localhost:8501/v1/models/helloworld:predict',
    data=data, headers=headers)

print(json_response.text)
```

伺服器所回應的資料，應該也是一個 JSON 負載資料，其中就包含了預測的結果：

```
{
    "predictions": [[16.9834747], [18.9806728]]
}
```

請注意，Python 的 `requests` 函式庫也提供了一個 `json` 屬性，我們可利用這個屬性，把回應自動解碼成一個 JSON `dict`。

Android 存取伺服器模型

現在既然有了伺服器，可透過 REST 介面提供模型服務，接著我們就想讓 Android 透過程式碼使用這個模型——做法其實非常簡單。本節就來探索相應的做法；首先可建立一個只有單一 View 的簡單 App（可回頭參見第 4 章的幾個範例），它有一個 EditText 可用來輸入數字，還有一個標籤可用來顯示結果，以及一個按鈕可以讓使用者點擊觸發推測：

```
<ScrollView
    android:id="@+id/scroll_view"
    android:layout_width="match_parent"
    android:layout_height="0dp"
    app:layout_constraintTop_toTopOf="parent"
    app:layout_constraintBottom_toTopOf="@+id/input_text">
    <TextView
        android:id="@+id/result_text_view"
        android:layout_width="match_parent"
        android:layout_height="wrap_content" />
</ScrollView>

<EditText
    android:id="@+id/input_text"
    android:layout_width="0dp"
    android:layout_height="wrap_content"
    android:hint="Enter Text Here"
    android:inputType="number"
    app:layout_constraintBaseline_toBaselineOf="@+id/ok_button"
```

```
        app:layout_constraintEnd_toStartOf="@+id/ok_button"
        app:layout_constraintStart_toStartOf="parent"
        app:layout_constraintBottom_toBottomOf="parent" />
    <Button
        android:id="@+id/ok_button"
        android:layout_width="wrap_content"
        android:layout_height="wrap_content"
        android:text="OK"
        app:layout_constraintBottom_toBottomOf="parent"
        app:layout_constraintEnd_toEndOf="parent"
        app:layout_constraintStart_toEndOf="@+id/input_text"
        />
```

這段程式碼會使用到一個叫做 Volley 的 HTTP 函式庫，它可以用非同步的方式處理 App 與伺服器之間的請求與回應。如果要使用這個函式庫，就必須把下面的程式碼添加到 App 的 build.gradle 檔案中：

```
implementation 'com.android.volley:volley:1.1.1'
```

App 的 Activity 相應程式碼如下——設定好控制元件，並在按鈕的 `onClickListener` 裡調用 TensorFlow Serving 的模型：

```
    lateinit var outputText: TextView
    lateinit var inputText: EditText
    lateinit var btnOK: Button
    override fun onCreate(savedInstanceState: Bundle?) {
        super.onCreate(savedInstanceState)
        setContentView(R.layout.activity_main)
        outputText = findViewById(R.id.result_text_view)
        inputText = findViewById(R.id.input_text)
        btnOK = findViewById(R.id.ok_button)
        btnOK.setOnClickListener {
            val inputValue:String = inputText.text.toString()
            val nInput = inputValue.toInt()
            doPost(nInput)

        }
    }
```

請記住，模型是在 *http://< 伺服器位置 >:8501/v1/models/helloworld:predict* 提供服務的——如果你使用的是開發者工具，而且是在 Android 模擬器內執行 Android 程式碼，伺服器的位置就要設為 10.0.2.2 而不是 localhost。

按下按鈕後，就會讀取輸入的值，再轉換成整數，然後送入一個叫做 `doPost` 的函式。我們就來探討一下這個函式應該做哪些事。

首先，我們會用 Volley 設定一個非同步的請求 / 回應佇列：

```
val requestQueue: RequestQueue = Volley.newRequestQueue(this)
```

接著要設定模型服務的 URL 網址。由於我是在開發者工具中執行伺服器，而且是在模擬器內執行這個 Android App，所以這裡用的是 10.0.2.2（也可以換成你所採用的伺服器地址）而不是 localhost：

```
val URL = "http://10.0.2.2:8501/v1/models/helloworld:predict"
```

還記得嗎？如果想透過 JSON 把值送入伺服器，每一組輸入值都必須放在一個列表中，而且所有列表全都要放在另一個列表中，因此，如果想送入像 10 這樣的一個值，實際上要送入的東西就應該是：[[10.0]]。

而 JSON 負載資料就會像下面這樣：

```
{"signature_name": "serving_default", "instances": [[10.0]]}
```

我會把包含輸入值的列表，稱之為「內部」列表；而把所有內部列表包起來的列表，則稱之為「外部」列表。無論內部列表或外部列表，在這裡全都是用 JSONArray 型別來表示（也就是下面的 innerarray 與 outerarray）：

```
val jsonBody = JSONObject()
jsonBody.put("signature_name", "serving_default")
val innerarray = JSONArray()
val outerarray = JSONArray()
innerarray.put(inputValue)
outerarray.put(innerarray)
jsonBody.put("instances", outerarray)
val requestBody = jsonBody.toString()
```

接下來，我們會建立一個 StringRequest 請求物件實體，然後再送入 requestQueue 請求佇列，讓它去負責管理通訊方面的工作。在建立 StringRequest 物件實體時，我們會覆寫它的 getBody() 函式，把前面所建立的 requestBody 字串添加到請求中。此外，我們還會設定 Response.Listener（以及 Response.ErrorListener），以非同步的方式擷取回應。如果順利取得了回應（response），就可以取得預測值所構成的陣列，而我們所要的答案，就是這個列表裡的第一個值：

```
val stringRequest: StringRequest =
  object : StringRequest(Method.POST, URL,
    Response.Listener { response ->
      val str = response.toString()
      val predictions = JSONObject(str).getJSONArray("predictions")
                                  .getJSONArray(0)
      val prediction = predictions.getDouble(0)
```

```
        outputText.text = prediction.toString()
      },
      Response.ErrorListener { error ->
        Log.d("API", "error => $error")
      })
    {
      override fun getBody(): ByteArray {
        return requestBody.toByteArray((Charset.defaultCharset()))
    }
  }


  requestQueue.add(stringRequest)
```

完成以上程式碼之後，Volley 就會接手其餘的工作——它會把請求送往伺服器，並以非同步的方式擷取回應；在這個例子中，`Response.Listener` 會負責解析結果，再把值輸出到使用者介面中。圖 14-4 看到的就是這個 App 相應的畫面。

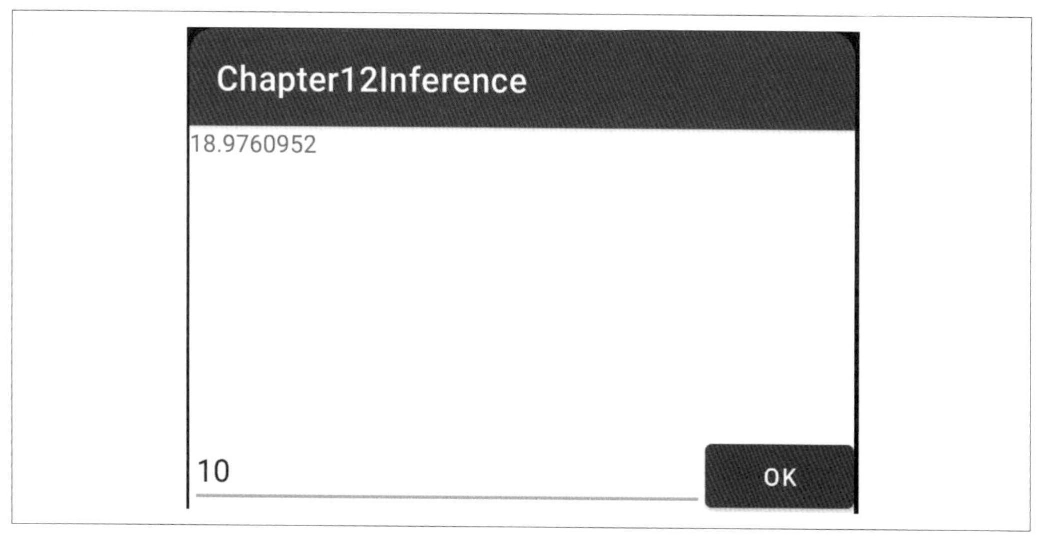

圖 14-4　在 Android App 中運用 TensorFlow Serving 來執行推測

請注意，在這個例子中，所取得的回應非常簡單，只需要從回應裡解出一個字串即可。如果 JSON 形式送回來的是比較複雜的資料，最好還是運用一下 JSON 解析函式庫（例如 GSON；*https://oreil.ly/cm35R*）。

雖然這顯然是個非常簡單的 App，但它還是提供了一個完整的流程，讓我們可以在任何 Android App 中執行遠端推測。其中要特別留意的一個關鍵，就是它採用了 JSON 負載資料的設計。請務必確認你的輸入資料已轉換成 JSON 陣列，而且這些資料陣列都必須放在另一個陣列中，就算只有單一個數字，也要先轉換成 [[10.0]] 這樣的形式才能進行上傳。同樣的，模型送回來的值也會被編碼成一個由列表所構成的列表，就算只有一個值也是如此！

請注意，此範例使用的是無需進行身分驗證的伺服器。後端有很多種不同的技術，可用來添加身分驗證的功能，而 Android 也可以搭配相應的做法。例如 Firebase 身分驗證（*https://oreil.ly/WTSaa*）就是其中一種可採用的做法。

iOS 存取伺服器模型

之前我們建立了一個模型，並利用 TensorFlow Serving 架設了相應的模型服務，只要透過 *http://< 伺服器位址 >:8501/v1/models/helloworld:predict* 就可以取得模型推測的結果。在下面這個範例中，伺服器的位址是 *192.168.86.26*；我會建立一個簡單的 iOS App，把資料送入伺服器並取回推測的結果。如果想取得單一值的推測結果，就必須建立一個 JSON 負載資料（payload），再以 POST 的方式送入伺服器，其格式如下：

```
{"signature_name": "serving_default", "instances": [[10.0]]}
```

如果推測成功，就可取回一個包含推測結果的負載資料：

```
{
    "predictions": [[18.9806728]]
}
```

我們的 App 會先把負載資料送入伺服器，然後再解析所送回來的結果。接著就來探索一下，如何用 Swift 做好這件事。本書的程式碼儲存庫（*https://oreil.ly/wPL4V*）就可以找到這個 App 的完整程式碼。本節只會探討這個 App 如何進行遠端推測：

首先，在 Swift 的做法中，只要設定好等效的 struct 結構，JSON 值的解碼就很容易了。因此，為了取得預測結果，我們先建立下面這樣的一個 struct 結構：

```
struct Results: Decodable {
  let predictions: [[Double]]
}
```

然後，我們如果有一個 double 雙精度的浮點數值（value），就可以像下面這樣建立相應的負載資料，以便上傳到伺服器中：

```
let json: [String: Any] =
    ["signature_name" : "serving_default", "instances" : [[value]]]

let jsonData = try?JSONSerialization.data(withJSONObject: json)
```

接著可以把這個負載資料，用 POST 的方式送往 URL 網址。為了完成這項工作，我們可根據 URL 網址建立請求、並把請求設定為 POST 請求，再把 JSON 負載資料添加到請求的 httpBody 中。

```
// 建立 post 請求
let url = URL(string: "http://192.168.86.26:8501/v1/models/helloworld:predict")!

var request = URLRequest(url: url)
request.httpMethod = "POST"

// 把 json 資料放入請求中
request.httpBody = jsonData
```

請求與回應是非同步的，因此我們會採用非同步的 task 做法，而不是直接把執行緒鎖定起來，停在那裡等待伺服器做出回應：

```
let task = URLSession.shared.dataTask(with: request)
    { data, response, error in
```

我們會利用稍早所建立的請求（request）來建立一個 `URLSession`；這是一個指向 URL 網址的 POST 請求，其中的 httpBody 包含著輸入資料。回應所送回來的資料，則包含了回應的負載資料（data）、回應本身（response），以及任何的錯誤資訊（error）。

我們可利用這些送回來的東西，解析出回應的內容。還記得嗎？之前我們建立了一個叫做 Results 的 struct 結構，其格式與 JSON 負載資料的格式是相符的。因此這裡可以利用 `JSONDecoder()`，針對回應的負載資料 data，按照那個 struct 結構的格式進行解碼，把預測結果載入到 `results` 中。由於它是一個由陣列所構成的陣列，而推測值就放在內部陣列中，因此我們可以透過 `results.predictions[0][0]` 取得推測的結果。由於我們採用了 task 的做法，而且要更新使用者介面，所以必須在 `DispatchQueue` 裡完成相應的工作：

```
let results: Results =
    try!JSONDecoder().decode(Results.self, from: data)

DispatchQueue.main.async{
    self.txtOutput.text = String(results.predictions[0][0])
}
```

全部也就是這樣了！由於在 Swift 的寫法中，可利用一個 struct 結構來解析輸出結果，而且還可以用 `[String : Any]` 格式來設定內部與外部列表，因此整件事做起來就變得非常簡單。圖 14-5 顯示的就是這個 App 使用起來的樣子。

其實這裡的做法，與之前利用 Python 來存取 TensorFlow Serving 模型的做法是一樣的，最重要的就是把輸入與輸出資料弄對。最常見的錯誤，就是忘了用兩層的列表來呈現負載資料，因此在使用到比較複雜的資料結構時，請務必把這件事做對！

圖 14-5　在 iOS App 中運用 TensorFlow Serving 來存取 2x – 1 模型

總結

本章介紹了 TensorFlow Serving 的做法，並說明它如何提供一個伺服環境，讓我們可以透過 HTTP 介面存取模型。我們學會了安裝和設定 TensorFlow Serving 的方法，也學會如何把模型部署到伺服器中。然後我們分別建構了超級簡單的 Android 與 iOS App，可使用伺服器裡的模型來執行遠端推測；這些 App 可取得使用者的輸入，進而建立 JSON 負載資料，再把它送往 TensorFlow Serving，然後針對送回來的資料，解析出模型針對原始資料所做出的推測結果。我們可以用 JSON 負載資料建立 POST 請求，再針對回應進行解析；雖然這樣的應用場景非常基本，但它確實針對這類型的服務，提供了一個可依循的軟體框架。

第十五章

行動 App 的道德面、公平性與隱私權考量

雖然機器學習與人工智慧最新的進展，讓一些道德面與公平性的概念再次成為人們關注的焦點，但這其中很重要的是，各種不公正與不平等所造成的差距，一直都是電腦系統關注的議題。在我的職業生涯中，就曾經見識過許多的例子，看到某些系統只針對某種應用情境而設計，卻沒有考慮到公平性以及各種偏見所造成的整體影響。

請考慮以下這個例子：假設你的公司有一個客戶資料庫，而你根據資料庫裡的資料，發現某個地區存在一個能讓業績成長的機會，因此你想針對某特定郵遞區號的地區，展開市場行銷活動以吸引更多的客戶。貴公司打算針對該郵遞區號內的使用者，只要是還沒購買過任何產品的人，就向他們發送折扣優惠券。實際上只要寫出像下面這樣的 SQL，就可以識別出這些潛在的客戶：

```
SELECT * from Customers WHERE ZIP=target_zip AND PURCHASES=0
```

這段程式碼看起來似乎相當合理。不過請再多考慮一下，該郵遞區號地區內的人口相關統計資料。如果住在該地區的人，大多屬於特定種族或特定年齡怎麼辦？這樣一來，就不算是以一視同仁的方式擴大客戶群，反而有可能過度瞄準特定人群，甚至更糟的是，有可能因為只向特定種族的人提供折扣，反而造成種族歧視的問題。如果隨著時間的推移，持續以這種方式針對特定的客戶，很有可能就會導致客戶群與整體人口統計資料間產生某種偏差，最後把貴公司帶往「只服務某特定市場」的死胡同。在這個例子中，所採用的變數（郵遞區號）看起來很明確，但如果系統本身具有某些不那麼明確的其他變數，在沒有仔細監控的情況下，就有可能形成某種偏見。

AI 系統的優勢，就是可以讓我們更快速做出更強大的應用……但如果沒有事先處理好系統內的偏見，就快速導入 AI 系統，這樣反而可能會因為使用 AI 而「加速」各種不平等所造成的差距。

理解與消除這些問題的程序（如果有的話），應該是一個很龐大的領域，用很多書或許都講不完，因此本章只會簡要概述一下，有哪些潛在的偏見需要特別留意，並介紹一些有助於修正此類問題的工具與方法。

負責任的人工智慧——道德面、公平性與隱私權考量

在建構 AI 系統時，就應該把責任當做 DNA 的一部分；這也就表示，在 AI 實務中採取負責任的做法，也應該被納入 ML 工作流程的每一個步驟之中。雖然要做到這點有很多不同的做法，但我會採用以下幾個步驟，依循一些非常通用的做法：

1. 定義問題：你的 ML 系統是給什麼樣的人使用？
2. 資料的建構與準備
3. 模型的建立與訓練
4. 模型的評估
5. 模型的部署與使用狀況的監控

我們就來看看，這幾個步驟有哪些工具可以使用。

負起責任定義好你的問題

我們要建立一個 App 來解決問題之前，最好先考慮一下這個 App 如果存在的話，可能會出現什麼樣的問題。我們或許可以建立像「鳥叫聲偵測器」這樣無害的東西，根據鳥的叫聲對鳥兒進行分類。不過這對於你的使用者來說，會有什麼樣的影響呢？如果你的資料只侷限在某特定地區常見的鳥類，而該地區常見的鳥類主要都是單一物種，那結果會怎麼樣呢？你很有可能會不知不覺寫出一個只有該地區可適用的 App。這是你想要的結果嗎？另外，像這樣的 App，也有可能遇到「無障礙使用」（accessibility）這方面的問題。如果你原本的概念是，只要聽到鳥兒在唱歌，就能識別出它的種類……這樣你就等於假設使用者必須有能力聽到鳥兒的聲音；換句話說，聽力下降或失去聽力的人，就無法使用你的 App 了。雖然這只是個很小的例子，但我們還是可以把這樣的概念，擴展到某些深刻影響人們生活的 App 或服務。舉例來說，如果你的乘車共享 App 可能會刻意避開某些社區，讓某些人無法使用，這樣可以嗎？如果你的 App 對醫療保健很有幫助

（例如可協助人們管理自己所吃的藥物），但它無法適用於特定的人群怎麼辦？其實很容易就可以想像得到，你的 App 有可能會造成什麼樣的傷害，即使這些後果並不是故意的。因此，仔細考慮所有潛在的使用者，並利用一些工具來協助引導你好好考慮這些事情，可說是非常重要的一件事。

無意中引入的偏差概念，很有可能會讓你的 App 無法預測所有的應用場景；由於考慮到這樣的情況，因此 Google 特別準備了一份《人 +AI 指導手冊》（*People + AI Guidebook*；*https://oreil.ly/enDYK*）。這份手冊共有六章，內容包括瞭解使用者需求、定義何謂成功、資料準備、模型建構、如何公平公正收集回饋意見等主題。當我們利用 AI 解決某些類型的問題時，究竟有哪些方面需要特別注意，這份指導手冊確實可以協助我們獲得更深入的理解。我強烈建議你在開始編寫任何 App 之前，先參考一下這份指導手冊的內容！

製作出本書的作者還有一整套對 AI 的探索（AI Explorables；*https://oreil.ly/ldhCV*）；那是一個互動式的工作筆記本（workbook），可協助我們找出資料中隱藏的偏差等等這類的問題。它不只可引導我們瞭解資料的核心應用場景，還可以進一步瞭解我們的模型在採用資料進行過訓練之後，會產生什麼樣的行為。這樣應該就可以協助我們建立出某種策略，可以在模型部署之後進行測試。

一旦定義好並理解了你的問題，也消除了其中潛在的偏見來源，下一步就是建構與準備你打算在系統中使用的資料。同樣的，這也是一不小心就有可能引入偏差的所在。

藏在 AI 人工智慧裡的各種偏差，通常都只會被歸咎於用來訓練模型的資料。雖然資料確實經常都是主要的嫌疑犯，但它並不是唯一的嫌疑犯。各種偏差或偏見，也有可能透過特徵工程、轉移學習或其他各種方式蔓延開來。我們經常都會「被說服」去主動修正資料，以修正各種偏見或偏差，但其實我們並不能只單純清理一下資料，就宣告一切都搞定了。在建立系統時，請務必記住這一點。本章會特別聚焦於「資料」這個主要嫌疑犯，是因為一般的通用工具，都是針對資料比較能發揮作用，但我們還是要再次強調，請不要認為各種偏差與偏見，只會透過資料而被導入到系統之中！

避免你資料裡的偏差

並不是所有資料裡的偏差都很容易被發現。我曾經參加過一次學生競賽，參賽者的挑戰就是要利用生成對抗網路（GAN）來生成圖片，根據人臉上半部來預測下半部的樣子。

那是在 COVID-19 大流行之前，不過當時日本正處於流感季節，許多人都會戴口罩來保護自己與他人。

這個競賽的構想，就是要看能不能預測出口罩後面的臉。這項任務需要存取臉部資料，因此使用了附帶有年齡與性別標籤的臉部圖片 IMDb 資料集（*https://oreil.ly/wR5Vl*）。這樣有什麼問題呢？由於資料來源是 IMDb，因此這個資料集內絕大多數都不是日本人的臉。結果學生們的模型用來預測我的臉時效果很棒，但用他們自己的臉效果卻很差。由於在資料涵蓋程度不足的情況下，太過急於生成 ML 解決方案，因此學生們就生成了帶有偏見的解決方案。這只是一場展示與分享形式的比賽，學生們的成果也很出色，但這也是一次很棒的提醒，讓我們知道如果不是真的有需要、或是尚未取得足以打造合適模型的資料，就急著把機器學習產品推向市場，可能就會導致所建立的模型帶有偏見，並在未來背上沉重的技術負債。

發現資料裡潛在的偏差，並不總是那麼容易，因此有很多工具可協助避免這樣的問題。接下來我想研究幾個免費提供的工具。

What-If 工具

我最喜歡的其中一種工具，就是 Google 的 What-If 工具。它的目標就是只需要寫最少的程式碼，便可以對 ML 模型進行檢查。只要使用這個工具，就可以針對資料以及相應的模型輸出，一起進行檢查。它有一個完整的練習範例（*https://oreil.ly/dX7Qm*），所使用的模型採用了 1994 年美國人口普查資料，其中大約有 30,000 筆記錄，模型在經過這些資料的訓練之後，就可以預測出一個人的收入可能是多少。舉例來說，想像一下，抵押貸款公司或許可以用它來判斷，某個人是否有能力償還貸款，進而判斷要不要批准他的貸款申請。

這個工具其中有一個功能，可以選取某個推測結果值，然後反過來查看資料集內導致該推測結果的資料點。舉例來說，各位可以看一下圖 15-1。

這個模型會送回一個數值介於 0 到 1 的低收入機率值，數值若低於 0.5 就表示高收入，否則就代表低收入。圖中的使用者分數為 0.528，因此在假設的抵押貸款應用場景中，他可能就會因為收入太低而被拒絕貸款。只要使用這個工具，就可以修改使用者的一些資料（例如他們的年齡），再查看修改項目對於推測結果的影響。以圖中的案例來說，只要把他的年齡從 42 歲改為 48 歲，就可以得到低於 0.5 門檻值的分數，而他貸款申請的結果就會從「拒絕」變為「接受」了。請注意，這個使用者其他任何條件都沒有改變——只有年齡改變而已。因此，這等於給出了一個強烈的訊息，說明這個模型潛藏著年齡上的偏見。

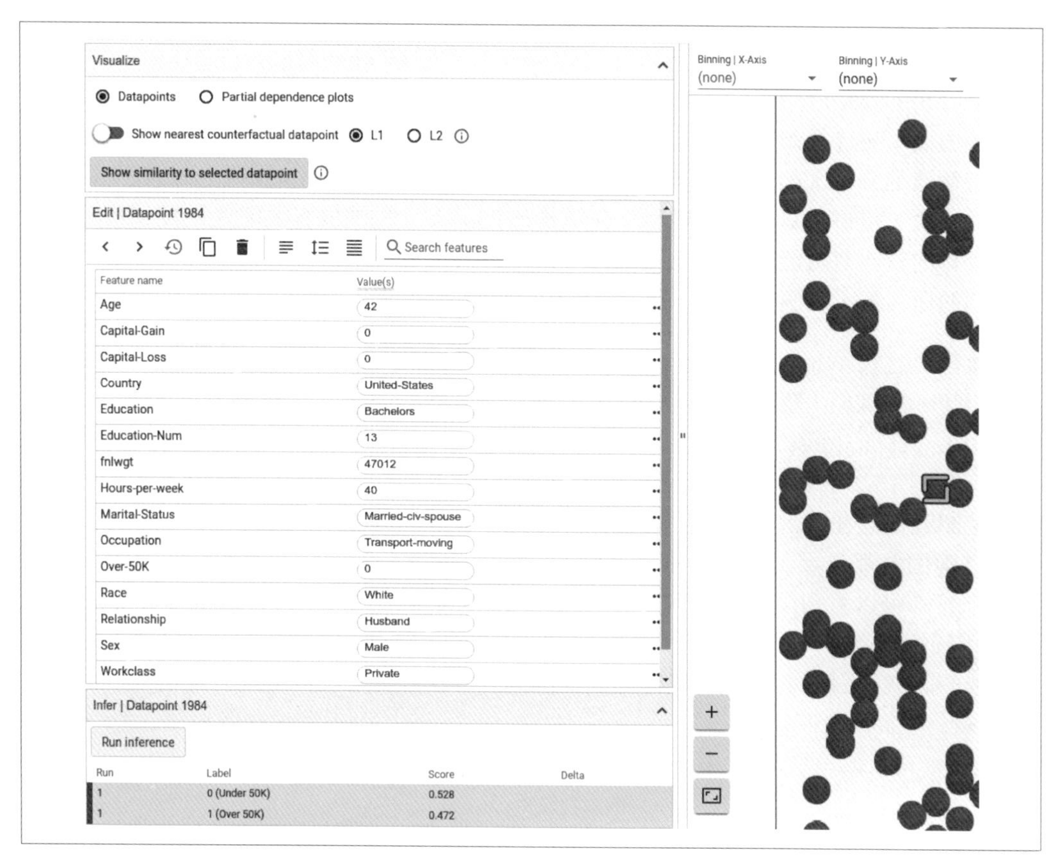

圖 15-1　使用 What-If 工具

這個 What-If 分析工具可以讓你像這樣測試各式各樣的訊號，包括性別、種族等等更多的詳細資訊。為了避免「只此一次」的特殊情況，對於整體造成過大的影響，導致我們為了解決某個特例（而非模型整體的問題），就去改變整個模型，因此這個工具提供了一種功能，可從一堆資料中找出「最相近但又對應不同事實」（nearest counterfactuals）的資料——也就是說，它可找出導致不同推測結果、但彼此間差異最小的兩組資料，這樣我們就可以進一步深入研究這些資料（或模型架構），以找出其中所帶有的偏見。

關於 What-If 工具究竟能做些什麼，我在這裡只談了一點皮毛，不過我還是強烈建議你好好研究一下。網站（*https://oreil.ly/kgZkZ*）裡還有很多的範例，可以讓你更瞭解它的功能。顧名思義，What-If 的設計核心，就是希望在部署模型之前，提供一個讓你測試一下「究竟會怎麼樣呢？」（what-if）的工具。因此，我相信它一定可以成為你的 ML 工具箱裡很重要的一個工具。

Facets

Facets（*https://oreil.ly/I1x6L*）可做為 What-If 的一個補充工具，它可以讓你透過視覺化呈現的方式，更深入瞭解你的資料。Facets 的目標就是協助你，更進一步瞭解資料集內各種特徵值的分佈。如果你會把資料分成好幾個子集合，分別用於訓練、測試、驗證或其他的用途，這個工具就特別好用。在這樣的情況下，我們很容易陷入一種情況，那就是拆分過的資料有可能偏向某種特定的特徵，進而導致得出一個錯誤的模型。這個工具可以協助你判斷，每個拆分過的資料集可否充分涵蓋到每一種特徵。

舉例來說，之前 What-If 分析工具的範例所採用的美國人口普查資料集，只要稍做檢查就會發現，訓練組 / 測試組資料拆分得相當不錯，但針對資本利得（capital gain）以及資本損失（capital loss）這兩個特徵，對於訓練來說或許就會造成某種偏差的效果。請注意，在圖 15-2 中，只要檢查分位數，就會發現除了這兩個特徵之外，其他所有特徵的十字記號都落在相當平衡的位置。我們也可以看到，大部分資料點的資本利得與資本損失這兩個值都是零，但資料集內還是有一些資料點，這兩個值特別高。以資本利得為例，我們可以看到訓練組資料裡有 91.67% 其值為零，至於其他非零的值，則很接近 100k 這個值。這種情況就有可能會扭曲訓練的結果，我們可以把它視為一種需要進行修正處理的訊號。因為這有可能會導致某種偏見，讓模型太過於偏重整個資料集內一小部分的資料。

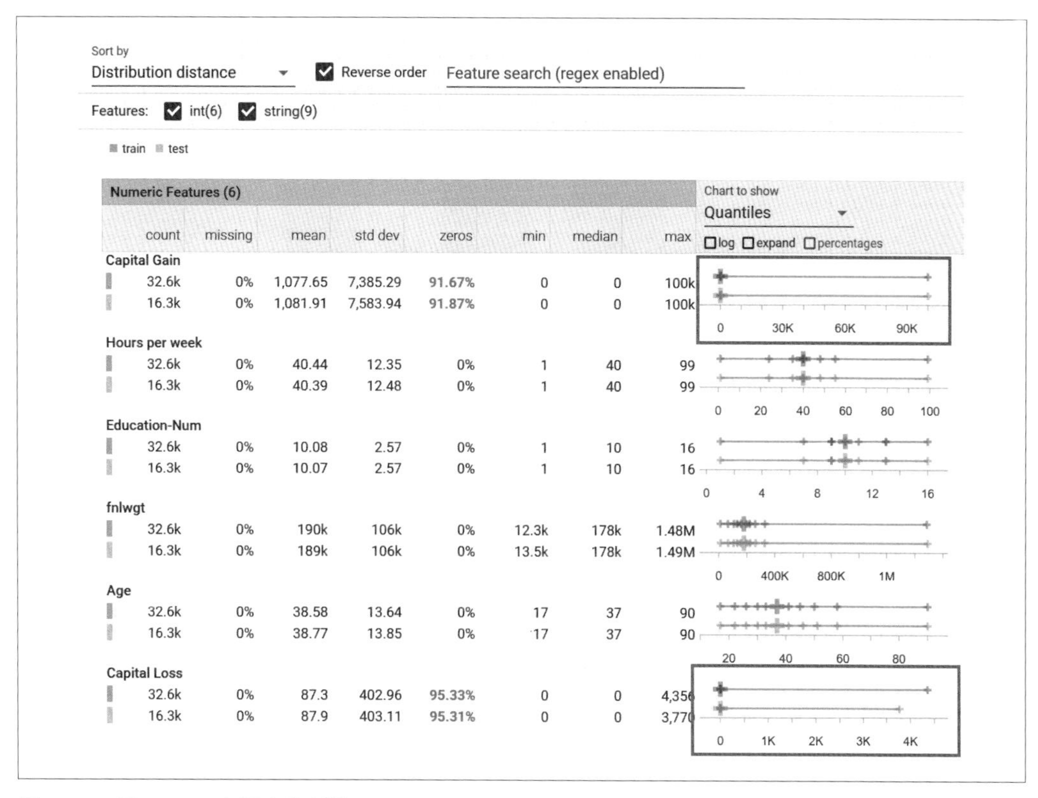

圖 15-2　用 Facets 來探索資料集

Facets 還包含了一個名為 Facets Dive 的工具，可根據好幾個不同的軸，以視覺化的方式呈現資料集的內容。它可以協助識別出資料集內的某些錯誤，甚至原本就存在於資料集內的偏見，這樣我們就知道該如何進一步處理了。舉例來說，各位可以看一下圖 15-3，我按照不同的目標、教育程度與性別，對資料集進行了拆分。

紅色（顏色比較淺的部分）的意思是「預測為高收入」，而從左到右分別顯示的是不同的受教育程度。幾乎在所有的情況下，男性高收入的機率都大於女性，尤其是教育程度比較高的情況下，對比更加明顯。以 13-15 這一欄（相當於學士學位）為例：資料顯示，在同等教育程度下，男性高收入的比例遠高於女性。雖然模型還是有許多其他因素可以判斷收入的水準，但同樣受過高等教育的人在男女之間存在這種不太合理的偏差，很可能就是模型存在偏見的一個指標。

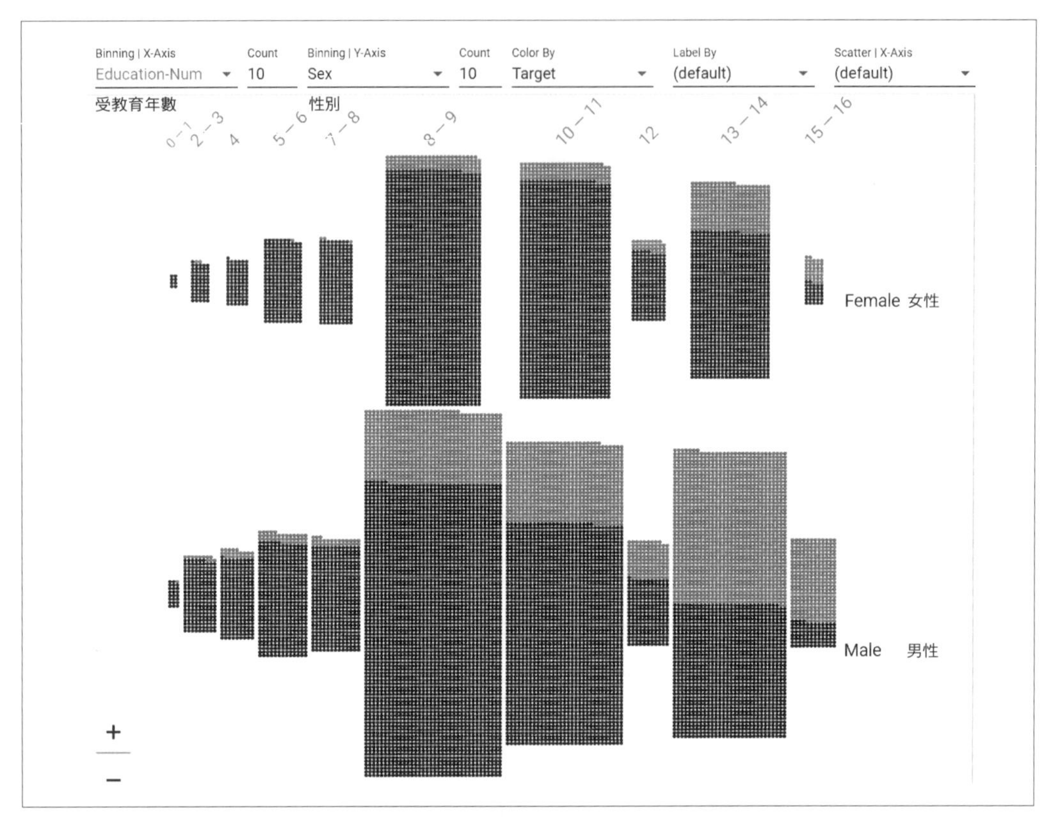

圖 15-3 利用 Facets 更深入瞭解資料

為了協助識別出這些特徵，除了運用 What-If 分析工具之外，我強烈建議可以再運用 Facets，多探索一下你的資料與模型的輸出。

TensorFlow Model Card 工具套件

如果你打算發佈你的模型供他人使用，而且希望用來打造模型的資料可以保持透明，TensorFlow Model Card 工具套件就可以派上用場了。這個工具套件的目標，就是把模型相關的一些狀況與透明度資訊，放到模型相應的詮釋資料中。這個工具套件是完全的開放原始碼，只要到 *https://github.com/tensorflow/model-card-toolkit* 即可取得，因此我們隨時可自行探索其運作方式。

如果想探索一下模型卡（Model Card）的簡單範例，或許可以來看一下大家比較熟悉的貓與狗電腦視覺訓練範例。針對這個範例所製作的模型卡，看起來大概就類似圖 15-4 的樣子，其中確實公佈了模型相關的一些透明度資訊。雖然這個模型非常簡單，不過從這個模型卡所顯示的資料拆分情況來看，可以看到這個資料集裡狗的圖片明顯比貓多，因此還是帶有某種偏差的。此外，製作這個模型的人（也就是對這個模型特別熟的人）也在這裡分享了一些道德面的考量，例如這個模型會假設圖片中一定有貓或狗，因此，如果送入一張不包含貓或狗的圖片，或許就有可能造成某種讓人受到傷害的結果。舉例來說，這個模型可能會把某個人歸類成一隻貓或一隻狗，因此有人或許會利用這樣的結果來羞辱別人。對我個人來說，這簡直就是個重大的「啊哈！」時刻，因為我一直都在傳授 ML 的知識，竟然從沒想過這樣的可能性；從現在開始，我也應該把這樣的考量，化為工作流程的一部分！

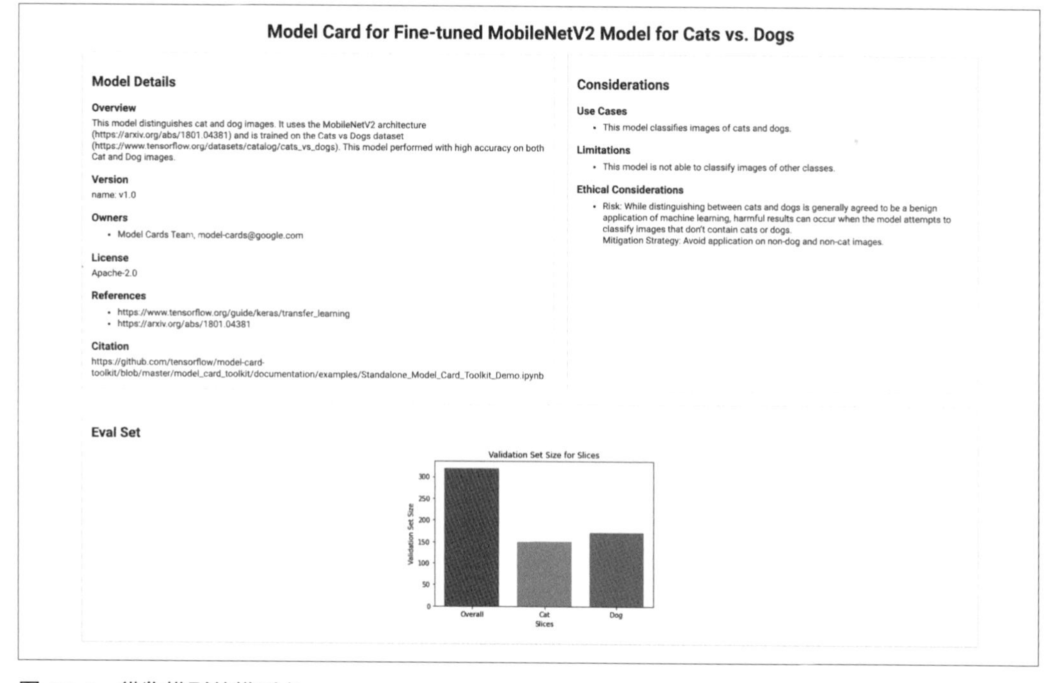

圖 15-4　貓狗模型的模型卡

我們也可以在 GitHub（*https://oreil.ly/LiEkn*）找到另一個更複雜的模型卡，其中示範了一個訓練過的模型，可根據人口統計特徵來預測收入。

在那個模型卡中，我們可以看到訓練組資料與評估組資料，相應的人口統計資料透明度資訊，以及這個資料集相關的一些計量分析資訊。在這樣的情況下，使用這個模型的人就可以預先得到警告，知道這個模型有可能會把一些偏見帶入工作流程中，而且他們也可以採取一些相應的做法，以降低偏差所造成的影響。

TensorFlow 資料驗證

只要運用 TensorFlow Extended（TFX），把你的資料放進 TFX 流程中，就可以用 TFX 裡的一些工具，對資料進行分析與轉換。它可以協助我們找出一些像是漏掉的資料、帶有空標籤的特徵、超出預期範圍的值，或是其他的異常資料。關於 TensorFlow 資料驗證的主題，已超出本書的範圍，不過你還是可以自行參閱 TFDV 指南（TFDV guide；*https://oreil.ly/7qydA*）以學習更多詳細的內容。

構建、訓練你自己的模型

除了探索資料以及各種現成的模型之外，如果想要構建與訓練自己的模型，我們還必須考慮一些其他的東西。這些需要考慮的東西，都不是三言兩句就能說得清楚，而且也不是每一個都能套用到你的情況中。因此我並不打算在這裡進行詳細介紹，不過我還是會告訴你，到哪裡可取得更多深入學習的資源。

模型矯正（Model Remediation）

就算使用的是自己所建立的模型，在模型使用上還是有可能造成偏差的結果。原因之一就是，我們的模型針對特定某些資料，有可能表現得特別不好。這樣有可能會造成非常不好的後果。舉例來說，假設我們正在打造一個疾病診斷模型，這個模型在面對男性或女性時表現非常好，但如果是未表達性別或非二元性別的人，表現就不盡理想了，因為資料中根本就缺乏這類的資料，這樣該怎麼辦呢？通常有三種方法可以解決這個問題——修改輸入資料、修改架構來干預模型，或是對結果進行後處理。有一種叫做 *MinDiff* 的程序，可用來均衡資料的分佈，讓不同資料片段相應的錯誤率變得比較均衡一點。如此一來，在訓練的階段，資料分佈的差異就會比較小一點，之後即使採用不同的資料片段來預測未來，結果還是會比較公平公正而具有一致性。

舉例來說，請考慮圖 15-5。左側是兩個不同資料片段的預測結果，這是在訓練期間「未」套用 MinDiff 演算法的情況。兩組預測結果顯然大不相同。在右側，兩條預測曲線幾乎是重疊的，因此預測結果應該也會比較接近。

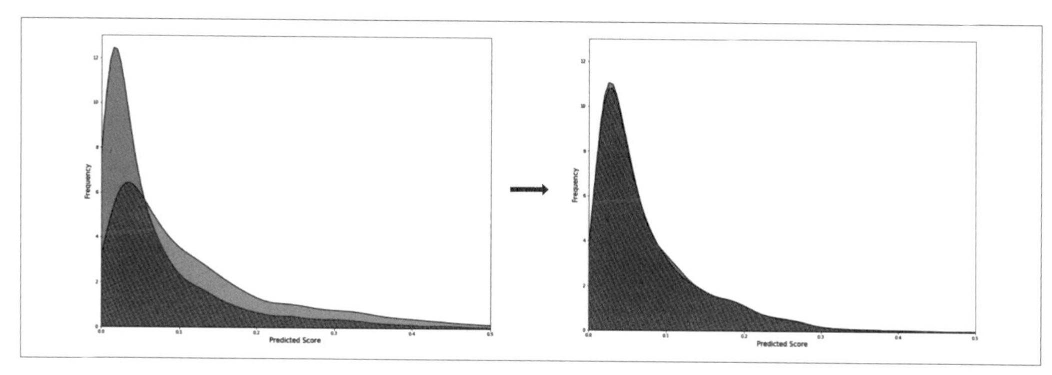

圖 15-5　使用 MinDiff 的效果

這種技術相當值得好好探索，TensorFlow 網站（*https://oreil.ly/3LgAl*）則提供了詳細的教程。

模型隱私

在某些情況下，聰明的攻擊者可以利用你的模型，反向推測出當初用來訓練模型的一些資料。如果要防堵這樣的情況，其中一個方式就是採用「**差分隱私**」（*differential privacy*）的做法來訓練模型。「差分隱私」背後的構想，就是要防堵觀察者藉由輸出的結果，分辨出計算過程中是否運用了特定的資訊。舉例來說，假設有個模型可根據人口統計資料推測出相應的薪資，如果攻擊者知道某個人 P 的資料就在訓練組資料內，而且也知道 P 的人口統計資料值，由於 P 的薪資資料也包含在訓練組資料內，因此只要把 P 的人口統計資料值輸入模型，就可以非常準確取得 P 的薪資值。或者再舉個例子，假設模型在建立過程中使用了一些健康指標資料，如果攻擊者知道他們的鄰居 N 的資料，也包含在訓練組資料內，就可以只使用部分的資料，取得更多關於 N 的資料了。

由於考慮到這一點，因此 TensorFlow Privacy（*https://oreil.ly/anZhq*）實作了一些最佳化函式，可利用差分隱私的做法來訓練模型。

聯合學習

行動裝置開發者最感興趣、但目前尚未廣泛使用的一種技術，或許就是「聯合學習」（federated learning）。在這種做法中，你可以根據使用者的使用方式，不斷更新改進模型。使用者會與你分享他們的個人資料，以協助你改進模型。其中一種這類的應用，就是讓使用者的鍵盤自動預測出正在輸入的單詞。每個人都不太一樣，當我開始輸入「anti」時，或許我想輸入「antibiotic」（抗生素）或是「antidisestablishmentarianism」（反政教分離運動），照說鍵盤應該有足夠的智慧，可根據「我」之前的輸入提供一些建議。在這樣的想法下，聯合學習的技術也就應運而生。這裡其實隱含一個顯而易見的隱私問題——我們希望能夠提供一種方式，既可以讓使用者與你分享非常個人的資訊（例如他們所輸入的單詞），又可以確保這樣的資訊不會被濫用。

正如我所提到的，目前這個技術還無法做為開放 API 讓你在 App 中使用，但你可以用 TensorFlow Federated 稍微模擬一下這樣的效果。

TensorFlow Federated（TFF；*https://oreil.ly/GpiID*）是一個開放原始碼軟體框架，它可以在一個模擬的伺服器環境下，提供聯合學習的功能。在撰寫本文當下，它仍處於實驗的階段，不過還是很值得好好研究一下。TFF 的設計有兩個核心 API。第一個是 Federated Learning API，它提供了一組介面，可以把聯合學習與評估功能添加到現有的模型中。舉例來說，我們可以用它來定義一些分散式變數，這些變數會受到一些分散式客戶端的學習值所影響。第二個是 Federated Core API，它在函式型程式設計環境下，實作了一些聯合通訊操作（federated communication operations）。它同時也是目前已部署使用的一些應用場景（例如 Google 鍵盤 Gboard；*https://oreil.ly/csPTi*）背後的基礎。

評估你的模型

除了上面所提到的一些工具，可以在訓練與部署過程中評估模型之外，另外還有其他的幾個工具也很值得探索。

Fairness Indicators

Fairness Indicators（公平性指標）這個工具套件設計的目的，就是計算出分類模型公認的一些公平性指標（例如假陽性與假陰性），並以視覺化方式呈現這些指標，以便針對不同資料片段的公平性表現進行比較。如果你想使用這個工具套件，它實際上已整合到之前介紹過的 What-If 分析工具了。你也可以直接使用開放原始碼的 fairness-indicators 套件（*https://oreil.ly/I9A2f*），獨立使用這個工具。

舉個例子來說，假設人們在留言時，會標記留言者為男性、女性、跨性別或其他性別，然後我們用這些留言的標記資料來訓練模型，再用 Fairness Indicators 來探索一下模型的假陰性率，結果發現錯誤率最低的是男性，最高的則是「其他性別」。參見圖 15-6。其中女性與其他性別的比率值，都高於整體的比率。

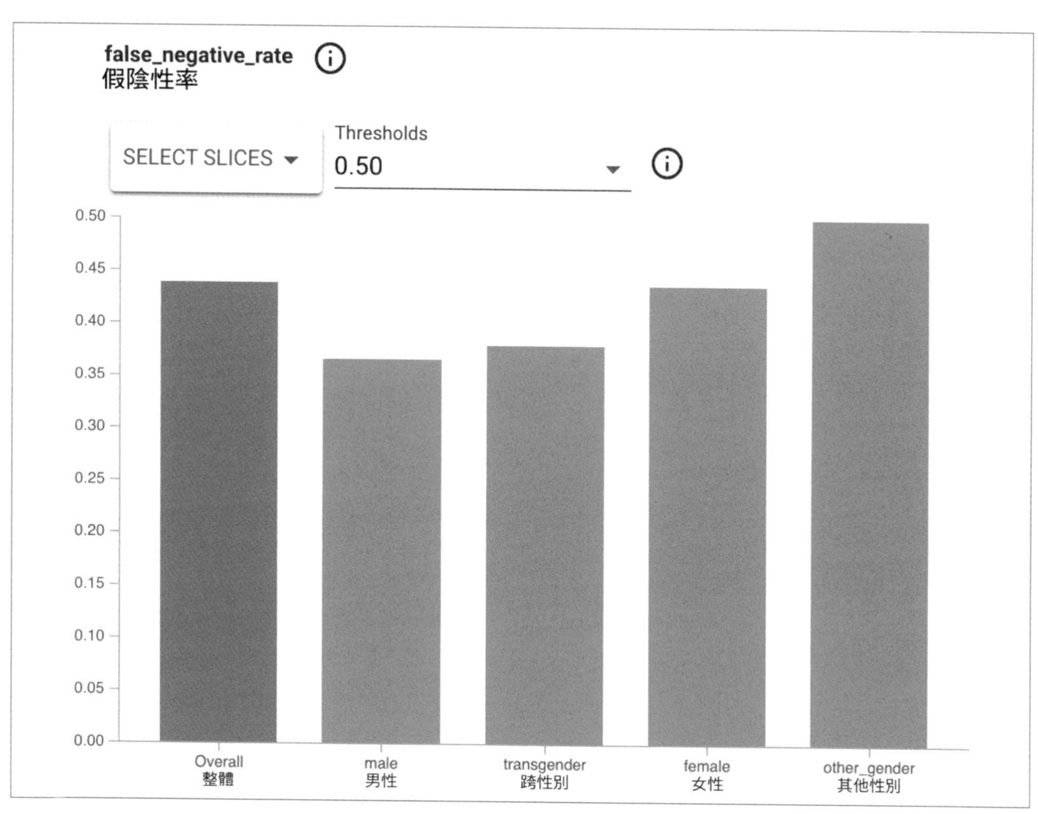

圖 15-6　Fairness Indicators 呈現「根據文字模型推測性別」的狀況

如果用相同的資料查看同一個模型的假陽性率，結果則出現了翻轉，如圖 15-7 所示。這個模型在做出男性或跨性別者的推測時，比較有可能出現假陽性的情況。

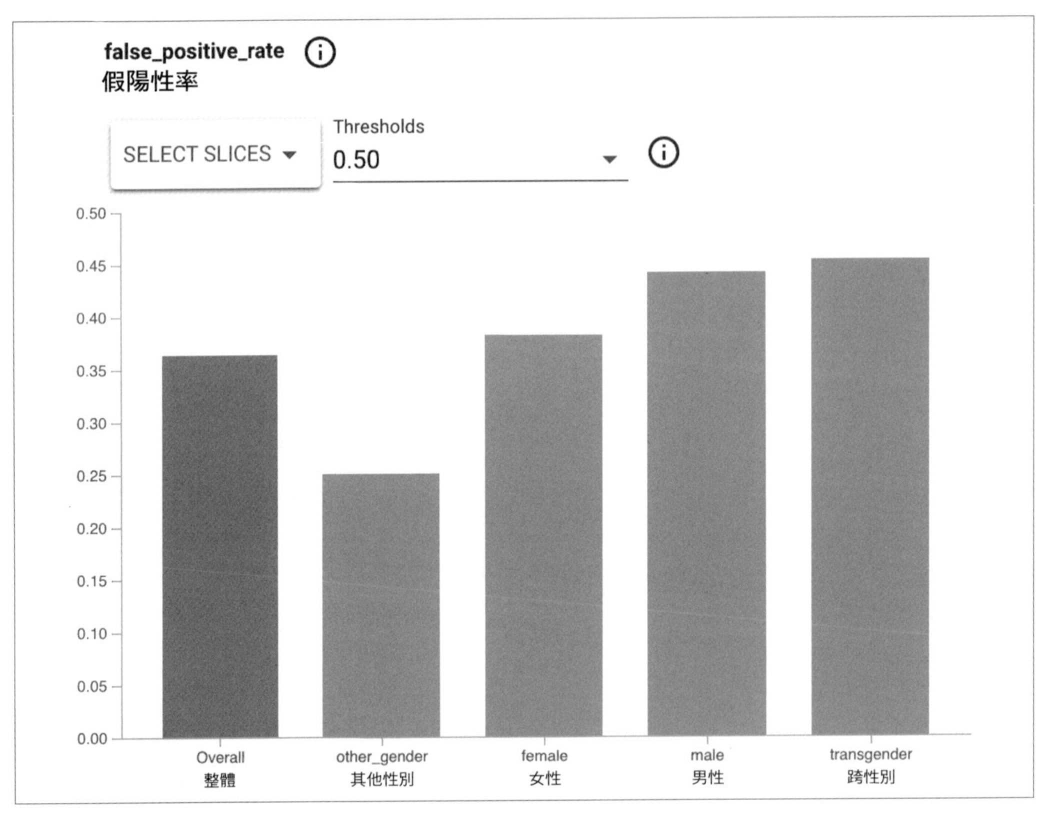

圖 15-7　Fairness Indicators 所呈現的假陽性情況

只要使用這個工具，就可以對模型進行探索，並針對架構、學習過程或資料進行調整，嘗試取得比較均衡的效果。各位也可以到 *https://github.com/tensorflow/fairness-indicators* 親自探索一下這個範例。

TensorFlow Model Analysis

TensorFlow Model Analysis (TFMA；TensorFlow 模型分析）是一個函式庫，其設計目的就是用來評估 TensorFlow 模型。在撰寫本文當下，它仍在預發佈（prerelease）階段，因此你在閱讀本文時，狀況或許已經不一樣了！TensorFlow 網站（*https://oreil.ly/oduzl*）提供了關於如何使用它以及如何開始入門的詳細資訊。它可以分析訓練資料片段，也可以分析這些資料片段對模型進行訓練後的表現，可以說是特別的好用。

Language Interpretability 工具套件

如果你的模型會運用到語言，Language Interpretability 工具（LIT；語言可解釋性工具）就可以協助你瞭解，哪些資料類型會讓你的模型表現不佳，或是有哪些訊號會造成某種預測結果，以協助你判斷有哪些不良的訓練資料，或存在某種對抗型的行為。如果你改變了某些東西（例如改變了文字的風格、動詞的時態或改用了代名詞），你也可以用它來測試模型的一致性。關於如何設定與使用這個工具套件的詳細資訊，請參見 *https://pair-code.github.io/lit/tutorials/tour*。

Google 的人工智慧原則

TensorFlow 是由 Google 的工程師所建立，它是該公司針對其產品及內部系統，在建構出許多現有的專案之後，所整合出來的一個成果。這個成果開放原始碼之後，許多人在其中發現大量機器學習的新做法，而 ML 與 AI 領域也就此邁開相當驚人的創新步伐。由於考慮到這樣的情況，Google 決定發佈一份公開的聲明（*https://oreil.ly/OAqyB*），簡要敘述一下他們如何建立與使用人工智慧的原則。這些原則對於一個負責任的採用者來說，是一份很重要的指南，非常值得好好探索一下。總結來說，原則如下：

對社會有益

人工智慧的進步非常具有變革性；針對這樣的變革，在目標上應該要考慮到社會與經濟方面的所有因素，唯有在整體上可能獲得的好處，超過可預見的風險及不利的影響，才去進行這樣的變革。

避免強化或製造出不公正的偏見

正如本章所討論的，各種偏見其實很容易滲透到任何系統之中。人工智慧（尤其是造成產業變革的情況下）提供了一個消除現有偏見的機會，但同時也要確保不會造成新的偏見。每個人都應該特別注意這一點。

在建立與測試時就要考慮安全性

Google 會持續開發強大的安全相關實務做法，以避免人工智慧造成意外的傷害。這其中包括，只在受限的環境下開發人工智慧技術，而且在部署之後，仍需持續監控運作的狀況。

對人類負起責任

這個目標就是讓打造出來的人工智慧系統，可接受人類適當的指導與控制。這也就表示，永遠都必須提供適當的機會，讓人類可進行回饋、上訴與相關的解釋。實現此一目標的工具，必須是整個體系內很重要的一部分。

納入隱私設計原則

人工智慧系統必須有一些保護措施，適當保障個人隱私，並清楚告知使用者將如何使用他們的資料。提醒通知與表達同意的做法，應該要很明顯才行。

堅持科學卓越的高標準

技術創新必須搭配科學的嚴謹性，並承諾開放調查與合作，這樣才能做出最佳的技術創新。如果想讓人工智慧協助我們解鎖關鍵科學領域的知識，就應該同時追求這些領域所期望的科學卓越高標準。

在用途上可符合以上這些原則

雖然這個原則看起來好像有點繞圈圈，但這裡所要強調最重要的是，這些原則並不是孤立的，也不是只適用於打造系統的人而已。這個原則也希望針對人工智慧系統的用途，提供一個指導性的原則。特別留意有沒有人以你不希望的方式去使用你的系統，這絕對是件好事，因此針對你的使用者制定一套原則，也是很好的做法！

總結

這就是你成為一個行動與網路 AI & ML 工程師旅程的終點，但你真正的旅程，應該是打造出可改變世界的解決方案，而這個旅程才正要開始。我希望本書對你確實有用；雖然本書並沒有深入探討任何特定的主題，但我們已經把機器學習與行動開發這兩個世界連接起來，並把其中許多複雜的東西進行了封裝與簡化。

我堅信，人工智慧如果要充分發揮正面的潛力，就必須善用一些低功耗的小模型，專注於解決一些常見的問題。雖然各種研究的規模越來越大，但我認為真正的成長潛力，在於每個人都可以利用越來越小的模型，而本書就是為你提供一個平台，讓你瞭解如何善用這些技術！

我很期待能夠看到你的作品，如果你給我機會與全世界一起分享，我一定會很開心的。如果想與我聯繫，請至 Twitter@lmoroney。

索引

※ 提醒你：由於翻譯書排版的關係，部分索引名詞的對應頁碼會和實際頁碼有一頁之差。

符號

A

B

C

D

E

F

G

H

I

J

K

L

M

N

O

P

Q

R

S

T

U

V

W

X

作者簡介

Laurence Moroney 在 Google 所領導的團隊，負責倡導 AI 人工智慧。他的目標就是教育全世界軟體開發者運用機器學習打造出人工智慧系統。他是 TensorFlow YouTube 頻道（*https://oreil.ly/LbAWw*）的常客，也是全球公認的專業主題演講者，更著有數不勝數的書籍——其中包括好幾本暢銷的科幻小說，以及一部已完成製作的劇本。他主要待在華盛頓州，總是喝太多的咖啡。你可以透過 Twitter 的 @lmoroney 或 LinkedIn（*https://oreil.ly/BuVKJ*）與他取得聯繫。

出版記事

本書封面上的鳥是一隻大鴇（*Otis tarda*）。在南歐與中歐的草原、東亞的溫帶氣候區，以及摩洛哥北部的一些地區，都可以找到牠的蹤跡。不過，這種鳥大部分出沒在葡萄牙與西班牙。

這種在地上築巢的鳥，雌雄的外形不大相同。雌性大鴇的翼展通常為 180 公分，體重介於 3.1 ～ 8 公斤，而成年雄性大鴇則是現存最重的飛行動物之一，體重介於 5.8 ～ 18 公斤，翼展則為 2.1 ～ 2.7 公尺。牠們通常是安靜的鳥類，不過在繁殖季節，雄性成鳥可能會發出蹦蹦聲、咕嚕聲與喧鬧聲，而雌性則可能在巢穴裡發出喉音。年輕的雛鳥與母親交流時，則會發出柔和的啼囀聲。

大鴇是強壯的飛行者，遷徙時的飛行速度可達時速 98 公里以上。牠們遷移的模式，會因特定群體的居住地而異。由於廣泛的環境影響與棲息地的喪失，自 1996 年以來一直被列為 IUCN 紅色名錄中的「易危」（Vulnerable）物種。O'Reilly 封面上許多動物都瀕臨滅絕；所有這些動物對於整個世界來說都很重要。

封面插圖是由 Karen Montgomery 所繪製，她是以 Routledge 的《*Picture Natural History*》（圖片自然歷史）黑白版畫做為繪製的基礎。

從機器學習到人工智慧｜寫給 Android/iOS 程式師的 ML/AI 開發指南

作　　者：Laurence Moroney
譯　　者：藍子軒
企劃編輯：莊吳行世
文字編輯：江雅鈴
設計裝幀：陶相騰
發 行 人：廖文良

發 行 所：碁峰資訊股份有限公司
地　　址：台北市南港區三重路 66 號 7 樓之 6
電　　話：(02)2788-2408
傳　　真：(02)8192-4433
網　　站：www.gotop.com.tw
書　　號：A701
版　　次：2022 年 07 月初版
建議售價：NT$620

國家圖書館出版品預行編目資料

從機器學習到人工智慧：寫給 Android/iOS 程式師的 ML/AI 開發指南 / Laurence Moroney 原著；藍子軒譯. -- 初版. -- 臺北市：碁峰資訊, 2022.07
面；　公分
譯自：AI and Machine Learning for On-Device Development
ISBN 978-626-324-238-8(平裝)
1.CST：人工智慧　2.CST：機器學習
312.83　　111010439

讀者服務

- 感謝您購買碁峰圖書，如果您對本書的內容或表達上有不清楚的地方或其他建議，請至碁峰網站：「聯絡我們」\「圖書問題」留下您所購買之書籍及問題。（請註明購買書籍之書號及書名，以及問題頁數，以便能儘快為您處理）
http://www.gotop.com.tw

- 售後服務僅限書籍本身內容，若是軟、硬體問題，請您直接與軟體廠商聯絡。

- 若於購買書籍後發現有破損、缺頁、裝訂錯誤之問題，請直接將書寄回更換，並註明您的姓名、連絡電話及地址，將有專人與您連絡補寄商品。